KB273005

프로가 가르쳐 주는

말랑말랑 3

센서란 무엇인가

都甲 潔·宮城幸一郎 공저 │ 정재훈 역

What is the Sensor

BM 성안당

日本 옴사 · 성안당 공동 출간

프로가 가르쳐 주는

센서란 무엇인가

Original Japanese edition
Naruhodo Nattoku! Sensor ga Wakaru Hon
by Kiyoshi Tokou and Kouichirou Miyagi
Copyright © 2002 by Kiyoshi Tokou and Kouichirou Miyagi
Published by Ohmsha, Ltd.

This Korean Language edition is co-published by Ohmsha, Ltd. and SEONG
AN DANG Publishing Co.
Copyright © 2012
All rights reserved.

머리말

센서는 우리 생활 곳곳에서 사용되고 있다. 자동차에는 스피드를 측정하는 센서, 엔진의 공연비를 측정하는 센서, 수온 센서, 착화시기 센서, 배기 가스 센서, 차의 수평도를 측정하는 센서, 노면에서의 슬립 검지용 센서 등이 부착되어, 마치 센서 덩어리와 같다. 가정에서는 에어컨, 다리미, 전기모포, 건조기, 오븐 같은 것들에도 온도를 감지하는 센서가 부착되어 있다. 또 부엌에는 가스 누출 경보기가 있다.

그런데 여기서 한 가지 의문이 생긴다. 온도를 측정하는 센서와 가스를 측정하는 센서의 원리와 구조, 사용되고 있는 재료 등은 각각 다른 것일까? 그렇지 않으면 같은 것일까? 또, 온도를 측정하는 경우도 자동차의 수온을 측정하는 센서와 에어컨 등에서 사용되고 있는 센서는 같은 것일까?

똑같은 센서라도 여러 종류가 있는 것 같다. 센서는 빛이나 온도 등의 물리량을 측정하는 물리 센서, 가스나 포도당, 환경 호르몬 등의 화학물질을 측정하는 화학 센서와 바이오 센서로 크게 구별된다. 감각으로 말하면, 물리량에 응답하는 감각이 시각, 청각, 촉각이다. 시각에서는 빛, 청각에서는 음파(압력), 촉각에서는 압력과 온도를 검출한다. 한편, 미각과 후각에서는 화학물질을 취하여 맛과 냄새를 느끼게 된다.

이와 같이 우리들의 감각도 각각 검출하는 것이 다르고, 그것을 재현하는 센서는 말 그대로 천차만별이다. 센서가 없는 생활은 생각할 수 없다.

이 책에서는 이와 같은 센서를 누구라도 알 수 있도록 그 원리와 재료, 응용에 있어서 많은 최신 사례를 들어 설명하였다. 또한 물리 센서와 화학·바이오센서 양쪽을 쉽게 구체적으로 소개하였다. 그러므로 이 책을 통하여 독자들은 최신의 센서 테크놀로지 세계를 마음껏 만끽할 수 있을 것이다.

도코 기요시·미야기 고이치로

(都甲 潔·宮城幸一郎)

차 례

08 미각 센서

01 센서란?

　사람은 오감(五感)을 가지고 있다. 눈으로 보고(시각), 귀로 듣고(청각), 손으로 만지고 (촉각), 코로 냄새를 맡고(후각), 혀로 맛을 느낀다(미각). 이들 오감은 사람이 살아가는 데 있어 외부 정보를 받아들이고 그에 대한 행동에 있어 중요한 역할을 한다.

　오래 전부터 사람은 이들 오감을 대신할 장치를 만들고자 했다. 자동문은 시각기능에 해당하는 장치로 사람의 존재를 확인하고 자동으로 열린다. 즉, 일반적으로 적외선이 사람의 존재를 검지하는 데 사용되고 있다. 그 역사를 거슬러 올라가면, 지금으로부터 2000년 이전, 그 옛날 이집트 수도 알렉산드리아의 신전 문 앞 제단에서 불을 피우면 문이 열리고, 불이 꺼지면 닫히는 자동문이 만들어졌었다.

　센서란 오감을 인공적으로 재현하거나 또는 그것을 초월하는 능력을 가진 간편한 장치를 말한다. 센서(sensor)라는 말은 "감각" 또는 "느끼다."를 뜻하는 "sense"에 접미어 or 을 붙여 "느끼는 것"이라는 뜻의 용어가 된 것이다. 즉, 센서는 오감을 생기게 하는 기관(五官)인 눈, 귀, 피부, 코, 혀에 해당하는 일을 기계화한 작은 장치라고 할 수 있다. 단, 최근에는 컴퓨터 부분까지 포함시켜 센서(또는 센서 시스템)라고 부르기도 한다. 이것은 인텔리전트(인공지능)한 센서로, 센서는 외부 정보를 감지하는 일 뿐만 아니라 인식하는 기기로 성장하고 있다. 특히 최근 IC기술이 진보함에 따라 정보처리기능을 일체화한 센서가 늘어나고 있다.

　액추에이터(actuator)란 센서의 출력을 회전이나 변위로 변환하여 물체를 이동시키는 기계의 일부분을 일컫는데, 사람으로 말하면 근육에 해당된다. 앞서 언급한 이집트 신전 자동문의 경우, 불을 피우면 제단 아래의 공기가 열로 인해 팽창하기 때문에(센서) 물이 관을 통해 다른 용기로 흘러들어가며, 이 물의 힘으로 문의 회전장치(액추에이터)를 움직이는, 깜짝 놀랄 정도로 정교한 장치이다.

　센서의 유사어로 트랜스듀서(transducer)라는 것도 있으나, 좁은 의미에서의 센서, 즉 외부 신호를 받아들여 전기량 등으로 변환하는 기기라는 의미로 많이 사용되는 것 같다.

▼ 그림 1-1 사람의 오감

시각
청각
촉각
미각
후각

▼ 그림 1-2 생체계와 인공계의 정보흐름의 비교

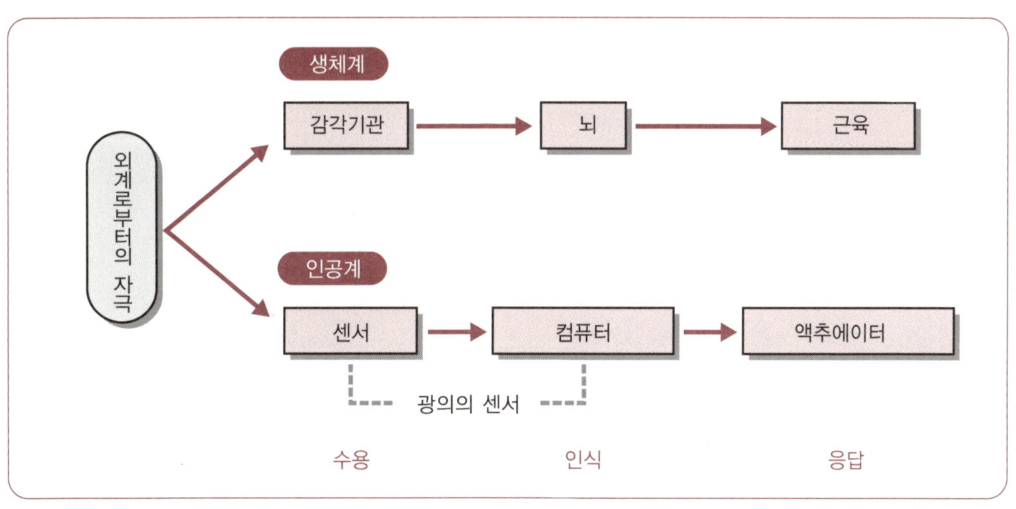

생체계
외계로부터의 자극
감각기관
뇌
근육
인공계
센서
컴퓨터
액추에이터
광의의 센서
수용
인식
응답

02 센서를 오감에 대응시키면…

　일반적으로 생물의 시각, 청각, 촉각의 역할을 대신하는 센서를 가리켜 물리량을 수용하기 때문에 물리량 센서(또는 물리 센서)라고 부르기도 한다. 이에 대해 후각이나 미각을 대신하는 센서는 화학 센서(또는 화학물질 센서)라고 부를 수 있다.

　그러면 센서의 뛰어난 점은 무엇일까? 예를 들면 액체질소나 용광로 속의 온도를 사람이 직접 측정할 수 없다. 사람을 대신하여 이러한 역할을 수행하는 것이 바로 센서이다. 사람은 냄새로 프로판 가스나 산소를 분류할 수 없으며, 돌고래나 박쥐가 보내는 초음파도 들을 수 없다. 센서는 사람의 능력을 뛰어넘는 이런 일들을 가능하게 한다.

　물리량 센서는 비교적 오래 전부터 존재했다. 반면에 후각과 미각에 해당하는 센서는 아주 최근에서야 개발되었다. 미각과 후각 센서의 개발이 늦어진 이유는 시각, 청각, 촉각의 경우 각각 빛, 음파(압력), 압력과 온도라는 단일 물리량을 수용하여 전기량으로 변환하면 되었지만, 이에 비해 후각과 미각에서는 아주 많은 종류의 화학물질을 수용하여 의미있는 정보(불쾌한 냄새, 상쾌한 향기, 달다, 쓰다, 맛있다 등등)로 바꾸어야 하였기 때문이다.

　실제로 시각과 청각에서는 주로 반도체 재료를 사용함으로써 목표를 거의 대부분 달성할 수 있었던 것에 비해, 후각과 미각에서는 어떤 재료를 사용해야 하는지 전혀 알 수 없었다. 미각을 예로 들어 생각해 보면, 우리들은 음식물을 입에 넣어 "달다.", "시다." 등으로 표현한다. 차(茶)에는 수 백 종류나 되는 화학물질이 들어 있다. 이와 같이 많은 종류의 물질을 도대체 어떻게 검출해야 할까?

　후각이나 미각을 재현하는 센서는 물리량 센서와는 다른 설계 지침을 갖고 있다. 최근 등장한 후각 센서와 미각 센서는 사람의 감각에 대응하는 표현을 출력할 수 있기 때문에 감성 바이오센서라고도 한다. 센서도 사람의 오감 모두를 대행할 수 있는, 정말로 감성을 표현할 수 있는 시대에 접어들었다고 할 수 있다. 가정에서 오감을 가진 로봇이 활약할 날도 그리 멀지 않은 것 같다.

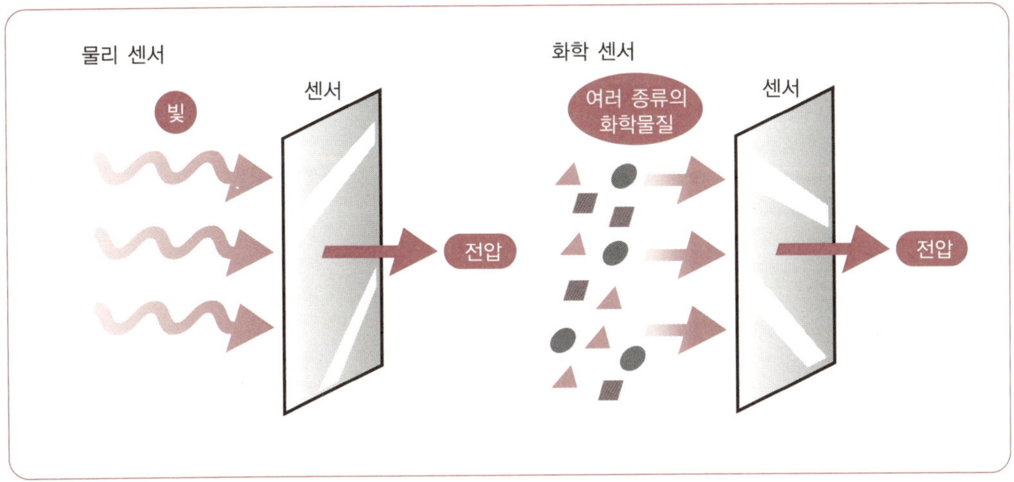

사람의 오감	감각기관	대상	센서	원리
시각	눈	빛	광센서 시각 센서	광기전력 효과(빛 → 전기) 센서의 인텔리전트화
청각	귀	음파	압력 센서 청각 센서	압전효과(음파 → 전기) 센서의 인텔리전트화
촉각	피부	압력 온도	압력 센서 온도 센서 촉각 센서	압전효과(압력 → 전기) 제베크 효과(온도 → 전기) 센서의 인텔리전트화
후각	코	가스(기체) 냄새물질	가스 센서 후각 센서	흡착효과(가스 → 전기) 흡착효과(질량 변화 → 주파수 변화 : 가스 → 전기)
미각	혀	맛을 내는 물질	미각 센서	전기화학적 효과(상호작용 → 전기)

※ 전기저항변화, 전압변화, 전류변화를 간단히 전기라 표기했다.

03 기본단위란?

계측이란 측정값을 어느 척도로 만들어진 기준값과 비교하여 객관적인 수치로 나타낸 것을 말하며, 측정이라고도 한다. 예를 들어 어느 양을 측정했더니 m 만큼 있었다면, 그 양의 기준값이 M일 때 측정값은 m/M으로 표현할 수 있다. 이것을 무게로서 단위가 [g]이라 가정하면, 무게는 m/M[g]이 되는 것이다.

우리 조상들은 자신의 몸을 보고 길이에 대하여 공통된 척도를 만들고자 노력했다. 유명한 「논어」에 다음과 같은 말이 있다.

"공자 왈, 손가락을 펴서 촌(寸)을 알고, 손을 펴서 척(尺)을 알며, 팔을 벌려 심(尋)을 안다."

1촌은 3.03[cm], 1척은 30.3[cm], 1심은 1.515[m]이다. 양팔을 벌렸을 때 손끝에서 손끝까지의 길이는 그 사람의 키와 거의 같다는 사실은 알고 있을 것이다. 척(尺)이라는 한자는 손을 벌려 물건에 대서 길이를 재는 동작의 상형문자이다. 심(尋)은 새끼줄이나 낚싯줄의 길이, 수심 등을 측정하는 단위였다.

영국의 인치(inch)는 엄지손가락의 폭으로 정한 것으로, 1인치는 2.54[cm]이다. 심(尋)과 같은 단위로 패덤(fathom)이 있으며, 이것의 어원도 "팔을 벌리다."이다. 1패덤은 6피트(feet)이며, 1풋(foot)은 30.5[cm]이므로 1패덤은 183.0[cm]가 된다. foot은 물론 다리의 크기에서 유래한다.

척(尺)과 같은 단위로 영국의 엘(ell)이 있는데, 이것은 45인치에 해당한다. 큐빗(cubit)도 같은 종류의 단위로 메소포타미아·이집트 시대부터 사용되었으며, 성서에도 노아의 방주 크기를 큐빗으로 기록하고 있다. 민족에 따라 팔의 길이가 다르기 때문인지 1큐빗은 지역과 시대에 따라 45~70[cm]로 차이가 있다.

야드(yard)는 3[feet]로 0.914[m], 더블 큐빗에서 유래된 것으로 생각된다.

물리로 보는 스포츠

모치즈키 오사무 지음 | 이재우 감역 | 이영란 옮김 | 136쪽 | 9,800원

물리의 이론을 사용하면 세계 신기록도 꿈이 아니다!!

이 책은 물리와 스포츠의 관계를 접목시켜 어떻게 하면 기록 경신이 되는지를 다각도로 풀어 정리했다. 스포츠와 물리가 밀접하게 연결되어 있다는 것을 깨닫고 실제로 물리가 스포츠에 어떻게 적용되고 활용할 수 있는지 알아본다.
'축구에서 코너킥의 공과 헤딩 각도는?', '멀리뛰기에서 관객의 박수는 과연 플러스로 적용될까?', '농구에서 3점 슛을 결정하는 방법은?' 등 총 44개 스포츠 운동을 물리적으로 풀어 보면 스포츠를 보는 눈이 바뀔 것이다.

수와 수식

고미야마 히로히토 감수 | 김지애 · 기승현 감역 | 김정아 옮김 | 128쪽 | 9,800원

전 세계 공통 언어인 수와 수식을 이용해서 수학적 사고 및 수학 감각을 익히자!

세상에는 수식이나 숫자가 넘치고, 기본적인 기호와 수식에서 과학, 물리, 경제까지 다양한 분야에 널리 응용, 활용되고 있다. 이 책은 그런 사람들을 위한 '수학을 위한 독서 책'이다. 수식은 거의 전 세계적으로 통용되는 기호를 사용하기 때문에 수학을 배운 사람이라면 기호와 수식만으로 서로 이해할 수 있는 세계화된 사회에서의 공통 언어이다. 주변 상황의 문제를 수학으로 접목시켜 풀어보거나, 일상생활과 수식의 관계는 어떻게 되는지 등의 구성으로 수학을 싫어하는 사람도 즐겁게 배울 수 있다.

※ <잠 못들 정도로 재미있는 이야기> 시리즈는 계속 발간됩니다.　※ 본사의 사정에 따라 책 표지와 정가는 변동될 수 있습니다.

영양소

마키노 나오코 감수 | **서윤석 감역** | **김정아 옮김** | **128쪽** | **9,800원**

영양소의 진실은 무엇일까? 알아두면 유익한 '영양소' 이야기

인체에 필요한 영양의 종류에서 어떤 음식에 어떤 영양소가 포함되어 있는지, 영양소를 고려한 조리까지 영양소에 대한 정보를 그림으로 알기 쉽게 설명했다. 또한 몸을 만드는 데 필수적인 탄수화물, 단백질, 지방의 3대 영양소 정보부터 의외로 알려지지 않은 영양소에 대한 상식까지 폭넓게 소개한다.

단백질

후지타 사토시 감수 | **차원 감역** | **김정아 옮김** | **128쪽** | **9,800원**

미용과 건강에 반드시 필요한 '단백질' 이야기

각종 영양소 중에서 특히 단백질에 대해 다루고 해설한 책으로, 다이어트와 근육 트레이닝과도 밀접한 관련이 있다. 이 책에서는 의외로 알려지지 않은 단백질의 기본 지식과 효율적으로 섭취하는 방법, 요요 없이 다이어트하면서 먹는 법 등을 알기 쉽게 설명하고 있다. 단백질에 대한 지식을 쌓아 미용에 관심 있는 여성뿐만 아니라 몸을 단련하고자 하는 남성들에게도 추천할 만하다.

생물

히로사와 미쓰코 지음 | **김헌수 감역** | **양지영 옮김** | **128쪽** | **9,800원**

생명의 탄생, 진화부터 최첨단 의학, 지구 환경, 미래까지 생물학으로 풀어보는 60개의 수수께끼와 불가사의!!

도대체 DNA가 뭔지, 그리고 우리 사회는 DNA를 어떻게, 어디까지 이해하고 있을까? 이 책은 일상생활과 직접 관련된 흥미로운 테마를 실어 알기 쉽게 도식화로 표현하여 평소 궁금했던 사항들을 이해할 수 있다. 이 책을 통해 인간의 몸의 구조와 수수께끼, 불가사의한 이야기뿐 아니라 생태계의 구조와 생물의 미래를 알 수 있다.

※ <잠 못들 정도로 재미있는 이야기> 시리즈는 계속 발간됩니다. ※ 본사의 사정에 따라 책 표지와 정가는 변동될 수 있습니다.

양	단위의 명칭	단위기호	정의
길이	미터	[m]	진공 속의 빛이 1/299,792,458초 사이에 나아가는 거리와 같은 길이
질량	킬로그램	[kg]	국제 킬로그램 원기의 질량
시간	초	[s]	세슘133 원자의 기저상태의 2개의 초미세 단위 사이의 천이(遷移)에 대한 방사의 9,192,631,770주기의 계속시간
전류	암페어	[A]	진공 속에서 1[m] 간격으로 평행하게 놓인 무한히 작은 원형단면적을 가진 무한히 긴 2개의 직선상(直線狀) 도체의 각 선을 흘러, 이들 도체의 길이 1[m]마다 서로 2×10^{-7}[N]의 힘을 끼치는 일정한 전류
열역학 온도	켈빈	[K]	물의 삼중점의 열역학 온도의 1/273.16
물질량	몰	[mol]	0.012[kg]의 탄소12 속에 존재하는 원자의 수와 같은 수의 구성요소를 포함한 계(系)의 물질량
광도	칸델라	[cd]	주파수 540×10^{12}[Hz]의 단색방사를 방출하는 광원의 방사광도가 (1/683)[W/sr]인 방향의 광도

척과 인치는 서로 비슷한 단위이다. 실제로 자벌레는 영어로 inchworm이며, measuringworm이라고도 한다. 움직이는 모습이 우리가 길이를 재는 모습과 비슷하기 때문에 이런 이름이 붙여진 듯하다.

우리에게 친숙한 길이의 단위인 미터[m]는 1790년 프랑스의 정치가 탈레랑에 의해 제안되었다. 1889년 X자형의 단면을 가진 30개의 미터원기(原器)가 만들어졌다. 이 중 하나를 국제 미터 원기로 정하고, 0[℃]에서 이 원기의 길이를 1[m]로 정의하였다. 그리고 다른 원기는 미터조약 가맹국에 분배되었다. 이 미터계를 기본으로 하는 단위계가 이른바 SI(국제단위계, Le Systeme International d' Unites)이다.

시간에 대해서는 정확하게 반복하여 나타나는 현상을 기준으로 척도가 만들어졌다. 매년 반복되는 나일 강의 범람은 태양과 같은 방향으로 시리우스별이 하늘에 나타났을 때 일어나는데, 이것으로 이집트 사람들은 1년을 정했다. 즉, 지구의 공전에 의한 주기로 1년이 정해진 것이다(태양년).

길이나 시간의 단위는 과거 몇 번인가 수정되었으며, 지금은 양자역학을 기초로 정의하였다. 그러나 질량은 변함없이 국제 킬로그램 원기를 기준으로 1889년 이래 100년 이상 그 지위를 지키고 있다. 킬로그램 원기는 백금 90[%], 이리듐 10[%]의 합금이며, 지금도 소중하게 금고 안에 보관되어 있다.

온도는 물의 삼중점을 이용하여 정의를 내렸다. 삼중점이란 고체, 액체, 기체 이렇게 3개의 상(相)이 공존하는 점을 말한다. 우리나라에서는 섭씨[℃]를 사용하지만, 미국이나 영국에서는 화씨[℉]를 사용하고 있다. 섭씨는 스웨덴의 Celsius를 중국 음역(音譯)으로 표현한 것으로 "셀시우스"라고 하며, 화씨는 독일의 Fahrenheit, "파렌하이트"에서 유래한다. 섭씨는 1967년 이후부터는 열역학 온도 T를 사용하여 $T-273.15$로 정의되었으며, 물의 삼중점 온도값을 0.01[℃]로 나타낸다. 따라서 물의 비등점이 반드시 100[℃]라고 할 수 없다.

물질의 양을 나타내는 단위 몰[mol]은 원자나 분자, 이온 개수의 단위이다. 일반적으로 원자나 분자의 수는 압도적으로 큰 값이기 때문에 아보가드로수(6.02×10^{23})를 단위로 하여 개수를 센다.

은(Ag)에서 전류를 흐르게 하는 전자의 밀도는 5.8×10^{22}[개/cm^3]로 매우 큰 양이다. 참고로 1몰의 분자를 1[l](=1000[cm^3])의 물에 녹였을 때의 농도가 몰[M]이고, 대문자 M으로 나타낸다.

최근 자주 접하는 용어로 ppm(parts per million)이 있다. ppm은 비율($1/10^6$)이며, 엄밀하게 따지면 단위가 아니다. 예를 들어 1[g]의 물에 1[μg]의 물질이 녹아 있으면 1[ppm]이다. 또한 ppb(parts per billion)는 $1/10^9$이다.

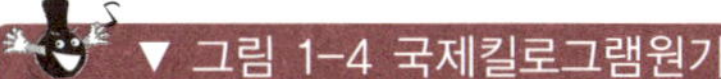

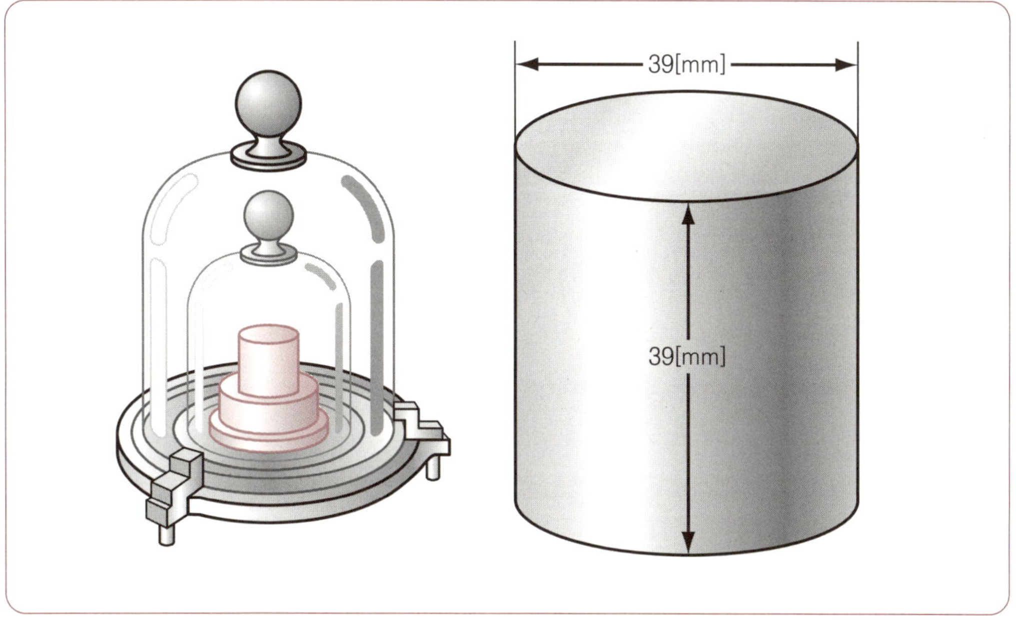

39[mm]
39[mm]

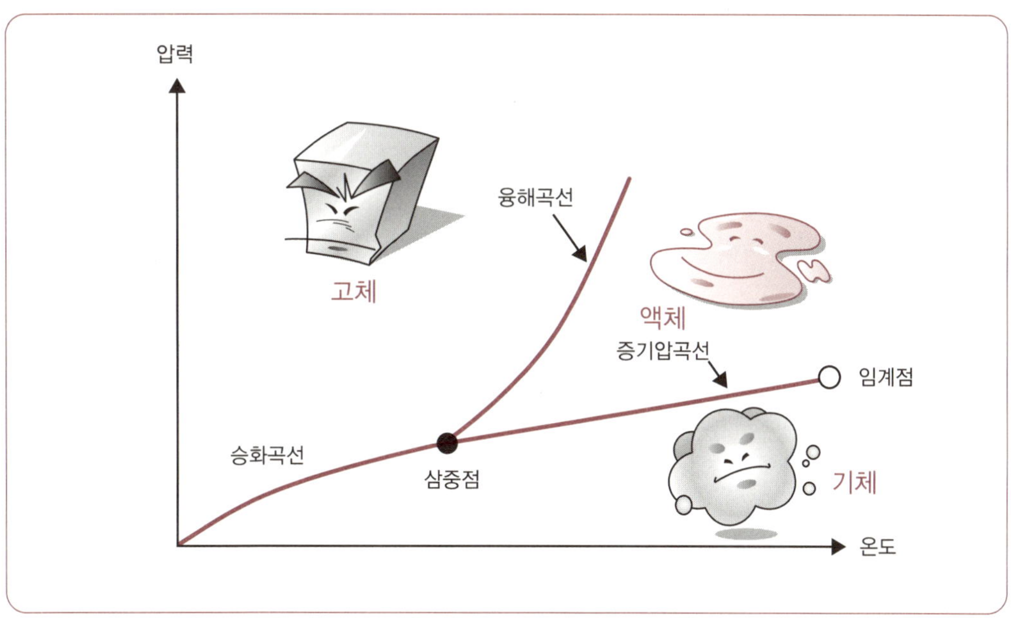

압력
융해곡선
고체
액체
증기압곡선
임계점
승화곡선
삼중점
기체
온도

04 측정방법 분류

■ 직접측정과 간접측정

직접측정이란 예를 들어 길이를 측정하는데 자(정규)와 비교하여 눈금을 읽듯이 측정한 양과 그것의 기준량을 직접 비교하여 측정하는 방법을 말한다. 반면에, 간접측정은 비중을 측정한다면 무게와 부피를 별도로 측정하여 무게를 부피로 나누어 비중을 구하는 것처럼 계산에 의해 목적하는 측정량을 구하는 방법을 말한다.

■ 절대측정과 상대측정

절대측정이란 목적으로 하는 측정값 자체가 절댓값인 경우로, 예를 들어 물건의 길이를 측정하는 경우, 기본적으로 절댓값이 구해진다. 비중이나 광속도 마찬가지이다. 이에 비해 상대측정이란 기준이 되는 양으로부터의 차를 측정하는 방법이다. 예를 들어 전위가 그러 하며, 기준이 되는 점을 어디에 둘 것인가에 따라 그 값이 변하게 된다.

■ 접촉측정법과 비접촉측정법

접촉측정법은 센서가 대상물에 물리적으로 접촉함으로써 측정치를 얻는 방법이며, 비접 촉측정법이란 접촉하지 않고 측정하는 방법을 말한다. 예를 들어 온도계측에 있어서 열전 대나 서미스터 등의 온도계에서는 대상물에 접촉시켜 같은 온도가 되도록 하여 센서의 온 도를 읽는다. 비접촉측정법에서는 대상물이 방출하는 열방사를 측정하여 방사원의 온도를 구한다.

■ 편위법(偏位法)과 영위법(零位法)

용수철저울로 무게를 측정하는 경우와 같이 트랜스듀서(지금은 용수철)를 통해 바늘의 움직임으로 바꾸고, 이것을 읽어들이는 방식을 편위법이라 한다. 이 경우 미리 바늘의 움 직임과 측정량의 대응관계(교정직선)를 얻어두어야 한다.

영위법은 측정량과는 독립적으로 크기를 조정할 수 있는 기지량(旣知量)을 따로 준비하

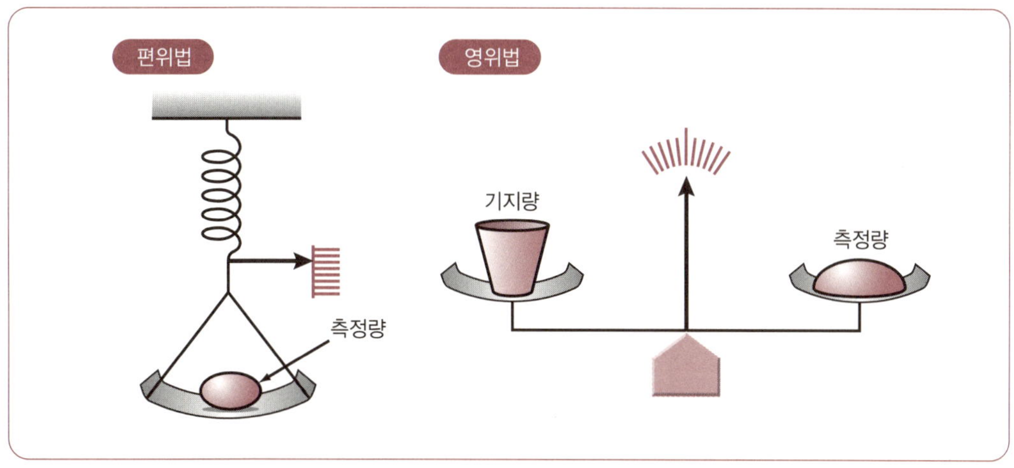

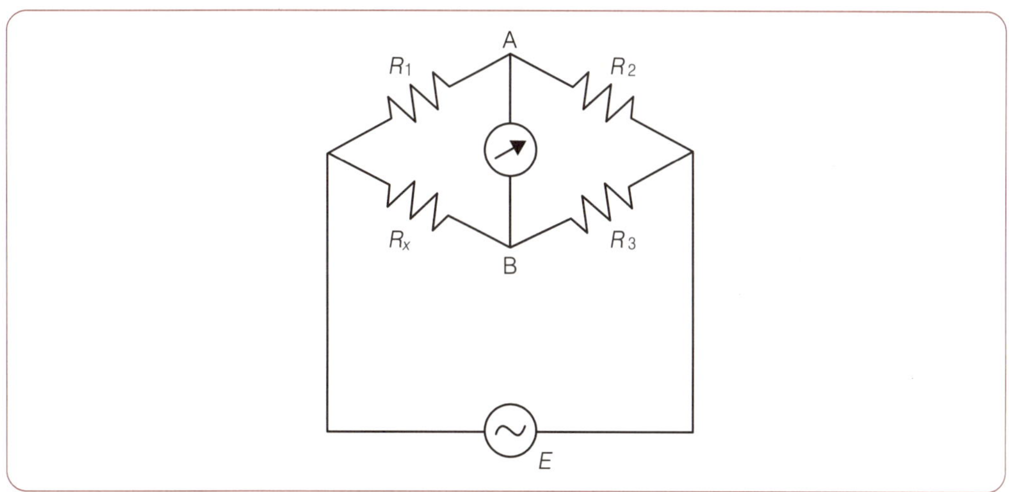

여, 기지량을 측정량과 평형시켜 그때의 기지량의 크기로부터 측정값을 구하는 방법을 말한다. 전기저항의 크기를 구하는 방법의 하나가 휘트스톤 브리지로 미지저항 R_x는 기지저항 R_1, R_2, R_3를 사용하여 $R_x = R_1 R_3 / R_2$로 주어진다. 이때 점 A, B 간의 전위차는 0으로, 전류는 흐르지 않는다.

 05 두 개의 서로 다른 양을 관련시키다(중회귀분석)

몇 가지 측정량을 서로 맺어 주는 관계식(실험식이라고도 말한다)의 유도과정을 생각해 보자. 금속의 온도 T[℃]를 바꾸었을 때의 전기저항 R[Ω]의 변화가 전형적인 예일지도 모른다. 이 경우, 정수 b_0과 b_1을 가진

$$R = b_1 T + b_0$$

라는 직선 식으로 쉽게 나타낼 수 있다. 그런데 데이터 개수는 일반적으로 2개보다 많을 것이다. 데이터가 2개만(현실적으로는 그렇지 않지만) 있다면 이 2점을 연결하는 직선은 하나밖에 존재하지 않지만, 데이터가 3개 있다면 자를 사용하여 직선을 간단하게 긋는 방법이 있다. 그것은 눈금이 그려진 투명한 직선자를 그림 위에 놓고 직선의 양측에 데이터가 균등하게 놓이도록 직선을 그으면 된다.

이것을 좀 더 엄밀하게 수학적으로 하려면 어떻게 하면 좋을까? 모든 데이터에 대해 위의 식을 만족하는 정수 b_0과 b_1은 존재하지 않는다. 그러므로 문제는 데이터를 가능한 한 충실하게 재현하는 근사 직선을 위한 b_0과 b_1을 결정하는 방법이 무엇인가 하는 것이다.

이 문제는 변수가 더 많은 경우, 측정값 x_1, x_2, …, x_p, y에 대하여, y의 예측값 Y는

$$Y = b_1 x_1 + b_2 x_2 + \cdots\cdots + b_p x_p + b_0$$

로 확장된다. 이 식을 중회귀식(重回歸式)이라 부른다. 여기서, x_i를 설명변수, y(및 Y)를 목적변수라 말한다. 또한, 변수 x_1, ……, x_p의 값의 변화에 영향을 받아 변수 y(또는 Y)가 변화할 때, y(또는 Y)는 x_1, ……, x_p에 대하여 회귀관계에 있다고 말한다.

회귀라는 말은 별로 익숙하지 않지만 한 바퀴 돌아 제자리로 돌아오는 것을 뜻한다. 이 이름의 유래는 다음과 같은 것으로 알려져 있다.

어느 생물학자가 사람의 키에 대하여 유전법칙에 따라 부모의 키를 가로축, 자식의 키를 세로축으로 하면, 45도의 기울기를 가진 직선관계가 나올 것으로 생각했다. 그런데 실제로 조사해 보았더니, 결과는 이상하게도 큰 부모에게서나 작은 부모에게서도 오히려 평균 키

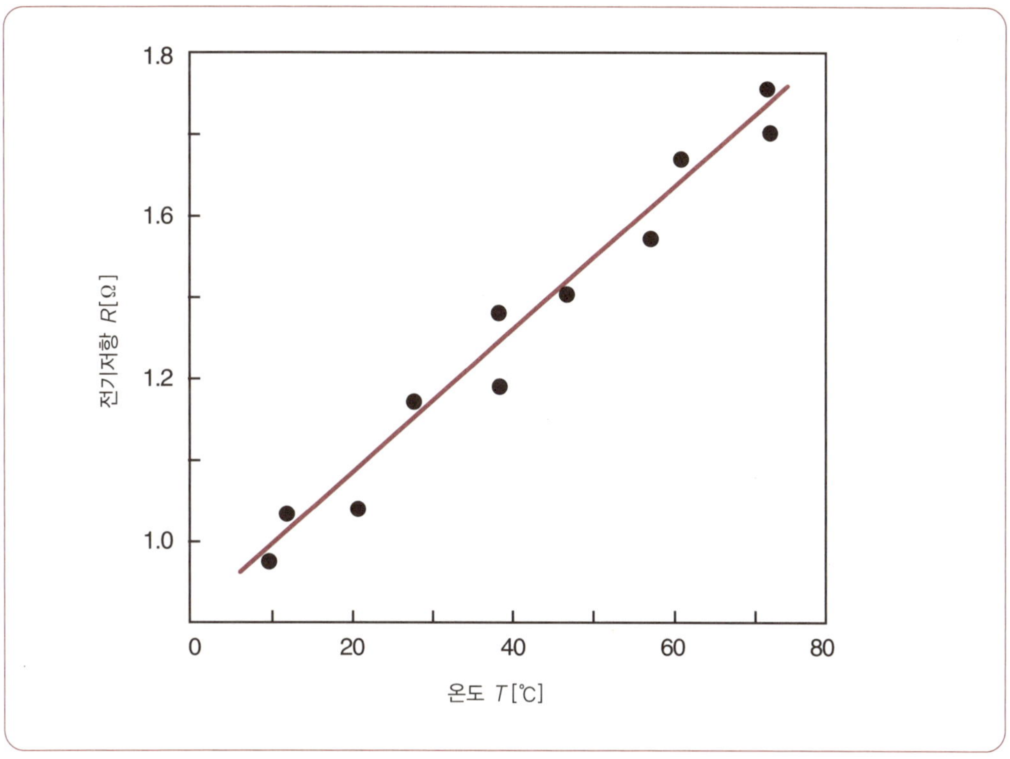

를 가진 아이들이 태어난다는 것을 알게 되었다. 그 때문에 상기의 직선은 45도의 기울기를 가지지 않는 직선이 된 것이다. 생물학자는 이 직선을 평균치로 돌아간다는 의미로 회귀직선이라 이름 붙였다.

앞에서의 저항 R과 온도 T의 관계는 설명변수가 1개뿐이므로 가장 기초적인 단회귀식(單回歸式)이다. 일반적으로 p개의 설명변수의 경우라도 최소2승법을 사용하여 쉽게 계수 b_0, b_1, ……, b_p를 구할 수 있다. 이를 위한 소프트웨어는 이미 존재하며, 컴퓨터를 사용하면 바로 중회귀식을 구할 수 있다.

06 저울 센서(중량 센서)

물건의 무게는 우리 주변에서 아주 간단하게 느낄 수 있다. 그러나 조금 더 깊게 생각해 보면, 온도나 광량 등과는 다른 묘한 부분이 있다. 손으로 무거운 물건을 들어올렸을 때 그 무게라는 것이 우리가 들어올린 물건이 갖고 있는 "아래로 작용하는 힘"을 느끼는 것 같지만 실은 그렇지 않다. 손이 느낀 무게는 들어올려진 물건과 지구가 서로 잡아당기는 힘인 것이다. 이 서로 잡아당기는 힘은 각각의 질량의 곱에 비례하며, 거리의 제곱(2승)에 반비례하는 사실이 알려져 있다. 이 관계는 18세기에 발견되어 뉴턴(Newton)의 만유인력법칙으로 잘 알려져 있다. 그렇기 때문에 지구의 질량이 변화한다면 무게는 변한다. 그러나 지구의 질량은 거의 변하지 않으므로 지구상에서의 무게는 지구와 서로 잡아당기고 있는 물체의 질량에 비례한다고 해도 지장이 없다. 질량은 물체고유의 양이지만 일상적으로 우리들은 그것을 고유의 양이 아닌 무게로서 느끼고 있는 것이다.

물체의 무게를 재는 저울의 대부분은 용수철과 같은 탄성체를 이용한 센서를 사용하고 있다. 탄성체의 변형과 응력과의 관계는 그림 1-9에 나타낸 것과 같다. 이 비례관계가 성립하는 범위에서는 물체에 하중을 걸었다가 그것을 제거하면 변형도 대부분 사라져 거의 원래 상태로 돌아간다. 그러나 자세히 살펴보면, 극히 소량의 잔류변형은 남아 있다. 이 잔류변형이 거의 없다고 생각되는 한계점 B를 탄성한계라 부르며, 탄성한계까지의 OB 범위를 완전탄성역(完全彈性域)이라고 한다.

중량 센서에는 이 완전탄성역이 사용되어 응력과 변형의 양은 0.1[%] 이내의 매우 좋은 비례관계를 나타낸다. 특히 중량측정의 경우에는 한 방향으로 P의 힘을 가하여 물체를 e만큼 변형시켰을 때의 변형률(P/e)을 사용하는데, 이를 영(Young)률이라고 한다. Young률은 온도가 높을수록 작아지는 경향이 있으며, 강재에서는 100[℃] 온도상승에 약 2[%] 작아진다. 이런 이유로 기계식 용수철저울 등에서는 0~40[℃] 정도의 일상 측정온도에서 1[%] 미만의 측정오차가 생기게 된다.

최근에는 탄성체의 변형량을 전자회로를 사용, 디지털로 표시하는 방법이 많이 사용된다. 한 가지 예로서 그림 1-10에 나타낸 것과 같이 차동(差動) 트랜스를 사용한 것이다. 접

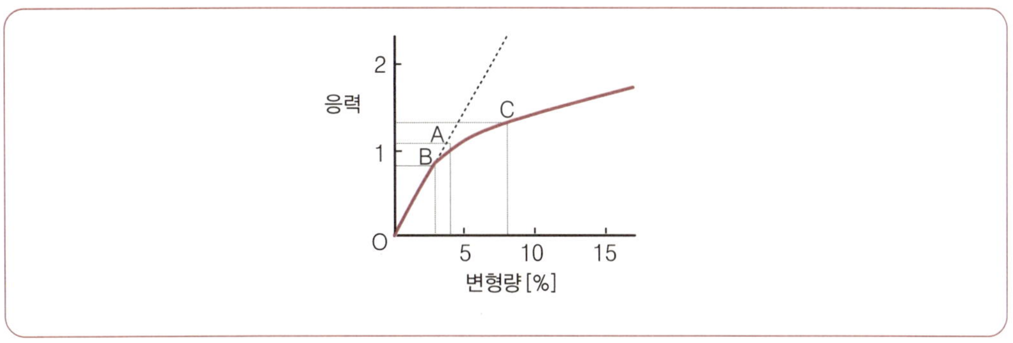

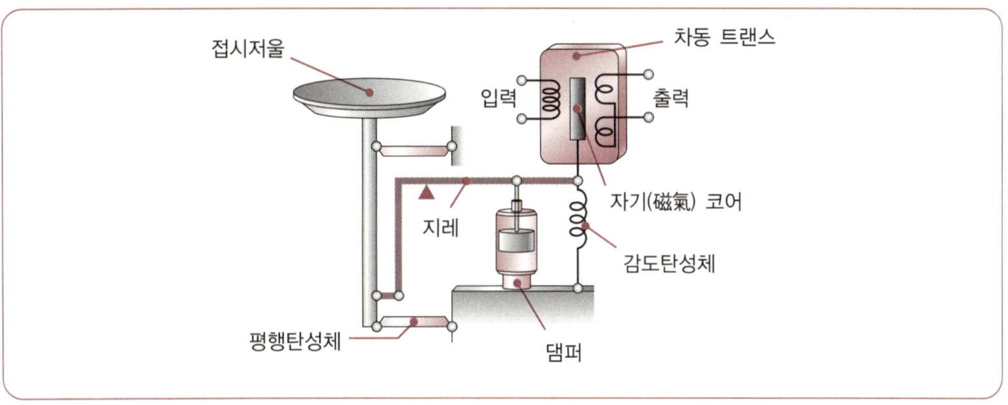

시저울대 위에 놓인 물건의 중량이 평행탄성체나 역학적 지레를 거쳐 감도탄성체로 전해진다. 이 중량에 의한 감도탄성체가 늘어난 정도는 차동 트랜스 내의 가동 코어를 변위시켜, 코어의 변위에 따라 전기신호가 얻어진다. 차동 트랜스는 아주 작은 변위를 전기신호로 바꾸는 정밀도가 높은 변위 센서라 부를 수 있다.

07 압력 센서

압력 센서는 우리 일상생활에서 미처 생각하지 못한 곳에 많이 사용되고 있다. 가정용 에어컨이나 자동차용 에어컨 등에서 냉매의 과압방지나 압력제어용으로 사용되고 있는데 이것들은 주로 기계식 압력 센서이다. 원리는 그림 1-11에서 보듯이 편편하면서 움푹 들어 간 배 부분이 부드러운 밀폐용기로, 이곳에 기체가 주입되어 이 기체의 압력으로 두께가 변하는 것이다. 이 용기의 부드러운 배 부분을 다이어프램(diaphragm)이라고 한다. 의학적으로 보면 호흡기능을 가진 횡격막에, 음향학적으로는 마이크의 진동판에 똑같은 이름이 붙여져 있는데, 모두 같은 의미이다.

이 다이어프램의 변화를 기계적으로 추출하여 계기의 바늘을 움직이게 하거나, 스위치 등을 동작시키면 대강의 압력을 알 수 있다. 기상관측에 사용하는 기압계와 많이 닮은 고전적인 구조로서 현재까지 간이형 압력 센서로 많이 사용되고 있다.

이와 같은 기계식 센서는 동작하는 부품의 내구성과 마모로 인한 동작불량이 문제된다. 다이어프램에 직접 스위치를 바꾸는 것과 같이 힘이 걸리는 동작을 연속해서 하게 하면 금속의 피로에 의해 변형 성능이 떨어진다.

그러나 기계식이라도 전기회로에 의한 피드백 제어기구가 만들어지면 다이어프램의 움직임이 극히 작아져 고감도 센서가 될 수 있다. 이것은 10쪽에서 설명한 영위법의 원리를 활용한 것으로 기체의 압력에 의해 팽창하려는 다이어프램의 복부 부분을 전자석이나 모터의 힘으로 거꾸로 밀어버리는 것이다. 밀어 누르는 힘은 기체의 압력에 비례하듯이 전자석에 흐르는 전류로 조절한다.

그림 1-12는 이와 같은 전기적 피드백계를 조합시킨 다이어프램형 압력 센서 개념을 나타내고 있으며, 평형형 압력 센서라고 한다. 이 타입의 압력 센서는 측정정밀도와 내구성이 뛰어나나, 대형이면서 구성이 복잡하다. 센서라기보다는 압력측정장치라 할 수 있다.

그런데 이 다이어프램의 기계적 변위를 전기신호로 출력시키는 최신 방식인 반도체 기술이 도입되어 성능이 비약적으로 향상되었다. 최근 개발이 진행되고 있는 광집적화 압력 센

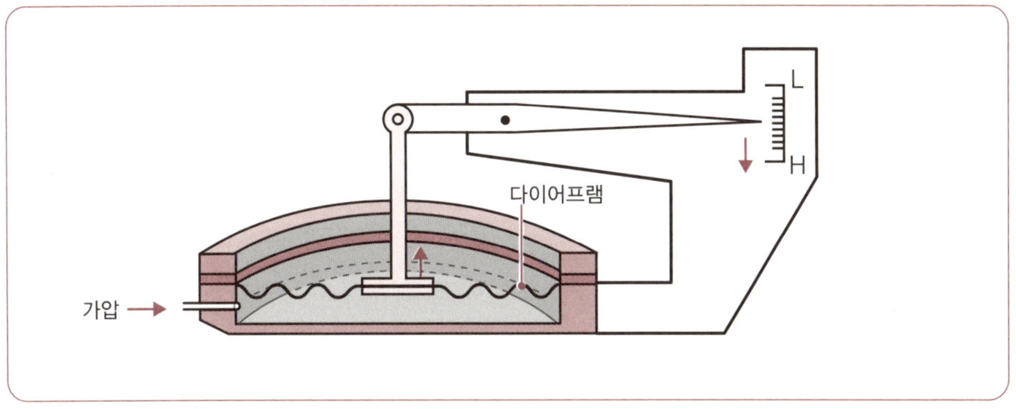

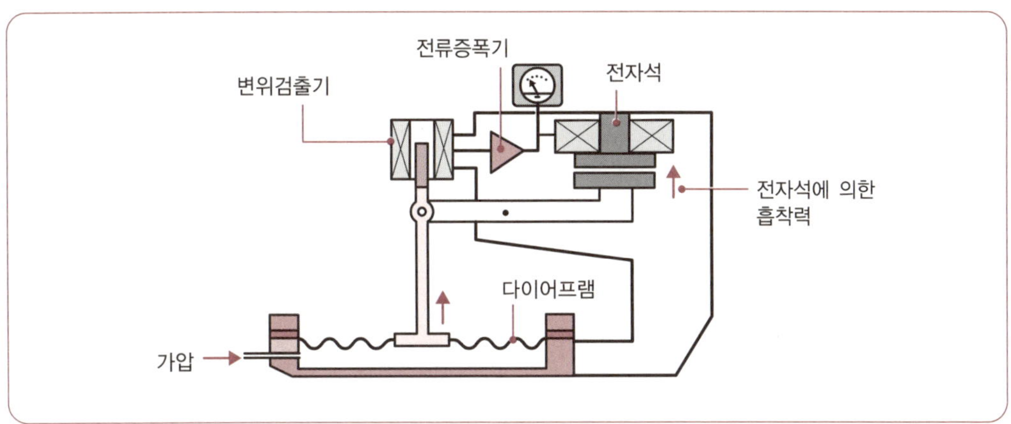

서(18쪽)나 반도체 압력 센서(20쪽)와 같은 센서이다. 100년 이상이나 되는 역사를 가진 고전적 다이어프램이 반도체 미세가공이라 불리는 현대 첨단기술에 의해 집적화 압력 센서의 핵심으로 사용되고 있다. 과학의 원리창조와 기술진보는 역시 서로 다른 것이라는 좋은 예이다.

광학적 압력 센서

매우 작은 수 [mm]각형의 실리콘 기판 표면에 선택적 에칭과 같은 마이크로머시닝(미세 가공) 기술을 사용하면 정밀도가 높은 미세한 광학기구(機構)를 만들어 넣을 수 있다. 이 광학기구 속의 광도파로(光導波路)에 외력을 가해 광로(光路)의 길이나 굴절률을 변화시키면 내부를 통과하는 빛의 세기나 위상상태가 변한다. 이 성질을 이용하여 밖으로 나온 빛의 상태를 검지함으로써 가해진 힘의 크기와 변화량을 검출하는 광집적화 압력 센서가 실현되었다.

그림 1-13은 16쪽에서 언급한 다이어프램을 마이크로머시닝 기술에 의해 수 [mm]각형으로 미소화(微小化)한 광집적화 압력 센서의 구조이다. 반도체 기판을 미세 가공한 미소 다이어프램의 표면에 센싱용 광도파로를 만든다. 이 도파로(導波路)에 다이어프램의 표리면(表裏面)에 가해진 압력차에 의해 변형이 일어나면, 광도파로의 굴절률이 변화하여 그 안을 통과하는 빛의 위상이 바뀐다. 위상변화를 받은 빛과 참조용의 위상변화를 받지 않은 빛이 합파간섭(合波干涉)하면, 위상의 변화량이 빛의 강도변화에 변환되어 나온다. 이 광학적 위상간섭을 이용한 센싱 방법이 광집적화 센서의 기본 구조 중 하나로 온도 센서와 가속도 센서 등에도 이용되고 있다.

그런데 빛을 이용한 압력 센서로 대표적인 또 하나의 방식은 그림 1-14에 나타낸 광파이버의 마이크로벤드 손실을 이용한 압력 센서이다. 미세한 파형의 요철이 있는 2장의 판 사이의 광파이버를 포함하여 감압부라 한다. 이 판을 디포머(deformer : 모양을 무너뜨리는 것)라 하는데, 광파이버를 변형시킨다.

디포머에 가해진 압력은 광파이버를 일그러뜨려 빛의 투과량을 변화시킨다. 이 광량 변화를 검출하면 가해진 압력을 알 수 있다. 광파이버는 손으로 접촉하기만 해도 일그러짐이 변할 정도로 민감하기 때문에 센서로서 높은 검출감도를 얻을 수 있다. 최소 검출 레벨로 1[μPa] 정도의 센서가 실용적으로 사용되고 있다.

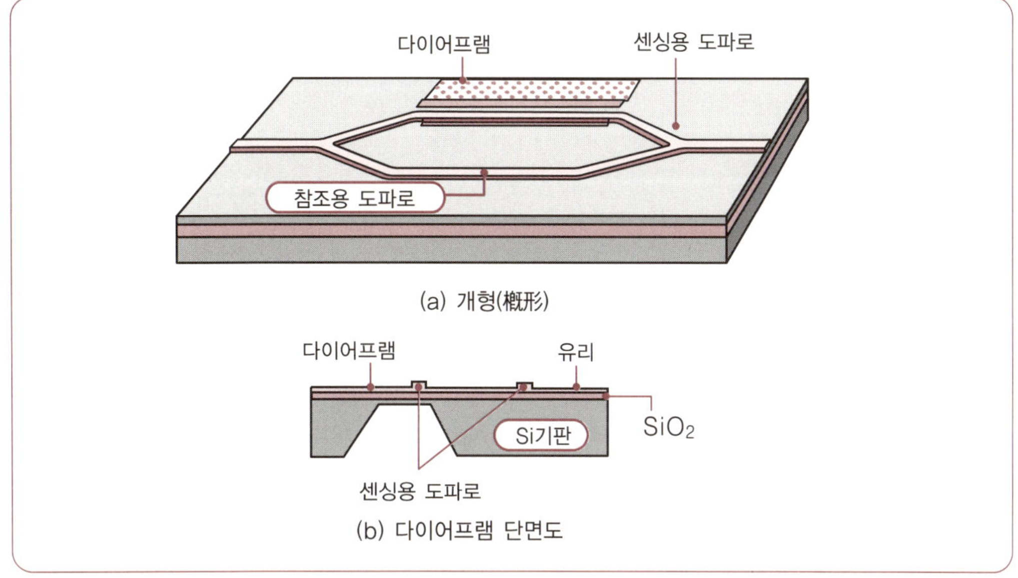

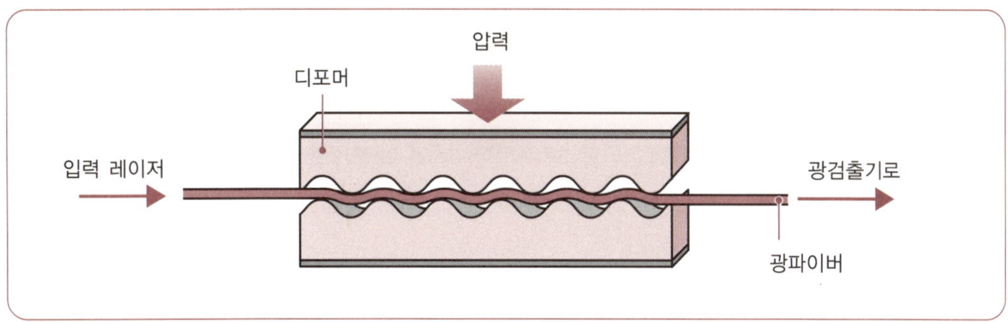

광파이버 압력 센서는 신호 라인에 전기를 사용하지 않으므로 방폭성(防爆性)이 높고, 더욱이 최근에는 신호 라인의 길이 방향 압력분포를 수십 [cm]의 정밀도로 검출할 수 있는 기술이 개발되었다. 때문에 폭발의 위험을 동반하는 화학 플랜트의 배관감시나 석유 탱크, 또는 항공기의 구조변형의 감시 등에 큰 기대가 모아지고 있다.

 09 초소형 반도체 압력 센서

반도체 결정에 힘을 가해 변형을 주면 저항값이 변한다. 이것을 피에조(piezo) 저항효과라 한다. 반도체에서는 가한 힘과 저항값의 변화량을 비율로 나타내는 게이지 팩터가 무려 금속의 100배에 달한다. 즉, 아주 작은 힘으로 커다란 저항값의 변화가 생기는 것이다. 이러한 특성의 변형을 저항변화로 바꾸고, 더 나아가 전기신호로 바꾸어 출력하는 것이 반도체 압력 센서의 기본원리이다.

반도체 압력 센서는 트랜지스터의 재료인 실리콘의 피에조 저항효과를 이용하고 있다. 실리콘 재료는 마이크로머시닝에 안성맞춤으로 미세가공성이 높은 재료이다. 그리고 지구 암석의 주성분이기 때문에 무진장 분포하며, 동시에 무해하고 매우 실용적인 재료이다. 미세가공에는 단순한 구조가 적합하므로 17쪽의 그림 1-11에 나타낸 다이어프램형 센서가 거의 대부분 원래의 형태로 초소형화되어 있다. 그림 1-15는 고정밀·고기능을 목적으로 한 집적화 반도체 압력 센서의 평면도이다. 약 $3 \times 3[mm]$의 반도체 칩의 중앙에 피에조 저항을 짜 넣은 다이어프램형 압력 센서를 설치하고, 그 주변에 전자회로가 집적화되어 있다. 전자회로가 하이브리드화되었기 때문에 고기능이며 출력의 크기나 온도특성의 보상(補償), 영점 조정 등을 전기적으로 외부에서 할 수 있다.

그림 1-16은 실제 자동차용으로 금속 패키지된 것의 단면구조이다. 엔진 룸의 가혹한 온도범위($-30{\sim}100[℃]$)에서도 오차 $1[\%]$ 이내의 놀라운 특성을 실현하며, 카 일렉트로닉스에 큰 공헌을 하고 있다.

또한 저항변화의 이용에서 한 발 더 나아가 센서막 자체가 전기신호를 발생하는 압전박막(壓電薄膜)을 사용한 센서도 실현되었다. 산화아연(ZnO) 압전박막 등은 가해진 변형량에 비례하여 자발적으로 전압신호를 발생한다. 때문에 센싱용으로 전류를 흐르게 할 필요가 없고, 회로의 간소화와 센서 자신의 발열에 의한 수명저하도 개선된다. 압전박막은 막의 세기와 기판으로부터의 박리성에 문제가 남아있지만, 앞으로 크게 기대되는 센서 재료의 하나이다.

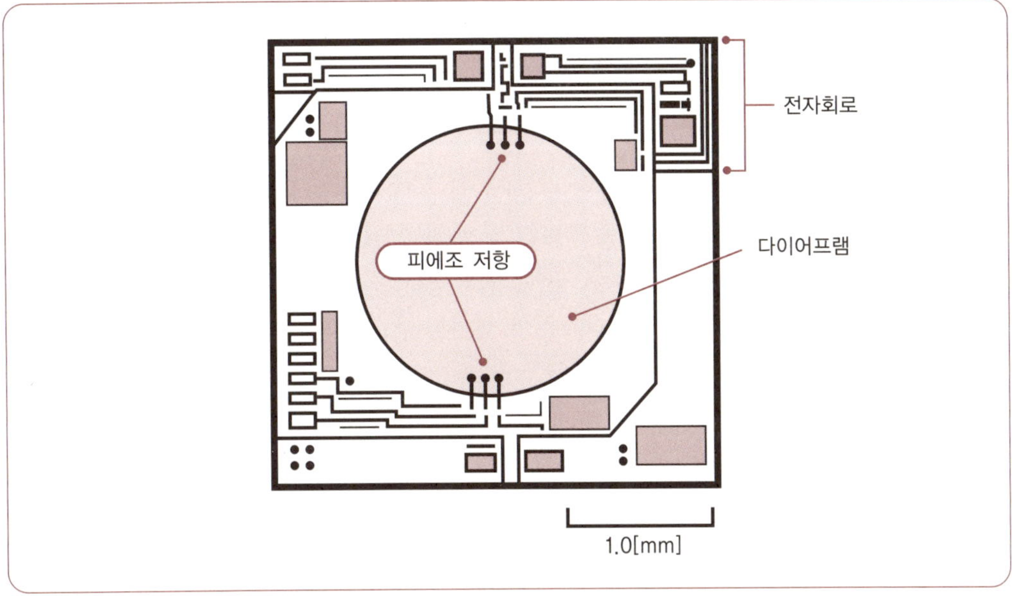

▼ 그림 1-16 패키지화된 집적화 반도체 압력 센서

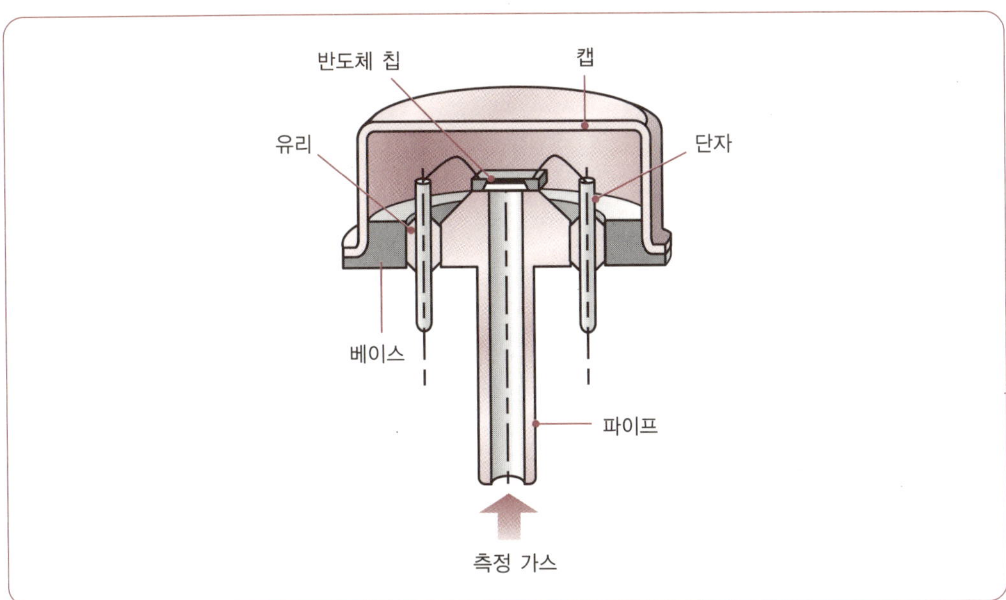

10 SAW 힘센서

표면탄성파(Surface Acoustic Waves ; SAW)는 탄성체의 표층을 전파하는 횡파로, 지진파도 그 일종이다. 딱딱한 물건을 두드리면 쉽게 발생하는 SAW는 파의 에너지가 두드려진 물체의 표면에 여러 파장으로 얇은 층에 거의 전부 포함되는 재미있는 특징을 가지고 있다. 이러한 특성 때문에 SAW의 전파속도와 세기는 전파되고 있는 표면상태에 아주 민감하게 반응하고, 표면의 온도변화와 역학적 변형 등으로 간단하게 변화된다. 이것을 이용하면 SAW의 전파에 가한 힘을 SAW의 상태변화로 검출하고 측정할 수 있다.

그림 1-17은 SAW 힘센서의 기본구성인 편지량(片持梁)을 나타내고 있으며, 크기는 $5 \times 2[mm]$ 정도로 소형이다. 이 SAW 소자는 전계(電界)를 가하면 변형이 생기는 니오브산리튬($LiNbO_3$)이나 탄탈산리튬($LiTaO_3$)의 단책형(短冊形) 기판에 SAW 발생과 검출에 사용하는 한 쌍의 빗형 전극을 배치한 것이다. 이와 같은 SAW소자를 증폭기와 조합시켜 정귀환(正歸還)회로를 만들면 간단히 발진(發振)을 시작한다. 이때의 SAW 발진회로의 발진주파수 f_n은 다음 식에 나타내는 것처럼 전기회로의 위상량 ϕ_A와 SAW 소자에서의 신호의 위상지연 τ로 결정된다.

$$f_n = (2n\pi - \phi_A)/2\pi\tau$$

SAW 신호의 위상지연 τ(타우)는 빗형 전극의 배치간격과 SAW의 전파속도로 정해지는 시간이다. 이 전극 간 거리와 속도는 SAW 소자에 힘을 가하면 아주 조금 변화하나 위의 계산식에 의해 발진주파수는 크게 변화한다.

SAW 소자를 변형시키면 전파로의 길이와 전파로 내의 장력이 변화한다. 이들에 의한 발진주파수의 변화상태는 압전재료 고유의 물성에 의해 다양하다. 압전박막의 산화아연(ZnO)과 압전결정인 $LiTaO_3$에서는 가압력 대 위상변화의 상태가 그림 1-18에 나타내는 것처럼 정반대가 된다.

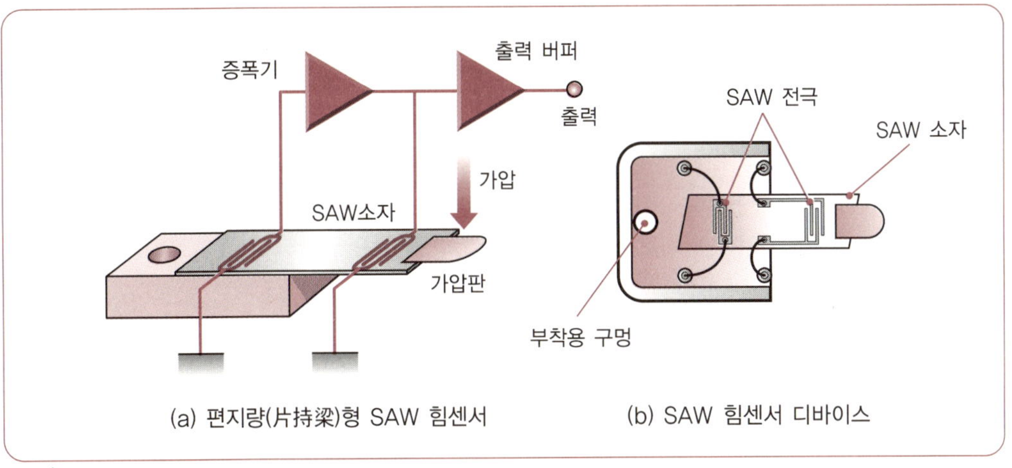

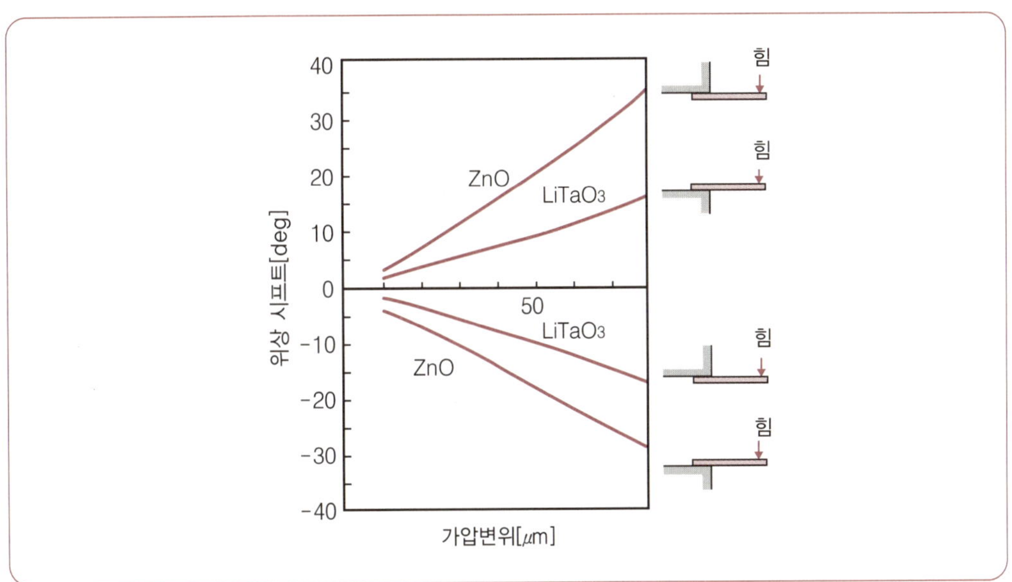

SAW 센서의 출력은 주파수 신호로 디지털이다. 이것은 다른 센싱 디바이스에서는 볼 수 없는 커다란 특징으로 디지털 시대에 잘 어울리는 센싱 디바이스라 할 수 있다.

11 변형을 검출하는 센서

반도체의 피에조 저항효과(20쪽)와 많이 비슷하나, 더 단순한 원리로 힘을 전기저항의 변화량으로 검출할 수 있다. 저항 R, 길이 L의 도선을 잡아당겨 ΔL만큼 늘였다고 하자. 이때 ΔR의 저항변화가 생겼다고 한다면, $\Delta R/R = \alpha \Delta L$이라는 관계가 성립한다. α는 감도계수라 불리는 비례상수이다. α가 큰 저항선을 선택하면 저항선을 잡아당기는 힘은 저항값의 변화로 알 수 있을 것이라고 쉽게 추측할 수 있다. 이 직감적인 방법은 변형 게이지로서 오래 전부터 이용되어 왔다. 변형 게이지의 재료로서는 감도계수 α가 크고, 저항온도계수가 작고, 가공이 용이한 금속이 선호된다. 표 1-3에 나타낸 재료가 주요 재료이다. 실제 변형게이지는 의외로 정밀도가 높으며 원리가 간단한 만큼 내구성도 양호하므로 로드 셀이라 불리며, 저울산업분야에서 많이 이용되고 있다.

그림 1-19는 중량물 크레인의 후크에 장착되어 과하중 검출에 사용되고 있는 로드 셀(load cell)이다. 이와 같은 저울 이외에 최근에는 현수교나 철탑 등 대형건조물의 내진 센서나 비행기, 자동차 등의 동적변형 모니터에 다수의 로드 셀을 사용한 센싱 시스템이 활용되고 있다.

이와 같이 터프하며 중요한 변형 게이지이지만, 큰 고민은 변형 게이지를 측정물에 장착할 때의 접착문제이다. 게이지를 물체표면에 붙이기 위한 접착제에는 높은 전기절연성과 강한 접착력, 그 위에 경시(經時) 안정성과 장기고착성 등 힘든 조건이 요구된다. 이와 같은 문제를 일거에 해결하기 위해 그림 1-20과 같이 절연막 위에 소형저항체를 직접 박막형성한 칩을 사용하는 일이 많아졌다. 진공증착법(眞空蒸着法)이나 레이저 트리밍의 최신 기술로 이와 같은 박막저항체의 초소형화와 성능의 균일화가 가능하게 되었다.

구분	조성	저항[Ω] (100[cm], 0.025[mm ϕ])	변형감도계수
Nichrome	Ni60, Cr16, Fe24	2,200	2.0~2.5
Iso-elastic	Ni36, Fe52, Cr8, (Mn+Mo)4	2,200	3.5~3.6
Nichrome V	Ni80, Cr20	2,150	2.0
Pt-Ir	Pt80, Ir20	660	6.0

 ▼ 그림 1-19 후크에 장착된 로드 셀 

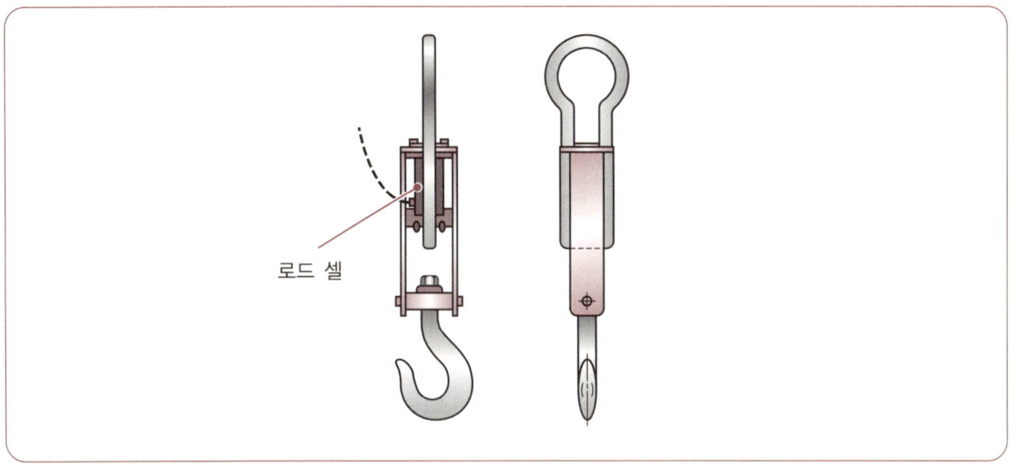

 ▼ 그림 1-20 변형 게이지 저항체의 박막형성

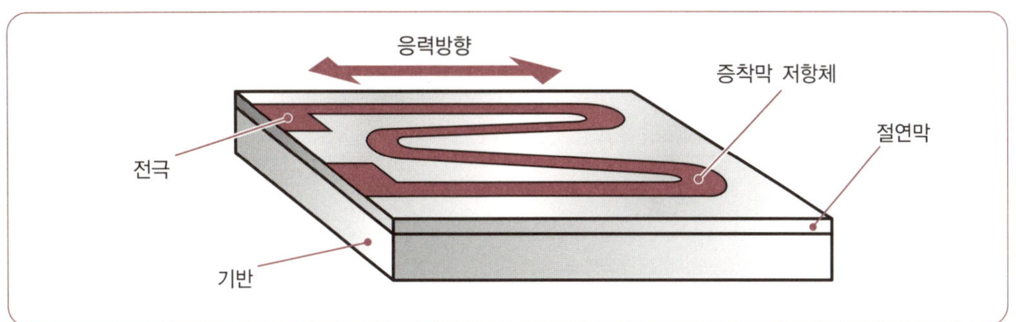

쉬어
가기

빛센싱이란?

　빛센싱에는 빛 그 자체를 측정하는 경우와 빛을 이용하여 다른 물리량을 측정하는 경우가 있다. 양쪽 모두 물리적인 빛의 측정에서부터 시작한다.

　빛을 파(波)로 취급하는 파동광학에서는 빛의 측정으로 적어도 다음의 4가지 정보를 얻을 수 있다. 즉, ① 빛의 강도, ② 광파의 위상상태, ③ 편광상태, ④ 광색 혹은 파장이다. 최근에는 이들 정보에 위치정보를 더하여 2차원적인 광학상(이미지)으로 측정하는 일이 많아졌다. 디지털 카메라 등으로 광학상을 전기신호로 변환하기 위한 광센서를 이미지 센서라 부르는 것은 이미 알 것이라 생각한다. 이 이미지 센서는 빛의 강도와 색, 그리고 2차원적인 분포위치 등 3가지 정보를 동시에 검출하는 다기능 광센서이다.

　또한 빛의 성질을 이용하여 전압이나 온도, 혹은 압력이나 변형 등 다양한 물리량을 높은 정밀도로 측정할 수 있다. 이 같은 목적으로 사용되는 광센서를 빛 자체를 측정하는 센서와 구별하기 위하여 광(光)응용 센서라고도 한다.

　광응용 센서는 표 2-1에 나타낸 것과 같이 광파의 간섭이나 회절 혹은 편광이라 하는 빛의 파(波)로서의 성질을 적절하게 이용한 제품들이 실용화되어 가고 있다. 이들 센서는 광학결정(結晶) 등의 센싱 재료 속을 지나가는 빛의 상태변화를 검출하는 타입이 대부분이다. 오래 전부터 전자계와 편광상태의 관계로 잘 알려져 있는 패러데이 효과나 포켈스 효과를 이용한 것도 있다.

　또한 역시 오래 전부터 이루어져 온 간섭무늬의 계측도 입체상 표면의 아주 작은 요철을 2차원적인 위상화상으로 변환하여 가시화하는 방법에 이용되고 있다. 특히 정밀도가 높은 것은 홀로그래픽 계측이라고도 불려 자동차나 항공기 표면의 진동이나 요철의 발생상황의 모니터 등에 사용되고 있다. 이와 같이 향후의 광응용 센서에는 빛 강도의 측정 이외에 광파 센서로서 파장이나 편광의 측정기능까지 필요로 하는 경우가 증가할 것으로 생각된다.

이용하는 성질	광센서의 명칭	측정대상	광학현상
빛의 강도	방사온도 센서 레이저 가스 센서 파이버 압력 센서	온도 가스농도 압력	적외선 검지 표면감쇠파 마이크로벤드 손실
광위상변화	미소변위 센서 피에조 소자 압력 센서 자왜 소자 압력 센서	변위 압력 전계(電界)·자계(磁界)	광학간섭 광학간섭 광학간섭
편광상태변화	파이버 온도 센서 고전압 센서 대전류 센서	온도 전압(전류) 전류	복굴절 포켈스 효과 패러데이 효과
광주파수변화	속도 · 유속 센서 파이버 자이로	속도 회전속도	도플러 효과 사냐크 효과

02 광량 센서(광도전 셀)

　새벽이나 저녁 때 자동적으로 가로등이 꺼지거나 켜지는 것은 밝기나 어둠에만 반응하는 광량 센서의 작용에 의한 것이다. 광량 센서는 빛의 세기만을 전기신호로 변환한다. 일상적인 광센싱은 물론 레이저 광선을 사용한 광응용계측이나 광응용제어 혹은 광의료분야에서도 광량 센서는 많이 사용되고 있다.

　광량 센서는 광전변환방식에 의해 대체로 3가지 타입이 있다. 즉, ① 광도전형, ② 광기전력형, ③ 광전자 방출형이다.

　광도전(光導電)형은 반도체에 빛을 조사(照射)했을 때의 전기저항의 변화를 이용한 것으로 일반적으로는 "광도전 셀"이라 한다. 그림 2-1에 나타낸 것과 같이 유리창 속에 보이는 독특한 파형 모양이 특징이며, 카메라의 노출계나 자동문의 광센서로 사용되고 있는 것을 본 사람들도 많을 것이라 생각한다. 광도전효과는 빛에 의해 반도체 내에 생긴 자유 캐리어에 의해 전극 사이를 흐르는 전류를 변화시키는 것이 기본적인 동작이다. 이 때문에 센서의 감도를 높이기 위해서는 캐리어 수명이 긴 반도체 재료가 선택된다. 가시영역에서 사용되는 광도전 셀에는 대체적으로 황화카드뮴(CdS)을 열처리하여 소결(燒結)한 것을 사용한다. CdS는 빛의 가시부에서 근적외부까지 광범위하게 커버하며, 일상적으로 사용되는 가시영역에서의 광센서로서는 가장 이상적인 특성을 지니고 있다.

　한편, 광도전 셀의 단점은 광도전효과가 실제로 나타날 때까지의 응답시간이 빠르지 않다. 시판되고 있는 CdS 셀의 응답시간은 실내 빛 조도로 수십 밀리 초 정도, 이보다 저조도에서는 수 초나 걸리며, 따라서 광스위치 등에 적용하기에는 실용적이라 할 수 없다. 이와 같은 특성으로 최근 광도전 셀의 이용분야는 가시광 영역에서의 완만한 광량변화를 검출하는 밝기검출로 제한되어 있다.

　광도전 셀보다 응답속도가 빠르며, 광기전력효과와 광전자 방출효과를 이용한 광량 센서에 대해서는 각각 절을 바꿔 더욱 상세하게 설명한다.

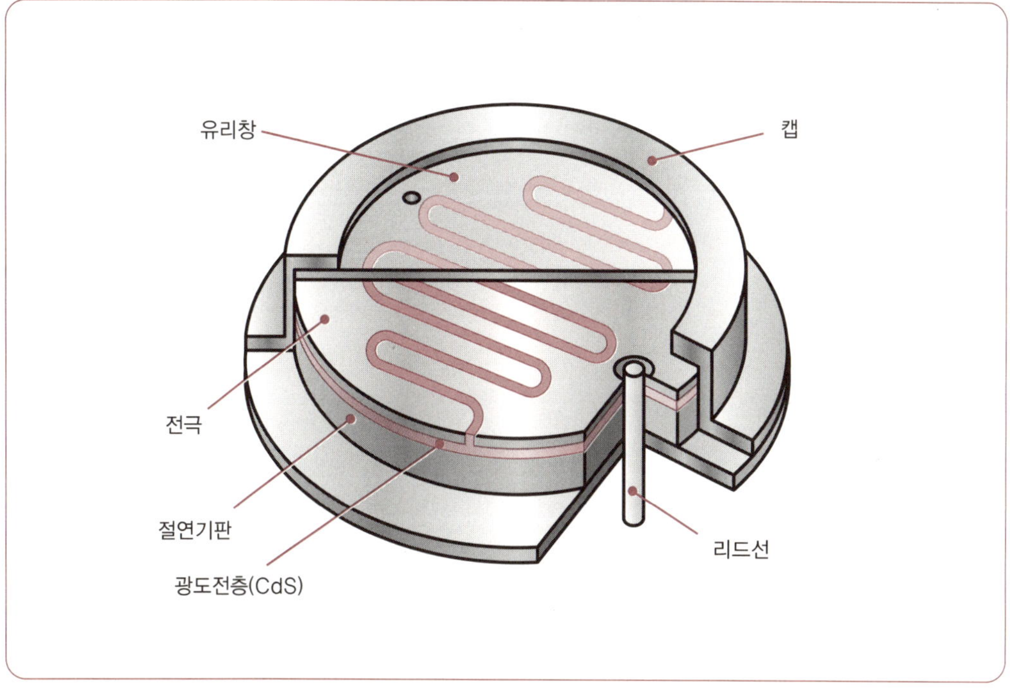

유리창
캡
전극
절연기판
광도전층(CdS)
리드선

03 초고속 광센서

현대 멀티미디어의 추진역이 된 광파이버 통신에서 반도체의 고속수광소자(受光素子)는 주요 장치의 하나가 되었다.

여기에서는 통신용 광반도체 장치의 초고속화 과정을 돌아보도록 하자. 광기전력효과에 의한 기본적인 광반도체 장치는 그림 2-2에 나타낸 것과 같은 실리콘(Si)의 pn접합을 사용한 PN 포토다이오드이다.

이 광장치는 높은 감도와 넓은 대역특성을 지닌다. 그러나 장파장대 쪽은 광흡수율이 감소하고, 1.1[μm] 부근의 파장부터 급격히 감도가 떨어진다. 이 때문에 현재의 광통신 간선으로 사용되는 파장 1.3~1.55[μm]의 이른바 1[μm]대에서는 이용할 수 없다. 또한 응답속도도 수십 ns(나노초) 정도로 광도전 셀에 비하면 비약적인 속도이나, 고속광통신에는 충분하지 않다.

PN 포토다이오드에서 동작속도를 저하시키고 있던 큰 요인은 pn접합의 접합용량이었다. 그래서 pn접합 사이에 절연층(i층)을 넣어 접합용량을 감소시켜 고속응답을 실현한 것이 핀(PIN) 포토다이오드이다. 이 개량으로 응답속도는 1[ns] 이하로 고속이 되었다.

그러나 이것만으로도 아직 최근의 수 [Gbit/s]에 달하는 고속광통신에는 충분하다고 할 수 없다. 그래서 더욱 고속성을 추구한 애벌란시(avalanche) 포토다이오드(APD)가 개발되었다. 이것은 포토다이오드의 pn접합부에 적용하는 역(逆)바이어스 전압을 높게 하여 커다란 전자증배현상인 전자사태(avalanche)를 발생시키는 개량이었다. 광전류이득은 종래의 200배 이상, 응답속도도 0.5[ns] 이하의 고속속도가 얻어졌다. 또한 동시에 동작파장대의 개선도 실리콘 대신 게르마늄(Ge)을 사용하여, 1.3[μm]대, 1.55[μm]대 등으로 감도를 특화(特化)한 Ge-APD가 실용화되었다.

APD는 내부증배현상에 의해 SN비의 개선이 이루어져 고주파대에서의 검출한계를 아주 작은 잡음 가까이까지 낮출 수 있다.

한편 PIN 포토다이오드는 APD의 2배 가까운 이득을 얻을 수 있다. 이 때문에 1[μm]대

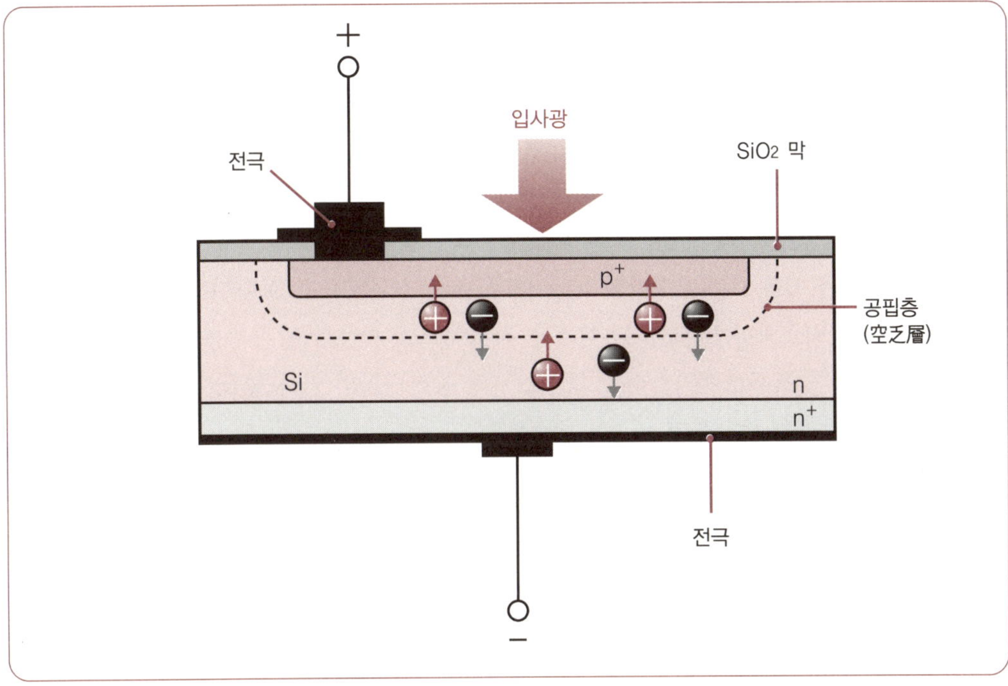

에서 미약한 신호를 취급하는 장거리 고속통신용으로서는 APD가, 또한 1[μm] 이하의 파장대가 사용되는 단거리 간이형의 광LAN 등에서는 PIN 포토다이오드가 광센서로 각각 사용되고 있다.

04 포토트랜지스터

광기전력효과에는 빛의 조사(照射)에 의해 반도체 내에서 발생한 전자와 정공(正孔)을 분리하여 기전력을 얻기 위한 전계(電界)가 필요하다. 이에는 반도체소자 내의 각종 접합부분이 사용된다. 접합형 트랜지스터의 npn 혹은 pnp 접합부도 포토다이오드와 같이 pn접합으로서 광기전력효과를 발휘한다. 이것을 적극적으로 사용한 광검출용 트랜지스터가 포토트랜지스터이다. 포토트랜지스터는 외부로부터 광전변환의 이득 등을 제어할 수 있는 기능적인 광량 센서로서 중요하다.

포토트랜지스터는 빛의 입사면과 수직인 면에서 절단하면 그림 2-3에 나타낸 것과 같이 p형 및 n형 실리콘(Si)의 pn접합면이 보인다.

광기전력효과는 베이스-컬렉터, 베이스-이미터 사이의 pn접합에서 생긴다. 트랜지스터로서의 구조는 보통의 접합형 트랜지스터와 마찬가지이나, 베이스영역이 빛을 잘 받을 수 있도록 확대되어 창문구조로 되어 있다.

다음은 동작원리를 간단하게 설명한다. 그림 2-3의 컬렉터에 정전압이 적용되어 이미터가 접지되어 있다고 하자. 입사광에 의해 pn접합부분에 발생한 전자와 정공 중, 정공은 베이스 영역에 축적되어 베이스 전위를 정(+전위)으로 올린다. 그 결과 이미터에서 베이스로 많은 전자가 흘러들어 간다. 이들 전자는 역바이어스되어 있는 컬렉터-베이스 접합 사이의 내부전계에 의해 가속 증배되어 얇게 만들어진 베이스 영역을 통과하여 컬렉터에서 밖으로 나간다.

베이스-컬렉터, 혹은 베이스-이미터 사이의 광전류는 PN 포토다이오드로서 얻어지는 전류이다. 보통 트랜지스터의 전류증폭률 h_{FE}는 100~1,000 정도 있으므로 포토트랜지스터에서 출력되는 광전류는 포토다이오드에 비해 100~1,000배나 큰 값이 된다.

포토트랜지스터는 접합부 구조상 애벌란시 포토다이오드와 같은 고속의 응답성능을 얻을 수 없다. 때문에 고속광통신 등에는 사용되지 않으나, 트랜지스터로서의 고감도성능과 제어기능을 살려 산업 시스템의 광(光)리밋 스위치나 포토커플러로서 대량으로 사용되고

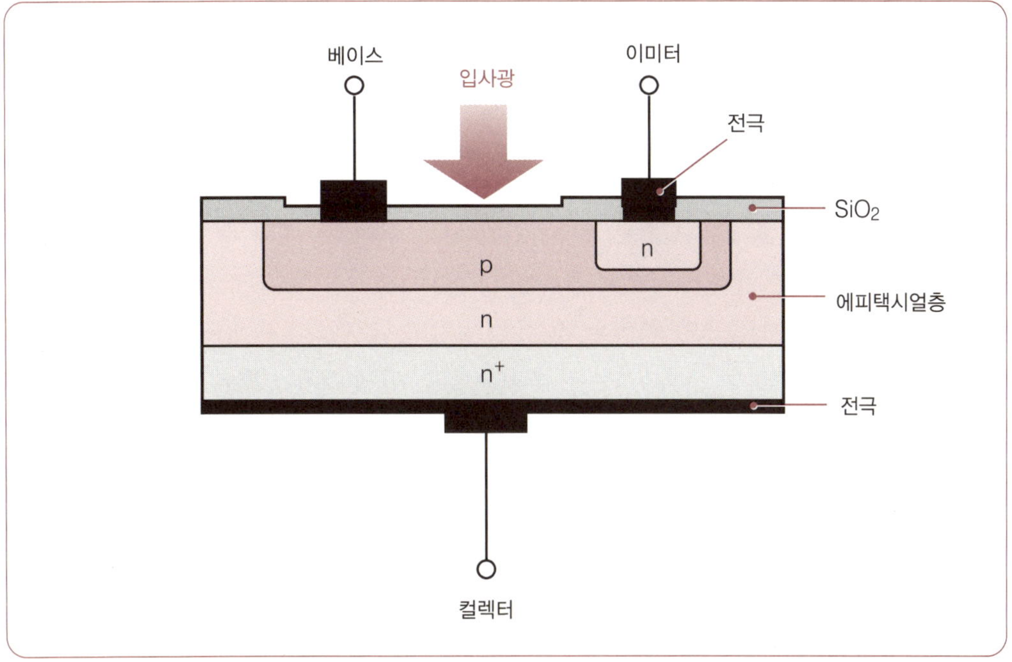

있다. 또한 TV 등 가전기기 대부분의 광 리모컨으로도 사용되고 있어 총생산량은 가히 천문학적인 숫자가 된다.

05 빛알갱이를 측정하는 포톤 센서

가시광선이나 자외선, 또는 X선이나 감마선을 쬐면 금속 표면에서는 광전자라 불리는 전자가 방출된다. 이 현상을 광전자 방출효과라 하며, 1900년 초에 아인슈타인이 프랑크의 양자론을 바탕으로 하여 수식으로 정리했다. 전자파의 일종인 파장으로 여겨지던 빛이 양자(量子)의 에너지 이동으로 확인된 것이다. 양자의 에너지 이동이란 입자적인 성질을 의미하므로 빛을 알갱이로 셀 수 있는 가능성이 있다. 이 절에서는 빛의 알갱이를 세는 센서를 소개한다.

광전자 방출효과를 이용한 광량 센서에는 광전관이 있다. 광전관의 구조는 그림 2-4에 나타낸 것처럼 광의 조사(照射)에 의해 광전자를 방출하는 광전면(캐소드)과 방출된 광전자를 흡수하는 양극(애노드)으로 이루어져 있다. 관내는 진공이든가 아니면 미량의 불활성 가스가 봉입되어 있다.

광전관의 감도를 증대시키기 위하여 그림 2-5에 나타낸 것처럼 광전자 증배기구를 장착한 것이 광전자 증배관이다. 광전면에서 방출된 광전자를 집속전극을 사용하여 2차 전자증배전극(다이노드)으로 유도한다. 광전자는 증배관 내부의 전계에 의해 가속되어 다이노드에 충돌, 5~10배의 2차 전자를 방출한다. 여러 단의 다이노드에 의해 쥐가 새끼치듯 늘어난 전자의 수는 다이노드 단수가 10이라면 10^7 정도로 엄청나게 많아진다.

이와 같이 증폭률이 극히 높은 광전자 증배관의 출력신호는 2차 전자의 평균적인 수를 나타내고 있으므로 보통은 부드러운 연속파형을 하고 있다. 그러나 입사시키는 광량을 극단적으로 줄여 가면 평균치가 크게 변동하여 들쑥날쑥해진다. 여기서 광량을 더 줄이면 결국에는 펄스상(狀)의 출력신호가 된다. 이 펄스상 출력은 빛의 알갱이라고도 할 수 있는 포톤이 입사되었을 때 발생한다. 따라서 출력신호의 펄스 수를 계측함으로써 "입사광의 수"를 디지털적으로 알 수 있다. 이 초미약광(超微弱光)의 검출법을 포톤 카운팅이라고 하며 실험물리의 중요한 계측수법이 되었다.

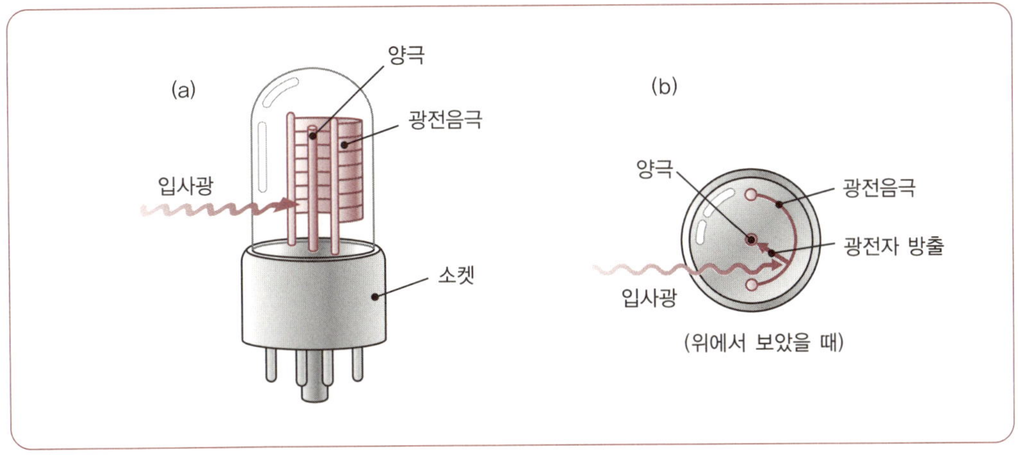

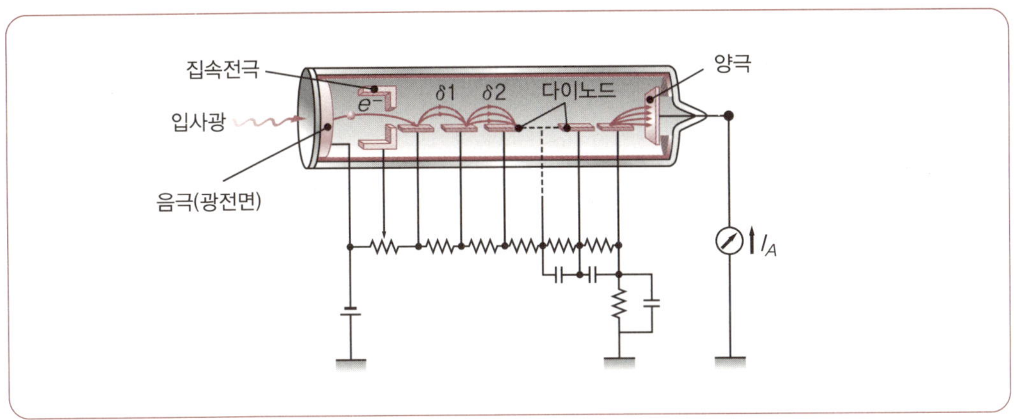

　고체화가 급속히 진행되고 있는 수광(受光) 센서 중에서 광전자 증배관은 귀중한 진공관식 센서로 활약하고 있다.

화상 센서

빛의 상(像)을 전기신호로 변환하는 화상(畵像) 센서에는 그 구조로부터 촬상관(撮像管)이라 불리는 진공관 타입과 고체촬상소자(古體撮像素子)라 불리는 반도체 집적화 형식이 있다. 양쪽 모두 렌즈를 사용한 결상광학계를 사용하여 2차원 광센서의 평평한 수광면(受光面)에 상을 맺게 한다. 그리고 상을 맺은 화상의 2차원적인 위치정보를 정해진 시간에 따라 일정한 스피드로 규칙적으로 읽어내어 1차원의 시간정보로 변환한다. 이 위치정보를 시간정보로 바꾸는 조작을 "소인(掃引)" 혹은 "주사(走査)"라 부른다. 이 주사는 촬상관에서는 아날로그로 이루어지며 고체촬상소자에서는 디지털로 이루어진다.

가정용 TV신호에서는 양쪽 모두 1매의 화상을 가로방향으로 주사하는 시간(수평주사시간)을 $63.5[\mu s]$로 정해 이것을 위에서 아래로 525회 반복한다. 간단한 계산에 의해 TV에서는 1초 동안에 30매의 화상이 촬영되어 송출되는 것을 알 수 있다. 이 값은 눈의 착각 때문에 반복된 화상이 연속적인 동영상으로 보이는 한계가 약 30[매/초]인 것에 유래한다. 또한 가정용 TV의 화상신호(TV에서는 영상신호라 말한다)와 아날로그 신호로 고체촬영소자로 얻어진 디지털 화상신호에서도 TV 수상기에 들어갈 때는 아날로그 영상신호로 되어 있다. 디지털 비디오의 화상이 종래의 아날로그 비디오에 비해 고품질인 것은 촬영·녹화·재생 시에 디지털 신호처리가 이루어지기 때문이다.

그런데 촬상관은 TV방송의 스튜디오 등에서 사용되는 대형 업무용 텔레비전 카메라에 많이 사용되고 있다. 한편 고체촬상소자는 반도체 이미지 센서로 불리며, 현재 소형 비디오카메라의 거의 대부분에 사용되고 있다. 이 절에서는 우선 촬상관의 원리를 상술하고 다음 절에서 반도체 이미지 센서에 대해 설명한다.

촬상관은 광도전효과를 이용한 광전관의 수광부를 광전변환면이라 하며 평면으로 만든 것이다. 이 광전변환면을 전자빔으로 2차원적으로 주사하여 화상정보를 검출한다. 그림 2-6은 일반적인 광도전형 촬상관의 구조이다. 촬영하고자 하는 화상을 빛에 의해 저항값이 변화하는 광도전막 위에 결상(結像)시킨다. 동시에 빛과 반대방향에서 전자빔을 조사한다. 전자빔은 캐소드에서 방사되어 그리드에 의해 가속되어 광도전막을 향한다. 그리고 광

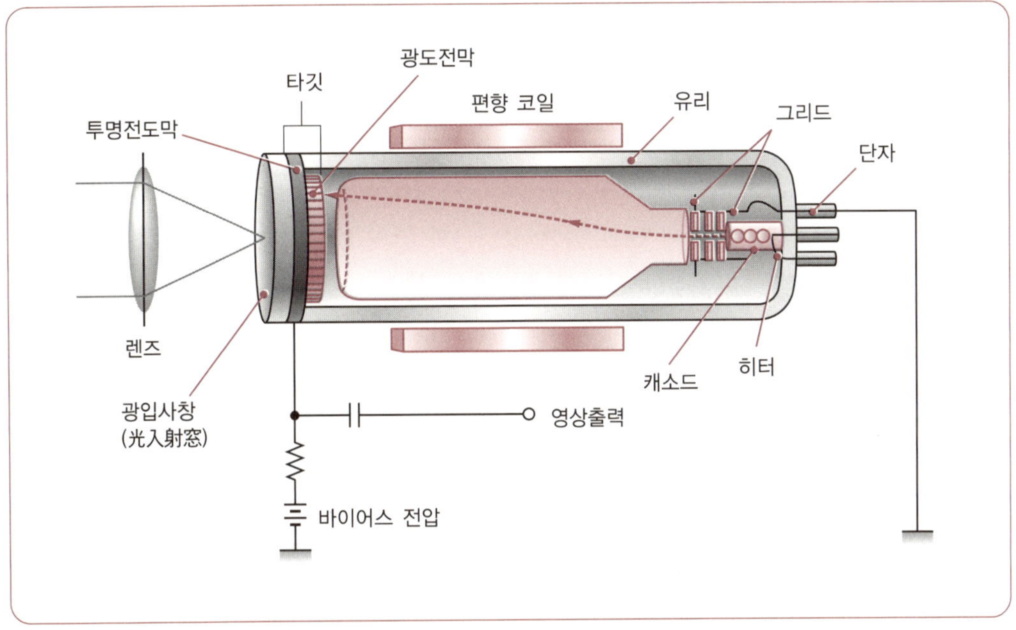

강도에 의해 2차원적으로 저항값을 바꾼 광도전막에 닿는 순간, 그 저항값의 크기에 따른 전류가 발생한다. 이 전자빔에 의한 2차원적 저항값 분포 검출을 정확하고 빠르게 수행하면 광도전막상의 화상을 시간적인 영상신호로 변환할 수 있다. 전자빔을 고속으로 주사하여 광도전막상의 화상에 대한 정확도를 높도록 맞추기 위해서 자계(磁界)에 의한 전자빔의 편향(偏向)을 이용한다. 이를 위한 편향 코일에는 수직편향용과 수평편향용의 2개가 준비되어 이들 코일에 흐르게 하는 전류의 세기를 제어하여 2차원 주사를 수행한다.

07 반도체 이미지 센서

반도체 미세가공기술의 발전에 따라 종래 고체촬상소자라 불리던 반도체 이미지 센서가 급속히 고성능화되고 있다. 고체촬상소자가 촬상관과 전혀 다른 점은 촬영하고자 하는 광학화상을 화소라는 작은 단위로 분할하여 검출하는 원리이다. 규칙적으로 배열된 수백만 개의 광량 센서에 의해 각 화소의 광량을 검출하고 디지털적으로 고속신호 처리하여 TV신호와 같은 영상신호를 얻는다. 이 화소수에 의해 촬영화상의 해상도가 결정되므로 디지털 카메라 등에서는 화상품질을 나타내는 지표로 자주 쓰인다.

또한 고체촬영소자의 발전은 가정용 비디오 카메라나 디지털 카메라의 보급에 의한 것으로 업무용을 제외하면 현재의 텔레비전 카메라의 거의 대부분은 반도체 이미지 센서에 의한 것이다.

반도체 이미지 센서에는 각각의 광량 센서로부터 신호를 추출할 때 주사방법에 따라 2가지 형태가 있다. 어드레스 방식과 신호전송 방식이 그것이다. 어드레스 방식은 개개의 광량 센서에 2차원적인 어드레스를 주어 디지털 회로의 시프트 레지스터를 사용하여 이것들을 순차적으로 주사한다. 그림 2-7(a)에 어드레스 방식의 1차원에서의 주사의 예를 나타낸다. 또한 신호전송방식은 그림 2-7(b)에 나타낸 것처럼 1회의 주사에 사용하는 광량 센서 신호를 동시에 아날로그 값 그대로 시프트 레지스터에 전송한 후, 적당한 클록 펄스를 사용하여 추출하는 방식이다.

실제 어드레스 방식에서는 광량 센서에 MOS형 FET가 사용되는 일이 많기 때문에 MOS형 이미지 센서라 불리는 일도 있다. 한편, 신호전송 방식에서는 CCD 아날로그 시프트 레지스터가 사용되기 때문에 CCD형 이미지 센서라 불리고 있다. 다음은 MOS형 이미지 센서를 예로 들어 동작을 설명한다.

▼ 그림 2-7 (a) 어드레스 방식 라인 센서 (b) 신호방식 라인 센서

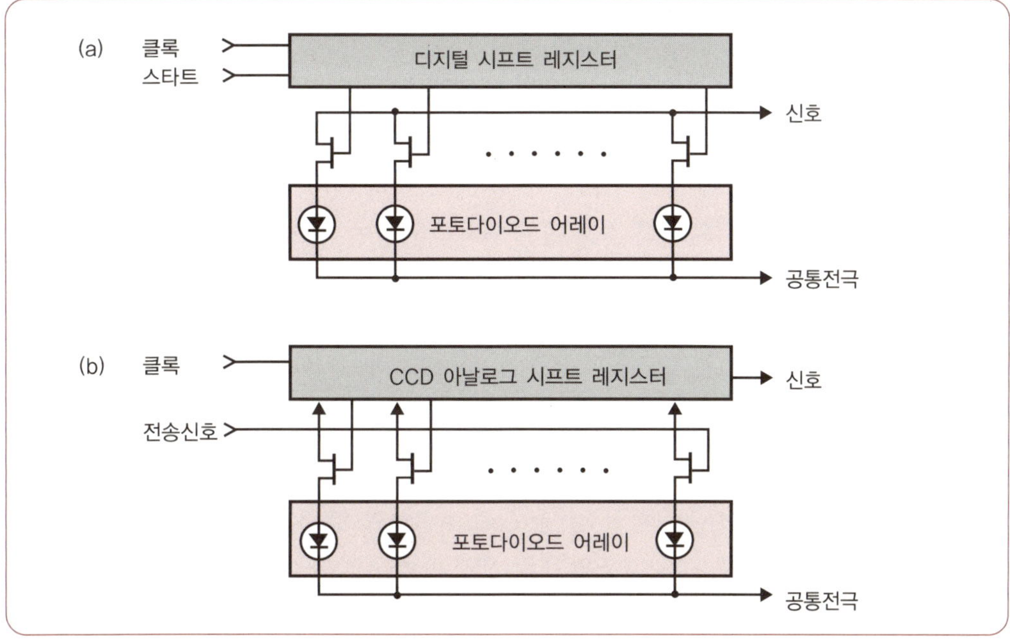

(a)
클록
스타트
디지털 시프트 레지스터
신호
포토다이오드 어레이
공통전극
(b)
클록
전송신호
CCD 아날로그 시프트 레지스터
신호
포토다이오드 어레이
공통전극

▼ 그림 2-8 MOS형 광량 센서의 기본구조

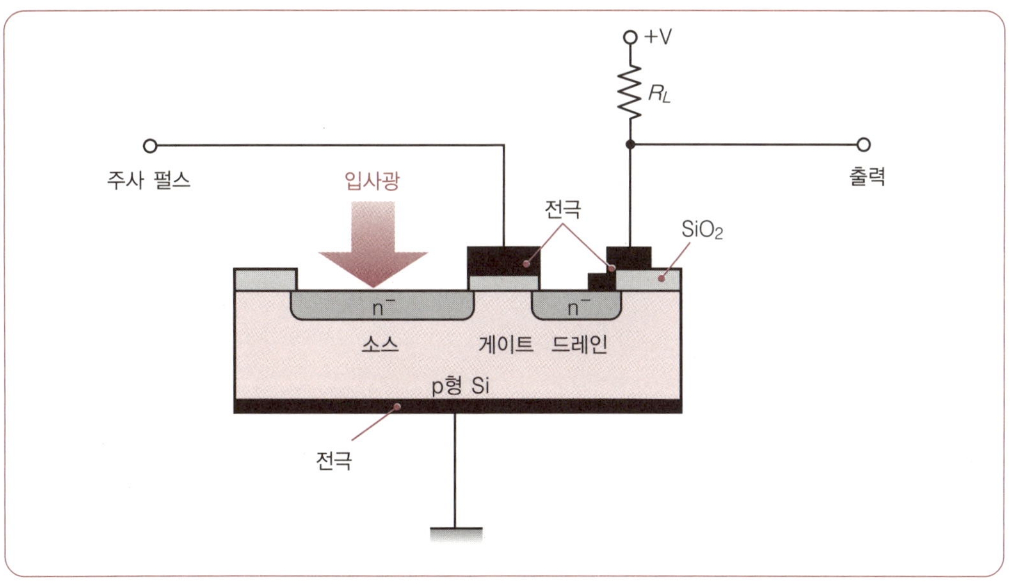

+V
R_L
주사 펄스
입사광
전극
SiO_2
출력
n^-
n^-
소스
게이트 드레인
p형 Si
전극

그림 2-8은 MOS형 광량 센서 단체(單體)의 기본구조이다. MOSFET와 동일한 구조로 폭이 수[μm]의 소스 영역에 있는 pn접합부가 포토다이오드가 되어 작동하며 광량 센서로서의 기능을 가진다. 이 광량 센서는 그림 2-9에 나타낸 것처럼 다이오드와 FET를 조합한 등가회로로 표현된다. 우선 게이트 전극에 (+)펄스 전압을 주면 수광부의 pn 접합부에 전하가 축적된다. 이 전하는 빛이 조사되었을 때 발생하는 캐리어에 의해 방전된다. 따라서 주기적으로 게이트 전극에 펄스 신호를 가하여 소스 전위의 변화를 검출하면 pn 접합부에 조사된 광량을 알 수 있다. 이와 같은 광량 센서를 종횡방향으로 수천 개 배열하여 수평주사와 수직주사를 제어하는 시프트 레지스터를 조합시켜 이미지 센서를 구성한다.

그림 2-10은 MOS형 이미지 센서의 회로 블록을 나타내고 있다. 이 회로에서는 수평주사를 MOSFET 드레인 전압의 ON/OFF로 실시한다. 또한 수직주사는 1수평주사에 필요한 MOSFET의 모든 게이트를 동시에 ON/OFF함으로써 실현하고 있다.

컬러 화상의 촬영에는 적, 녹, 청의 3색을 각각 검출하여 영상신호를 만들어야 한다. 색 필터 등에서 수광감도를 나눈 3개 1조의 광량 센서로 하나의 화소를 검출할 경우와 3원색에 각각 전용의 이미지 센서를 사용하는 경우가 있다. 3개 1조의 광량 센서를 사용하는 편이 소형이며 경제적이므로 가정용 디지털 카메라들은 거의 대부분 이 타입을 사용한다. 예를 들어 세로 400개, 가로 640개의 분해능(分解能)을 얻고자 한다면 화면전체의 화소수는 최저 25만 6천 개가 필요하다. 이것을 컬러로 실현하는 데에는 MOSFET의 광량 센서 약 77만 개가 필요하다. 현재, 가정용 컬러 카메라의 화소수는 수백만 정도로 이미 퍼스널 컴퓨터의 컬러 모니터에 대해서는 충분한 분해능을 가지고 있다. 은염(銀鹽)사진과 비교해도 서비스용으로는 손색없는 해상도이다.

▼ 그림 2-9 MOS형 광량 센서의 등가회로

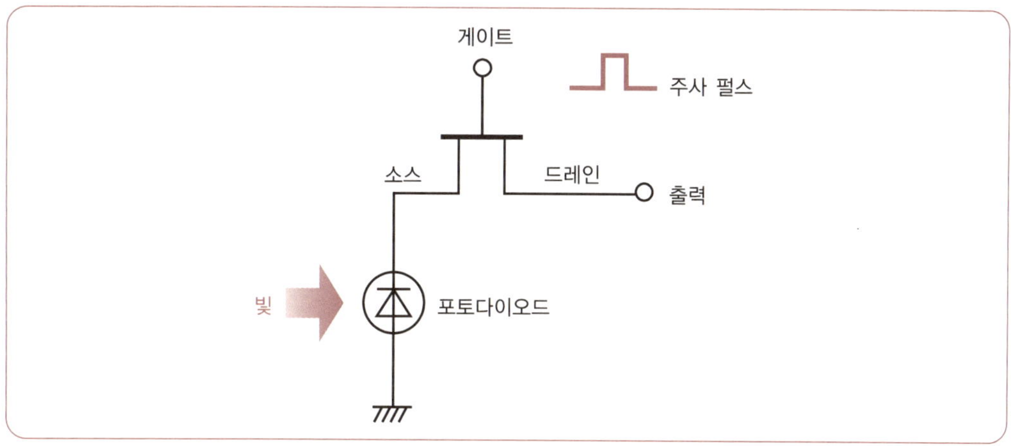
게이트
주사 펄스
소스
드레인
출력
빛
포토다이오드

▼ 그림 2-10 MOS형 화상 센서의 기본구성

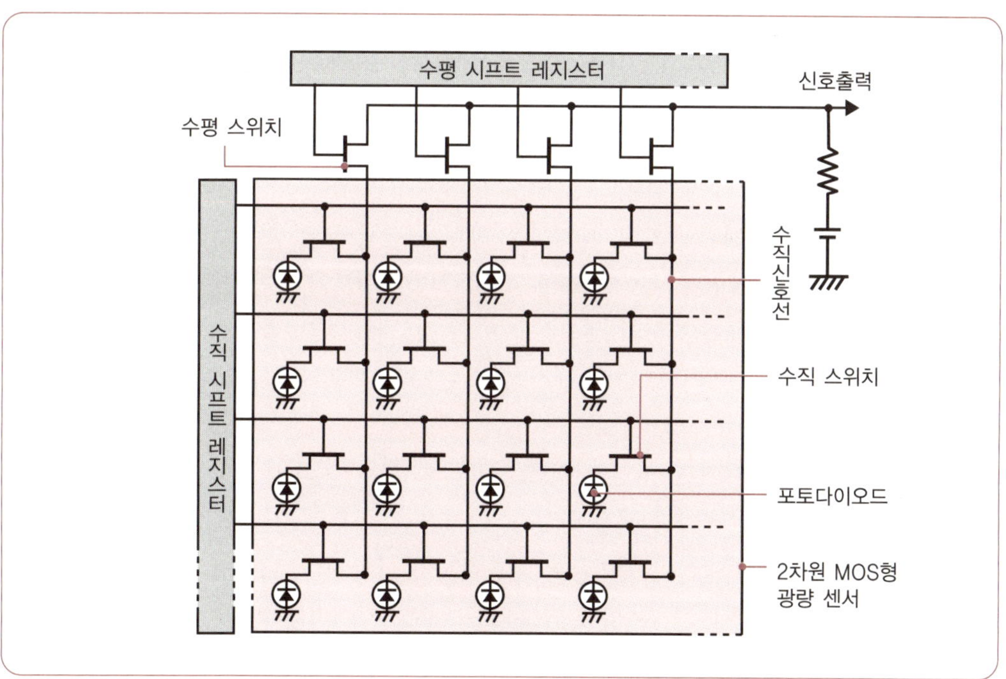
수평 시프트 레지스터
신호출력
수평 스위치
수직 신호선
수직 스위치
수직 시프트 레지스터
포토다이오드
2차원 MOS형 광량 센서

색(色)센서

빛의 색을 파장으로 나타내는 일이 있으나, 거꾸로 빛의 색이 특정의 파장을 나타낸다고는 말할 수 없다. 왜냐하면 눈으로 보아 노란색으로 보이는 빛은 본래 노란색으로 보이는 파장 550[nm]의 단일광(單一光)에 의한 것인지, 아니면 파장 650[nm]의 적색과 파장 470[nm]의 녹색이 서로 혼합되어 황색으로 보이는 것인지 판별할 수 없기 때문이다. 예술 분야 등에서는 눈으로 판별하는 색을 파장으로 표현할 필요성이 거의 없다. 그것은 어떤 종류의 빛이 서로 혼합되어 있다 하더라도 최종적으로 눈이 느끼는 색이 그 빛의 색으로서 중요하기 때문이다.

한편, 빛을 측정하고자 할 때 파장은 극히 중요한 측정가능값의 하나이다. 색센서라 불리는 것도 실은 센서의 분광감도에 의해 색을 파장의 영역으로 검출하는 것이다. 바꿔 말하면 빛의 파장 센서라 해야 할 것이다. 빛의 파장을 검출하는 광센서에는 회절격자나 광학 에탈론이라 불리는 정밀도가 높은 분광소자와 수광소자를 조합시킨 것이 많이 사용된다.

광색의 근원이 되는 파장을 검출하는 데는 빛을 파장별로 분리하는 광학소자가 필요하다. 광학 프리즘에서 무지개 색으로 분리하는 방법은 간단하나, 충분한 색의 분해능을 얻기는 어렵다. 그러므로 그림 2-11에 나타낸 것과 같이 정밀도가 높은 분광소자인 회절격자와 CCD형의 라인 센서를 조합하여 색센서로 만든 것도 있다. 회절격자는 빛의 파장에 따른 회절각으로 빛을 분산시킨다. 라인 센서 상에 분산된 빛의 위치가 그대로 대략적인 광파장을 나타내게 된다.

예를 들어 1024소자의 CCD 라인 센서를 사용하여 수십 색의 색판별이 가능하다. 그러나 이 타입의 색센서에는 커다란 결점이 있다. 그것은 입사광을 색별로 분산해버리기 때문에 색의 분해능을 높이면 광량이 줄어들어 검출감도가 낮아진다. 때문에 검출하는 색의 수를 적게 하여 CCD 라인 센서를 보다 고감도의 포토트랜지스터의 어레이로 치환하여 검출감도를 향상시키고 있다.

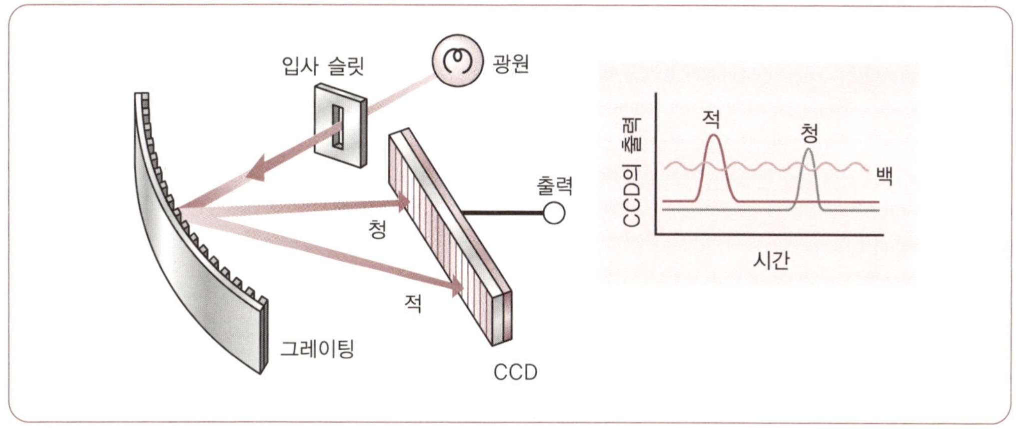

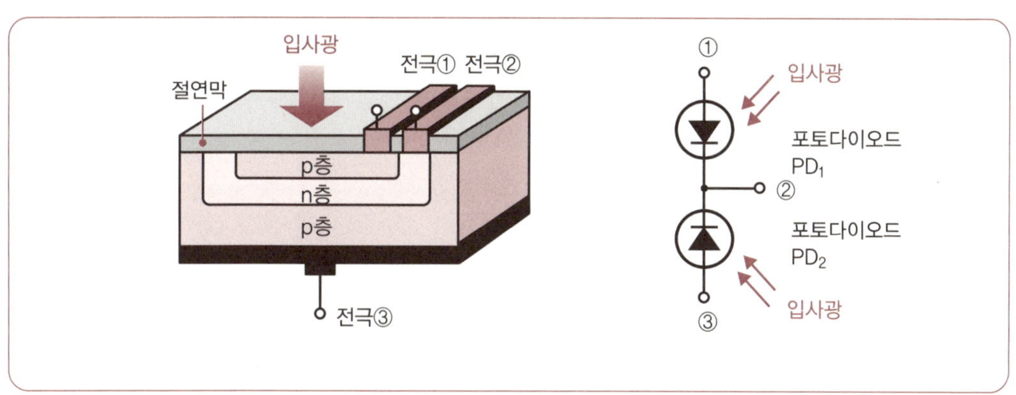

그림 2-12는 가장 간단한 2색 분해용의 색센서를 나타내고 있다. 분광특성이 다른 2개의 Si 포토다이오드를 확대한 것이다. 입사광의 파장에 대한 각각의 출력전류비 차이를 검출하여 피크 파장에 상당하는 2가지 색을 분해한다. 파장이 가까운 2가지 색밖에 분해할 수 없으므로 응용범위는 한정되지만 대량생산이 가능하기 때문에 디지털 카메라의 화이트 밸런스용으로 많이 이용되고 있다.

09 광위상 센서

빛을 파로 생각했을 때 빛의 위상은 빛의 상태를 나타내는 중요한 요인 중 하나이다. 빛의 위상상태는 빛을 통과시키고 있는 물질의 길이나 굴절률을 약간 변화시킴으로써 측정이 가능하게 될 정도의 변화를 나타낸다. 이 위상변화는 간섭무늬를 검지함으로써 용이하게 검출할 수 있다. 때문에 빛의 위상 센서는 길이나 온도의 변화 혹은 전계나 자계의 강약 등에 의해 빛전파 매질 속에서 생긴 빛의 위상변화를 검출하기 위하여 많이 사용되어 왔다. 빛의 위상 그 자체를 검출하는 것이 아니라, 위상을 변화시킨 각종 물리량을 검출하는 다목적 센서로서 높은 이용가치가 인정되고 있는 약간 특이한 센서이다.

빛의 위상을 정밀하게 계측하는 기술은 1960년대부터 He-Ne 레이저 개발과 함께 급속하게 진전되었다. 그러나 위상검출의 혁신적인 수법은 아직까지 나타나지 않았다. 지금도 가장 많이 이용되고 있는 위상 센서는 고전적인 2광파 간섭계를 기본으로 한 것이다. 그림 2-13은 전형적인 2광파 간섭계인 마이켈슨 간섭계를 나타내고 있다. 간섭성이 좋은 레이저 다이오드(LD)로부터의 빛을 반쪽 거울로 2분하고 참조용의 기준 거울과 피측정 거울로 보낸다.

두 거울로부터 온 반사광은 다시 1/2 크기의 거울에서 합파(合波)되어 간섭을 일으킨다. 이때 관측면에서는 간섭화상이 2차원의 무늬 모양으로 되어 관측된다. 간섭화상 검출에는 고체촬상소자의 이미지 센서가 가장 좋다. 마이크로옵틱스로 구성된 간섭계와 반도체 이미지 센서와의 조합으로 초소형의 2차원 위상 센서가 실현되고 있다.

일반적으로 간섭계는 그림 2-14에 나타낸 피조간섭계와 같이 평면거울의 요철을 광파장의 정밀도로 측정하는 경우에 많이 사용된다. 이 때문에 미소변위계로 보이기 쉬우나, 간섭무늬의 해석으로 피측정 거울의 미세한 움직임이나 진동을 검출하는 2차원 능동 센서에도 이용할 수 있다. 더욱이 광로 속에 광위상을 변화시키는 센서 매질을 설치하여 그 매질의 굴절률 분포를 변화시키는 물리량을 리얼 타임으로 검출하는 것도 가능하다.

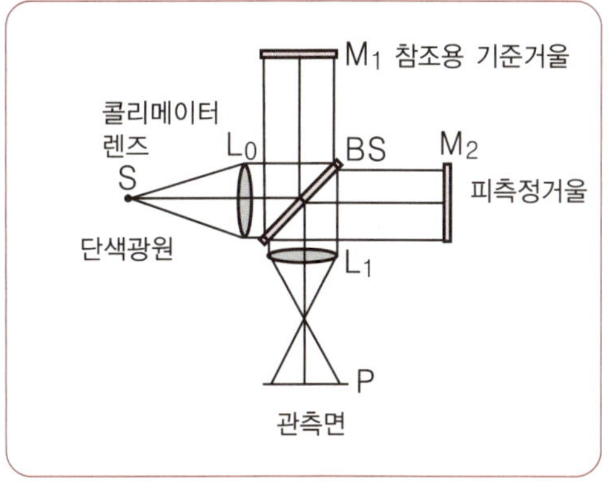

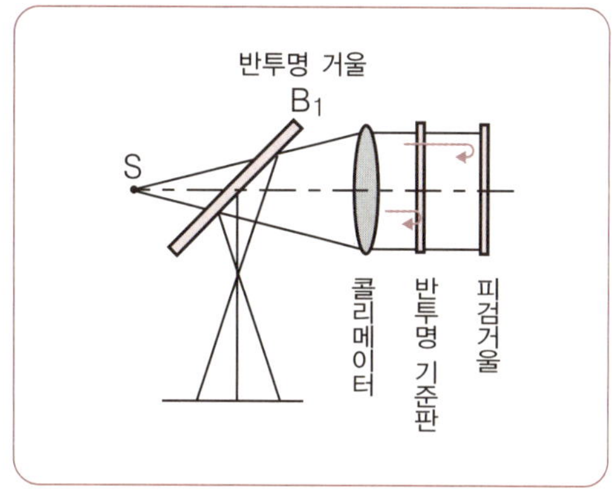

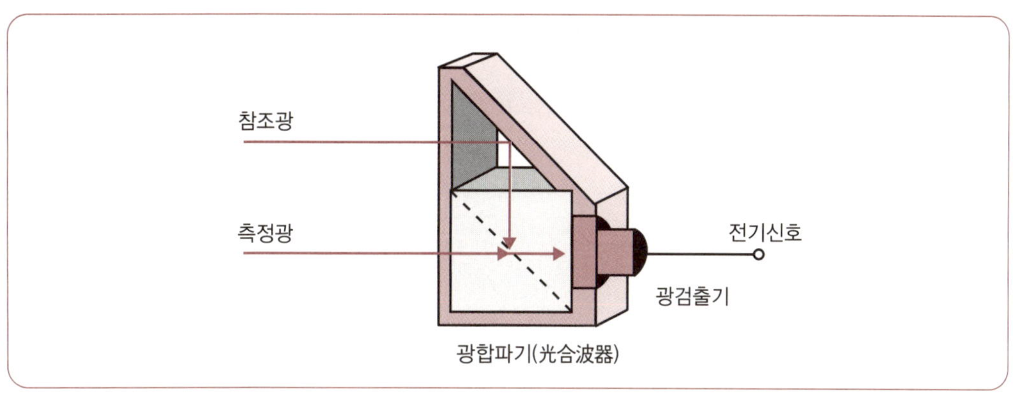

간섭한 빛의 세기만을 검출하는 1차원 위상 센서는 그림 2-15에 나타낸 것과 같이 빛의 합파기(合波器)와 수광소자를 집적화함으로써 간단하게 구성할 수 있다. 최근의 마이크로 옵틱스 기술을 이용하면 수 [mm]각형 크기로 실현이 가능하다. 대부분의 광파이버 센서에는 검출부로 이와 같은 위상검출 센서가 사용되고 있다.

10 편광응용 센서

편광현상은 빛이 진행방향에 대하여 수직으로 진동하는 횡파임을 분명하게 보여준다. 그림 2-16에서 보는 바와 같이 모든 방향의 진동성분을 포함하고 있는 자연광으로부터 편광자를 사용하여 일정방향의 편광성분만을 추출할 수 있다. 편광상태는 빛의 전계나 자계의 진동방향으로 직접 관여하기 때문에 이들의 측정에 적합하다 여기고 있다.

한편, 복굴절결정이라 불리는 결정 내를 투과하는 빛이 수직성분과 수평성분으로 나누어져 진행하는 물질이 있다. 이 결정에 전계를 가하면 특정 결정축의 굴절률이 변화하며 이 변화는 빛의 속도의 수직성분과 수평성분으로 속도차를 부여한다. 이때의 2가지 성분의 위상차 δ(델타)는

$$\delta = \gamma LE$$

로 표현된다. γ(감마)는 포켈스 상수라 불리는 결정고유의 값이다. 또한 L은 빛의 진행거리, E는 전계의 강도이다. 커다란 포켈스 효과를 발생하는 재료로서 니오브산리튬($LiNbO_3$)이나 BGO($Bi_{12}GeO_{20}$) 등이 잘 알려져 있다.

그림 2-17은 BGO 결정을 사용한 전압 센서이다. 편광자를 통과하여 평평한 진동면의 편광이 된 빛은 측정전압이 만들어내는 전계 속에 놓여진 BGO 결정을 통과한다. 그리고 포켈스 효과를 받아 진동면이 리본을 비튼 것과 같은 상태로 바뀐다. 이 상태를 타원편광이라 부른다. 이 타원편광을 편광자와 같은 작용을 가진 검광자 속을 통과시킴으로써 타원편광 상태에 따른 광량을 얻는다. 이 광출력으로부터 역산하여 포켈스 효과를 생기게 한 전계 및 전압의 값을 구할 수 있다.

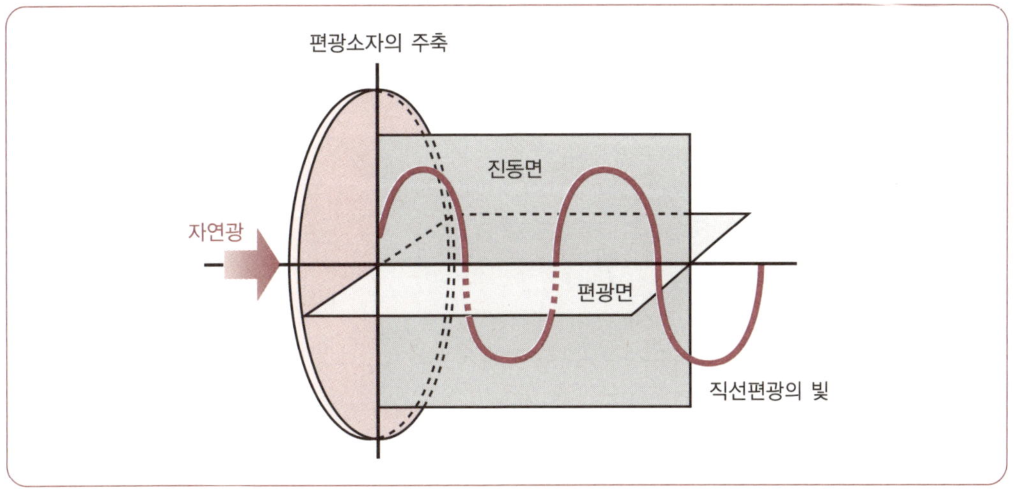

편광소자의 주축
진동면
자연광
편광면
직선편광의 빛

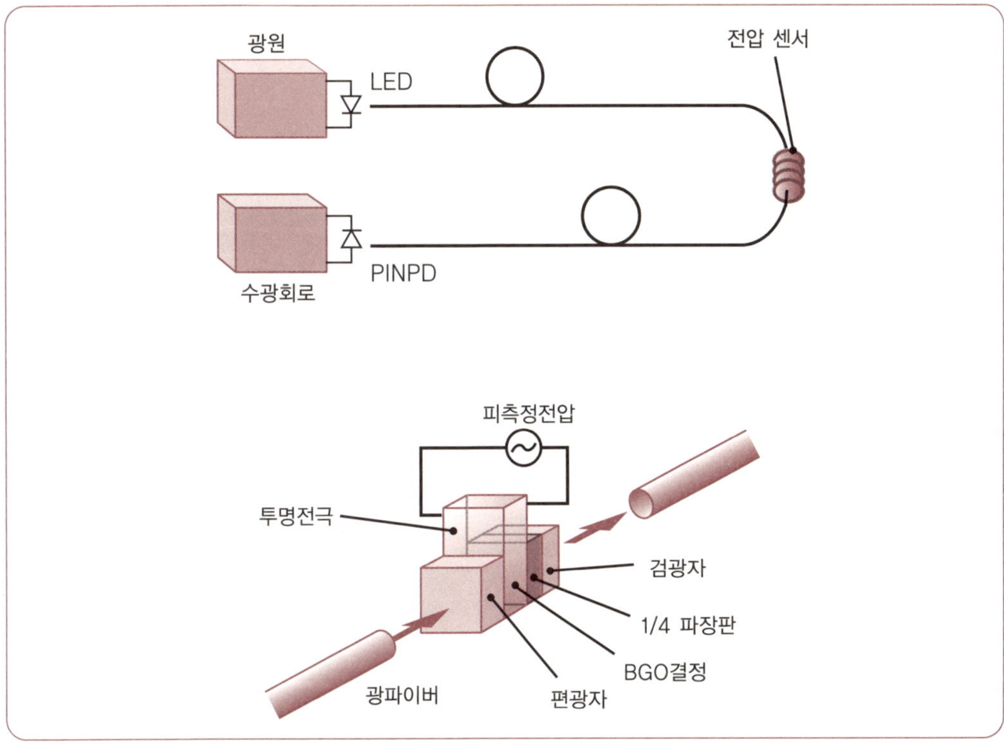

광원
전압 센서
LED
PINPD
수광회로
피측정전압
투명전극
검광자
1/4 파장판
BGO결정
광파이버
편광자

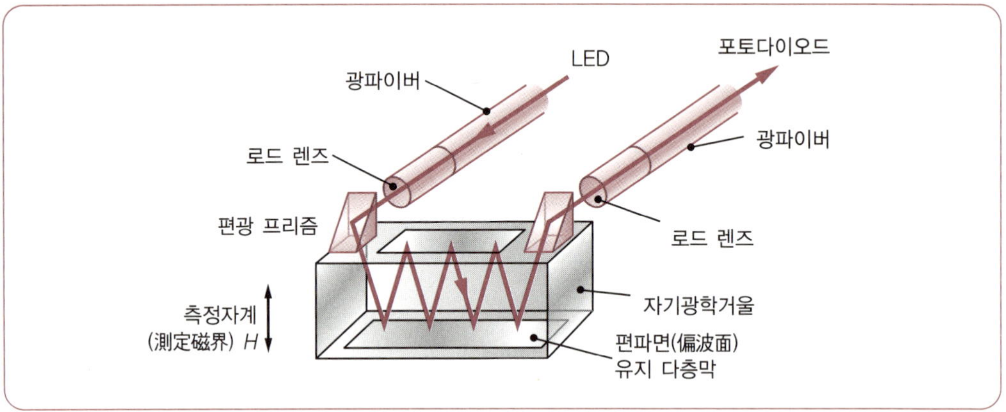

　복굴절결정에 전계가 아닌 자계를 가해도 편광상태를 변화시킬 수 있다. 이 효과는 패러데이 효과라 불리며, 광학재료에 자계를 작용시키면 재료 속을 진행하는 빛의 편광면이 회전하는 현상을 말한다. 패러데이 효과는 거의 대부분의 광학재료에 인정되나, 특히 커다란 효과를 지닌 재료로서 납유리, YIG(이트륨-철 석류석) 등이 있다. 그림 2-18은 빛을 자기광학유리 속에서 다중 반사시켜 광로 길이를 길게 하여 패러데이 효과를 강하게 한 광(光)가우스미터이다.

　편광을 이용한 센서는 센서부분에 금속을 전혀 사용하지 않아도 구성이 가능하다.

제**3**장
온도 센서

01 열과 온도

물질이 지닌 열량이 변화하면 온도가 바뀐다. 열량은 칼로리[cal]를 단위로 하며, 물 1[g]을 1[℃] 상승시키는 열량을 1[cal]라 한다. 엄밀하게는 물의 온도에 따라 1[℃] 상승시키는 열량이 약간 다르므로 15[℃]의 물을 기준으로 한다. 이것을 15[° cal]라 말한다.

또한, 온도는 차가움이나 따뜻함을 표현하는 척도로 사용한다. 온도는 일상적인 감각량으로 사용되는 한편, 수량적으로 물리현상을 나타낼 때에도 물리단위로서 사용된다. 일반적으로 감각적인 온도는 상대적인 온도차를, 물리적 온도는 절대적인 온도를 의미하는 일이 많은 것 같다. 체온계 등 대략적인 척도를 정하는 경우에는 일정한 온도를 유지하는 상태를 2점 골라 그 사이를 등분할하여 온도눈금을 만든다. 예를 들어 "섭씨눈금[℃]"에서는 이 2점에 1기압하에서의 물의 응고점과 비등점을 택하여 이것을 0[℃]와 100[℃]로 정하여 100분할해 왔다. 물의 응고점과 비등점은 우리들이 체감할 수 있는 온도이므로 "섭씨눈금[℃]"은 인간이 감각적으로 파악하기 쉬운 양으로 되어 있다.

오래 전부터 사용되어 온 온도계는 거의 대부분이 액체나 기체의 열팽창을 이용하여 왔다. 지금도 체온계 등에 사용되고 있는 수은온도계는 수은의 응고점과 비등점 사이의 −35~350[℃]를 측정할 수 있다. 수은과 질소 등을 봉입하면 이보다 더한 700[℃] 정도까지의 고온을 측정할 수 있다. 그러나 온도계의 재질이나 눈금관의 내경의 편차 등으로 0~100[℃] 범위에서 0.1[℃], 300[℃]가 되면 수 [℃]의 오차를 갖게 된다.

또한 알코올 등의 유기용제를 사용한 것은 일반적으로 열팽창계수가 크기 때문에 고감도이지만, 오차는 수은온도계보다 커진다. 그러나 용제의 종류에 따라서는 −100[℃] 정도의 저온도 측정할 수 있다. 또한 기체를 사용한 온도계는 모양이 크고 실용적이지 않으나, 액체보다 열팽창계수가 월등히 커서 비등점에 의한 제한도 없다. 때문에 고온에 견딜 수 있는 이리듐이나 플라티나 합금 등의 용기를 사용하면 1,500[℃] 정도까지 계측할 수 있고, 정밀도도 1,000[℃]에 0.1[℃] 정도로 성능이 높다.

　그런데 물리적으로 엄격한 절대온도의 척도는 게이-뤼삭(Gay-Lussac)의 법칙에 의해 유도된다. 즉, "일정 압력하에서 모든 기체의 팽창률은 기체의 종류나 온도에 관계없이 거의 일정한 값을 취하며 그 값은 약 1/273이다."라고 알려져 있다. 이 법칙에서 "일정 온도하에서 일정량의 기체의 체적은 압력에 반비례한다."는 Boyle(보일)의 법칙을 조합시키면 온도변화에 대한 이상기체의 압력변화를 나타내는 보일-샤를(Boyle-Charles)의 법칙이 얻어진다.

　이상기체에서는 온도눈금의 시점이 $-273.16[℃]$가 되는 온도의 척도가 주어져 압력과 체적의 곱은 온도에 직선적으로 비례한다. 이 온도를 절대온도라 하며 온도기호로는 "K"를 사용한다. 또한 $-273.16[℃]$는 절대0도라 불리며, 보일-샤를의 법칙에 의하면 절대0도 이하의 온도에서는 압력과 체적의 곱이 (-)값이 되어 비현실적이 되므로 자연계의 최저온도는 $-273.16[℃]$라 생각하는 것이다.

02 접촉식 온도 센서(1)

측정물에 직접 접촉하여 온도를 측정하는 접촉식 온도 센서는 종류가 대단히 많다. 실용적인 것은 대체로 4종류이다. 즉, ① 바이메탈 등의 열팽창형, ② 서미스터 등의 전기저항형, ③ 열전대 등의 열기전력형, ④ 감온 다이오드 등의 반도체 접합형이다.

접촉식 온도 센서로 온도를 측정할 때는 측정하는 물체의 온도를 변화시키지 않도록 센서 자신의 열용량을 가능한 한 작게 해야 한다. 때문에 열용량이 큰 ①의 기계적인 온도 센서는 최근 별로 볼 수 없게 되었다. 오늘날 산업용 온도 센서로서 수요가 높은 것은 ②의 전기저항형, ③의 열기전력형, ④의 반도체 접합형의 3종류이다.

우선, ②의 전기저항이 온도로 변하는 것을 이용한 전기저항형 온도 센서로는 백금(Pt) 저항체가 유명하다. −200~500[℃] 정도의 범위에서 사용되며 매우 높은 측정정밀도가 얻어지기 때문에 온도표준기로도 사용된다. 그러나 이 타입의 온도 센서는 전류를 흘리며 측정하기 때문에 자기발열이 있어 정밀측정 시 주의가 필요하다.

또한 금속산화물의 분말을 소결(燒結)한 대표적인 감온소자로 서미스터(thermistor : thermally sensitive resistor의 합성축소어)가 있다. 그림 3-1이 전기회로 등에 많이 사용되고 있는 디프 형상과 비즈 형상의 서미스터이다. 3~5[mm]의 크기로 열용량을 작게 억제하고 있다. 구조는 비교적 간단하나, 그림 3-2에 나타낸 것과 같이 재료의 조성과 소결할 때의 조건으로 저항변화 특성을 바꿀 수 있다. 용도에 따라 온도상승에 의해 저항값이 감소하는 부특성 서미스터(NTC)나, 급격하게 증대하는 정특성 서미스터(PTC) 등으로 나누어 사용하고 있다. 나아가 특정온도에서 급격하게 저항값이 감소하는 급변 서미스터(CTR) 등은 발열을 단시간에 검출하는 열 스위치로 이용하고 있다.

서미스터는 트랜지스터 회로 등의 온도보상용 소자로 오랫동안 사용되고 있으며, 지금도 전자제품에 가장 많이 사용되는 감온소자이다.

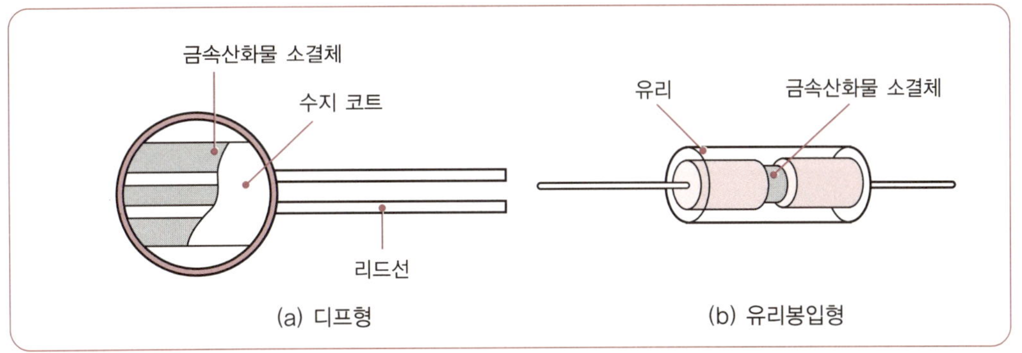
금속산화물 소결체
수지 코트
리드선
유리
금속산화물 소결체
(a) 디프형
(b) 유리봉입형

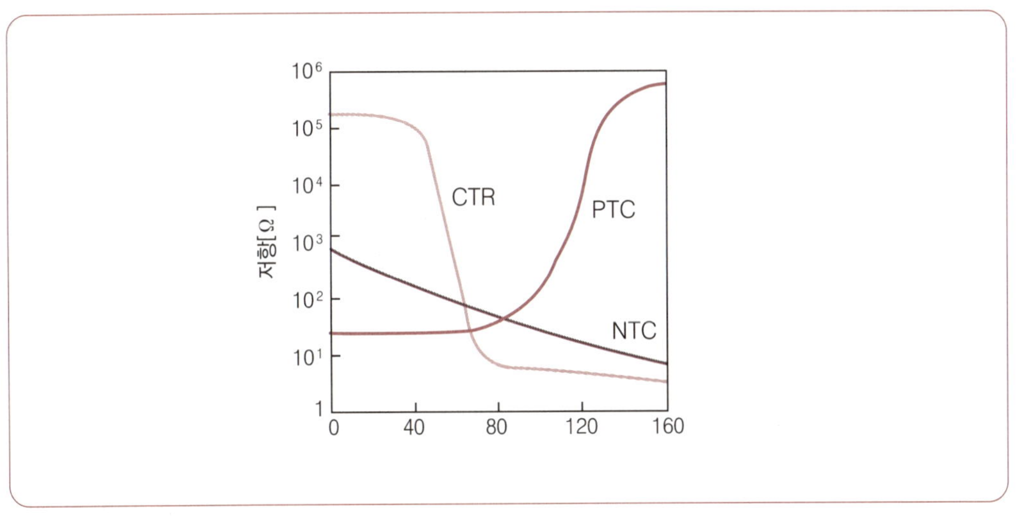
저항[Ω]
CTR
PTC
NTC
10^6
10^5
10^4
10^3
10^2
10^1
1
0
40
80
120
160

 03 접촉식 온도 센서(2)

다른 금속을 접속하여 두 개의 접점에 온도차를 주면 열에 의해 기전력이 발생한다. 저온부 접점에서는 안티몬, 철, 금, 텅스텐, 동, 납, 알루미늄, 백금, 니켈, 비스무트의 순서에 따라 전류가 흐른다. 예를 들어 안티몬과 비스무트를 소선(素線)으로 하여 윤상(輪狀)으로 조합시켜 두 개의 접점을 0[℃]와 100[℃]로 하면, 0[℃]의 접점에서는 안티몬으로부터 비스무트로 전류가 흐른다. 이때 양 접점의 전위차는 약 10[mV] 정도가 된다. 이 현상은 제베크 효과라 불리며, 공업용 정밀온도계측에 사용되고 있다.

열전대는 센서로서 직경 수십 [μm]의 극세선(極細線)의 접점을 사용하기 때문에 열용량이 작으며, 피측정물에 주는 열변화를 아주 작게 할 수 있다. 그러나 2점 사이의 온도차를 검출하는 센서이기 때문에 절대온도 측정의 경우 빙점과 같은 온도기준을 별도로 정할 필요성이 있으며 임의로 사용하는 것은 좋지 않다. 고온측정에 사용되는 것은 열전대의 본체와 절연관 및 이들의 보호관을 일체구조로 한 시스형이 사용된다. 그림 3-3에 나타낸 것과 같이 시스 금속의 관내에 열전대의 소선을 넣고 그 주변에 절연재의 분말을 충전한다. 열전대 단체(單體)에서는 작고 사용하기 불편한 감도를 개선하기 위하여 여러 개를 직렬 연결하여 큰 열기전력이 얻어지도록 한 열전퇴(熱電堆)가 있다. 이것은 서모파일이라고도 한다.

마지막으로 반도체 접합형에 대하여 설명한다. 보통의 다이오드나 트랜지스터라도 주위의 온도에 민감하게 반응한다. 즉, 다이오드의 순방향 혹은 트랜지스터의 pn접합부에 일정한 전류를 흐르게 했을 때, 접합 간 전압은 접합부의 온도가 변수로서 변화한다. 이 특성을 유효하게 이용하기 위하여 접합부의 체적을 작게 하여 온도변화를 감지하기 쉬운 구조로 한 것이 반도체 접합형 온도 센서이다. 트랜지스터는 본래 3단자 소자이므로 특성을 전기적으로 제어하는 것이 가능하다. CMOS-IC에 내장된 npn트랜지스터의 베이스-이미터 사이 전압의 온도특성은 이미 온도 센서로서 이용되고 있다. 앞으로 온도신호의 검출과 처리를 일체화한 인텔리전트 센서로서의 발전도 크게 기대되고 있다.

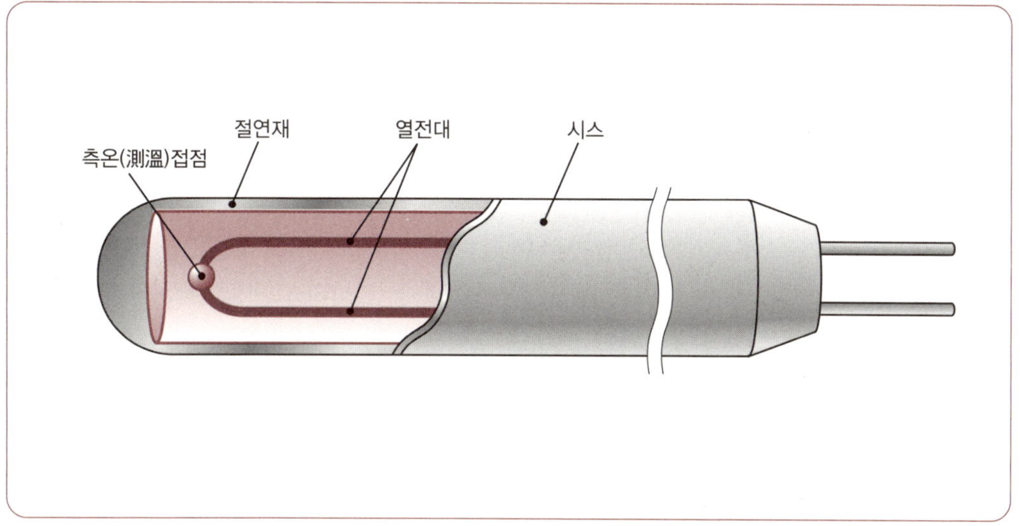
측온(測溫)접점
절연재
열전대
시스

 04 비접촉식 온도 센서

비접촉으로 온도를 계측하는 방법에는 방사 에너지를 직접 계측하는 방법과 방사광의 색을 분석하는 방법이 있다. 이 중 온도 센서를 사용하는 일반적인 측정법은 방사 에너지의 측정이다. 색온도를 사용하는 방법은 천체관측이나 가스 버너의 고휘도 가스 불꽃의 온도 계측 등, 고온으로 강한 빛을 방사하고 있는 경우에 한정된다. 여기에서는 물체의 방사 에너지를 측정하여 온도를 아는 방법에 대하여 설명한다.

일반적으로 방사 에너지는 물체 온도의 4승에 비례하여 변화한다는 사실이 알려져 있다. 이것은 슈테판-볼츠만의 법칙이라 한다. 실제로 보통 물체는 각각 고유의 에너지 방사율을 지니고 있다. 그리고 방사율은 이 법칙이 완전히 적용되는 완전흑체를 1이라 하면, 이보다 작기 때문에 방사되는 에너지도 작아진다. 따라서 방사 에너지로부터 물체의 온도를 계측하기 위해서는 피측정물 고유의 방사율을 미리 알아둘 필요가 있다. 근처에 많이 있는 몇 가지 물질의 방사율을 표 3-1에 나타낸다.

방사율에 관한 연구의 역사는 오래되었으며 140년이나 전에 키르히호프(Kirchhoff)에 의해 방사율이 다음과 같이 정의되어 있다.

$$\text{방사율} = \frac{\text{온도 } T \text{인 물체의 방사속 밀도}}{\text{온도 } T \text{에 있어서의 흑체의 방사속 밀도}}$$

나아가 열을 잘 흡수하는 물체는 동시에 열을 잘 방사하는 물체라는 사실도 실험에 의해 확인되었다.

방사 에너지를 전기신호로 바꾸는 방법에는 그대로 열량으로 변환하는 방법과 양자효과를 이용하는 방법이 있다. 열변형형은 방사되는 적외선을 일단 열로 변환하는 타입으로 초전형 온도 센서, 탄성표면파 온도 센서 등이 있다. 또한 양자효과형은 빛에너지에 의한 광전효과를 이용하는 형식이다.

물체	온도[K]	전(全)방사율
물	273~373	0.92~0.96
유리	293	0.94
그래파이트	373	0.76
종이	273	0.92
페인트	273~373	0.92~0.96
Al(전해연마)	300	0.03
철	450~500	0.05~0.065
스테인리스강	373	0.08

작동원리는 광량 센서와 같으며 광기전력형 온도 센서, 광도전형 온도 센서 등이 있다. 어느 센서든 출력되는 신호는 접촉형과 비교하면 극히 작고 장치가 복잡하며 고가이다. 그러나 멀리 떨어진 장소에서도 측정할 수 있으며 피측정물에 전혀 영향을 주지 않기 때문에 온도 센서로서는 이상적이다.

05 초전형(焦電型) 온도 센서

금속 등의 공유결합을 지닌 결정은 거의 대부분 대칭구조를 하고 있다. 한편, 강유전체(强誘電體)라 불리는 것은 결정 속에 대칭중심을 지니지 않는 구조를 하고 있다. 이런 종류는 강한 압전성을 띠는 것으로 유명한데, 그 위에 단결정을 가열하면 결정표면에 정부(正負)의 분극이 생기는 성질을 지니고 있다.

이것은 결정자신의 절연성이 높고 동시에 열에 의해 결정 내의 전하가 이동하기 쉽기 때문이라고 알려져 있다. 이 열기전력효과를 초전효과라 부르며 효과를 나타내는 결정을 초전성 결정이라 말한다.

대표적인 초전성 결정에는 TGS(Tri-Glycine Sulphate), PZT(티탄산지르코늄산염), LiTaO$_3$(탄탈산리튬), PbTiO$_3$(티탄산납) 등이 있다.

TGS는 커다란 성능지수를 가진 재료인데 서로 다른 전이(相轉移)에 의해 결정의 성질이 변해 버리는 큐리점이 50~80[℃]에 있기 때문에 실용적인 상한온도가 낮은 것이 문제였다. 이 점에서 티탄산납은 큐리점이 495[℃]로 높고 상온에서 안정된 재료이므로 최근의 초전 센서에 많이 사용된다.

정상상태의 초전성 결정은 내부에서 발생하고 있는 자발분극에 의한 전하를 대기 중의 미량의 부유전하를 포획하여 중화된다. 이와 같은 상태에서 적외선 등의 형태로 에너지를 조사하면 결정의 온도가 상승하고, 자발분극의 크기가 변한다. 이때 결정표면에 발생하는 전하의 양은 온도 변화분에 의존한다.

발생하는 전하의 양은 극히 적지만 높은 입력 임피던스의 앰프를 사용하면 증폭이 가능하다. 또한 실험적으로 전하의 양은 온도상승 속도에는 의존하지 않는다는 사실이 확인되고 있다. 따라서 결정면에 전극을 붙여 온도변화에 의해 발생한 전하를 추출하면 온도 센서로서 사용할 수가 있다.

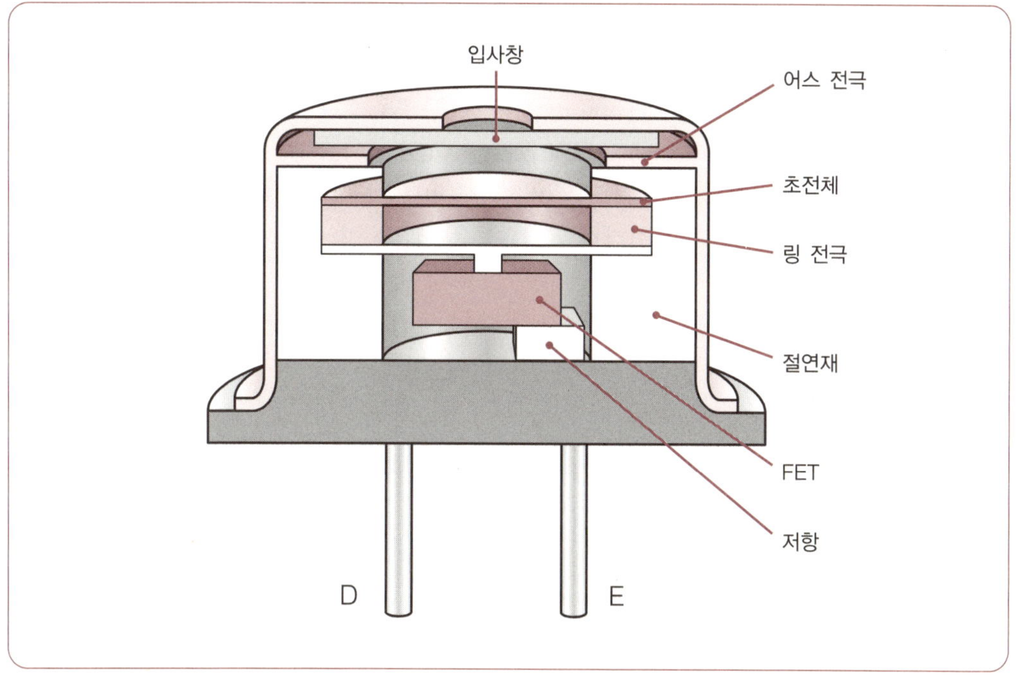

   초전형 온도 센서는 주로 적외선을 감지하므로 파장감도특성도 수~수십[μm]까지 양호하다. 또한 소형이며 양산성이 높기 때문에 전계효과 트랜지스터(FET)와 조합시킨 것이 집적화 센서로 실용화되고 있다. 그림 3-4는 FET와 조합되어 동일 패키지에 넣어진 하이브리드 온도 센서의 단면을 나타내고 있다.

SAW형 방사온도 센서

앞서 SAW 힘센서 절에서 서술했던 표면탄성파(Surface Acoustic Waves ; SAW)는 온도에 의해 전파속도가 민감하게 변한다. 이 특성을 이용하여 비접촉으로 온도를 측정하는 방사온도 센서를 만들 수 있다.

그림 3-5는 SAW형 방사온도 센서의 기본구성이다. 전기회로는 증폭기의 입출력단자 사이에 SAW 온도 센서를 배치한 귀환형 발진회로로 되어 있다. 피측정물의 방사적외선을 열로 검출하여 온도로 환산하는 원리는 초전형 온도 센서와 같다. 즉, 적외선의 방사 에너지를 간단한 렌즈계로 SAW 전파로(傳播路)에 조사하여 전파로에 생긴 열로 SAW의 속도를 변화시킨다. 그 결과, 전기회로의 귀환신호 지연시간이 변화하여 발진주파수가 바뀐다. 물체에서 방사되는 적외선의 양은 온도에 비례하므로 적외선량에 의해 변화하는 주파수를 미리 확인해두면 온도로 환산할 수 있다.

실제 SAW 온도 센서는 그림 3-6에 나타낸 것과 같은 구조를 하고 있다. SAW의 전파기판(傳播基板)은 열용량을 작게 하여 감도를 높이기 위해 1×2[mm] 정도로 소형화되었으며 두께도 600[μm] 정도이다. 또한, SAW 전파로에는 적외선의 흡수효율을 높이기 위해 특수한 적외선 흡수재료가 발라져 있다. 그러나 이와 같이 하여도 SAW 전파로 표면의 온도변화는 $1/1,000$[℃] 정도로 극히 작으며 센서 자신의 극히 적은 온도변화에도 크게 영향을 받는다.

실용적인 온도 센서가 되기 위해서는 더욱 많은 노력이 필요하며, 그 일례를 그림 3-7에서 볼 수 있다. 이 예에서는 검출정밀도에 가장 영향을 쉽게 받는 센서 부분을 소형의 항온조에 수용하여 온도안정화를 꾀하고 있다. 나아가 장시간 적외선을 계속 조사하면 센서 기판 전체의 온도가 상승하며 온도 드리프트를 일으킨다. 이 영향을 피하기 위해 광학 셔터를 설치하여 온도 센서로의 적외선 방사 에너지 입사를 측정시간만으로 제한하고 있다.

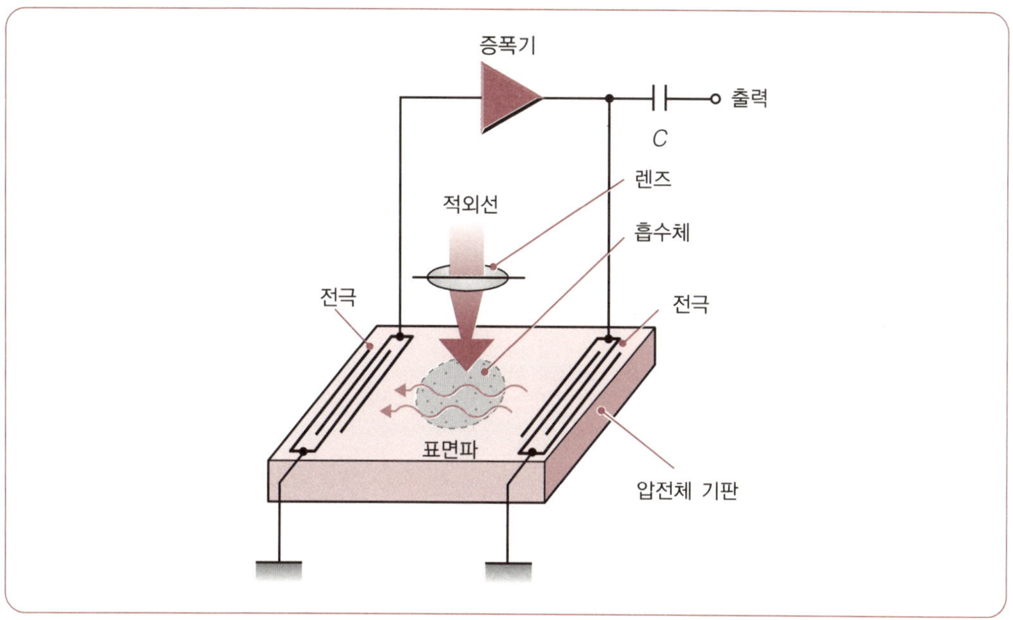
증폭기
출력
C
적외선
렌즈
흡수체
전극
전극
표면파
압전체 기판

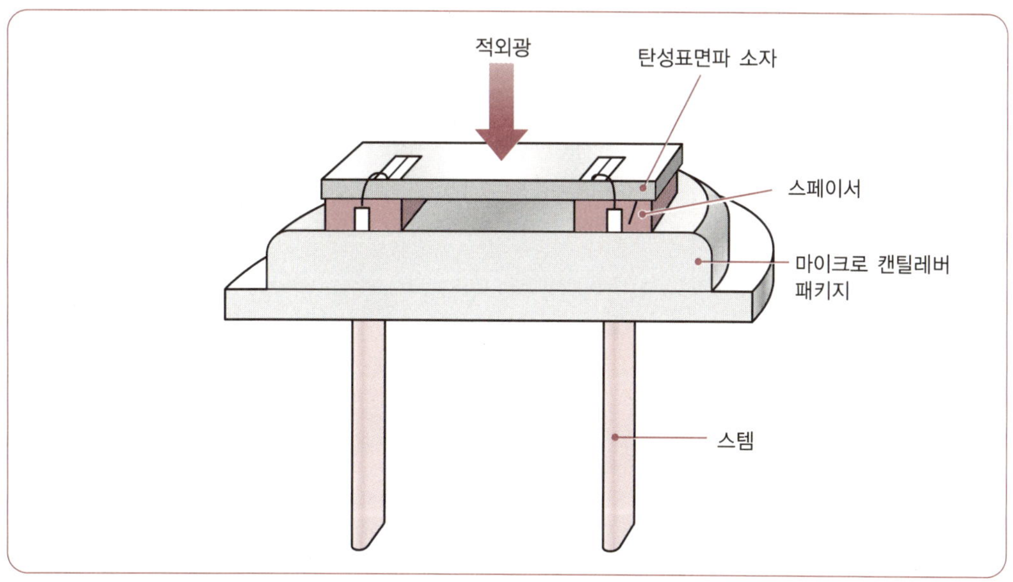
적외광
탄성표면파 소자
스페이서
마이크로 캔틸레버
패키지
스템

빛 입사 시와 비입사 시의 발진회로로부터의 출력주파수 차가 온도차를 나타내는데, 이 발진출력신호의 주파수변화는 약 6[Hz/K] 정도로 극히 작다. 0.1[K]의 온도분해능을 얻기 위해 필요한 주파수 카운터의 측정정밀도는 3.5×10^{-9}인데, 최근의 전기적인 주파수 카운터 기술은 매우 고성능으로 큰 문제가 되지 않는다.

더욱이 높은 안정이 요구되는 경우에는 2개의 SAW 소자를 서로 붙이든지 하여 열로 결합시킨 소자를 사용한다. 이 경우 한편을 센서 회로, 다른 편을 참조용 발진회로로 사용하여 2가지 회로의 발진주파수 차가 출력신호가 되는 차동회로를 만든다. 이 차동회로방식에서는 장치 전체의 온도변화에 대한 출력은 나오지 않으므로, 센서부 주변의 온도변화에 의한 영향을 제거할 수 있다.

그림 3-8은 방사온도 측정의 예이다. 검출감도는 적외선의 방사량이 증가하는 100[℃] 정도에서 증대하며, 100~140[℃] 영역에서 8.4[Hz/℃], 실효적인 분해능은 약 0.05[℃] 정도가 얻어지고 있다.

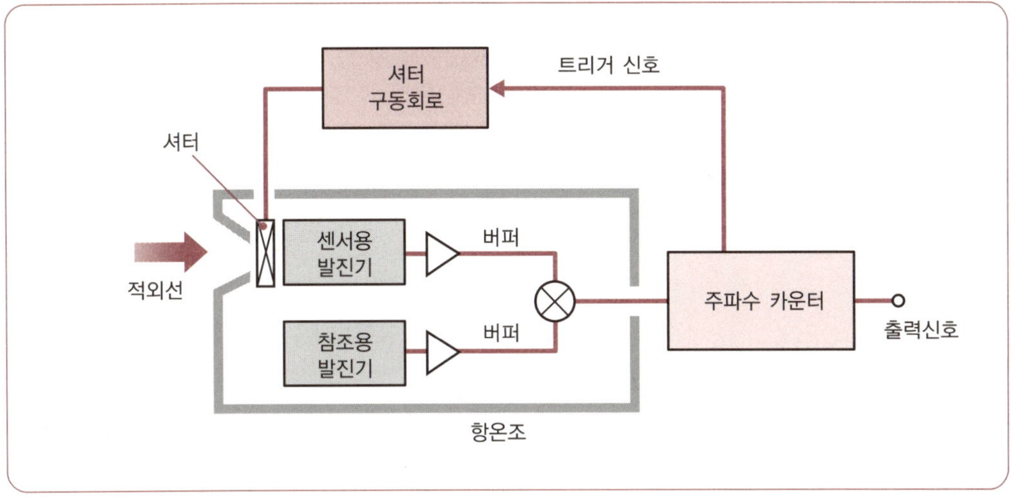
셔터
구동회로
트리거 신호
셔터
센서용
발진기
버퍼
적외선
참조용
발진기
버퍼
주파수 카운터
출력신호
항온조

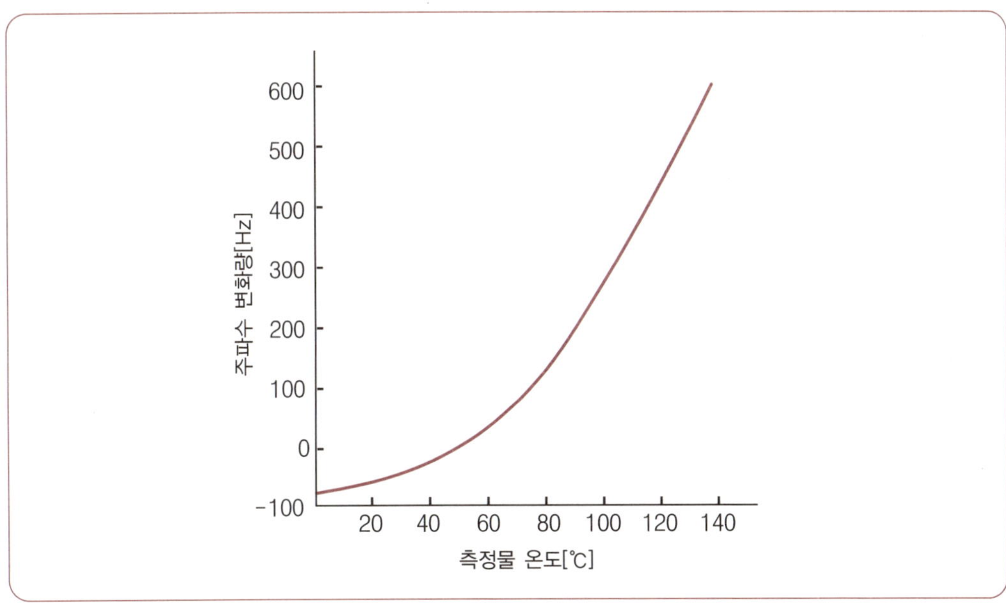
600
500
400
300
200
100
0
-100
주파수 변화량[Hz]
20   40   60   80   100   120   140
측정물 온도[℃]

07 광파이버 온도 센서(1)

광파이버 센싱 분야에서 이용법은 2가지이다. 우선 광파이버를 신호선에 사용하여 수 [km]에서 수십 [km] 이상 떨어진 장소의 온도를 원거리 센싱하는 방법으로, 주로 광파이버의 선단부분에 감온부를 설치하여 온도를 검출하는 포인트 검출 타입이다. 또 다른 하나는 광파이버 자신의 온도특성을 잘 이용하여 파이버 거의 전체 길이에 걸친 온도분포를 측정하는 분포측정 타입이다.

포인트 타입의 광파이버 온도 센서는 파이버의 중간이나 선단에 광학적인 온도 센서부가 부착된다. 이 온도 센서부에는 광파이버를 통하여 고품질의 빛이 공급된다. 그리고 온도에 따른 변조를 받은 신호광은 다시 광파이버를 통하여 검출기로 유도된다. 이 되돌아온 빛을 복조하는 방식에는 간섭형과 편광형이 있다.

간섭형은 간섭계의 구조에 따라 그림 3-9에 나타낸 마하-젠더형, 마이켈슨형 등이 있다. 그림에서도 알 수 있듯이 광파이버의 중간에 감온 센서부를 배치한 광투과형 센서에서는 센서 광학계 전체가 마하-젠더형 간섭계를 구성하고 있다. 한편, 마이켈슨형에서는 간섭계의 2개 팔에 해당하는 부분에 광파이버가 사용되며, 그 중 1개가 감온 센서이다. 센싱용 파이버에 단일 모드 파이버를 사용하면 온도변화에 대한 위상회전량은 약 $100[\text{rad/℃·m}]$ 정도가 된다. 광원에 안정된 He-Ne(헬륨-네온) 레이저를 사용하면 간단히 고감도의 온도 센서를 실현할 수 있다.

한편, 편광형의 광파이버 온도 센서는 복굴절결정 중 굴절률의 온도변화를 이용한다. 수정이나 니오브산리튬($LiNbO_3$) 등의 복굴절결정에서는 편광면이 광축에 대하여 기울어진 직선편광의 빛을 입사시키면 결정을 나온 빛은 타원편광이 된다. 굴절률은 온도에 따라 민감하게 변화하므로 타원편광의 상태는 온도와 함께 변한다. 이것을 이용하면 온도에 의한 출사광(出射光)의 타원율 변화를 측정함으로써 온도변화를 구할 수 있다. 그림 3-10은 파이버의 선단에 복굴절결정과 반사경을 장착한 광로(光路)절반형(折返型) 온도 센서의 일례이다.

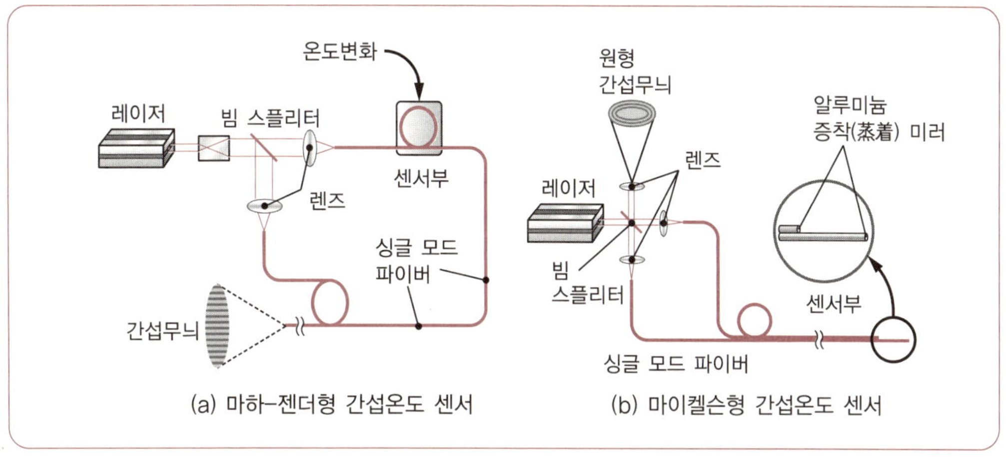
온도변화
레이저
빔 스플리터
센서부
렌즈
싱글 모드
파이버
간섭무늬
(a) 마하-젠더형 간섭온도 센서
원형
간섭무늬
렌즈
알루미늄
증착(蒸着) 미러
레이저
빔
스플리터
센서부
싱글 모드 파이버
(b) 마이켈슨형 간섭온도 센서

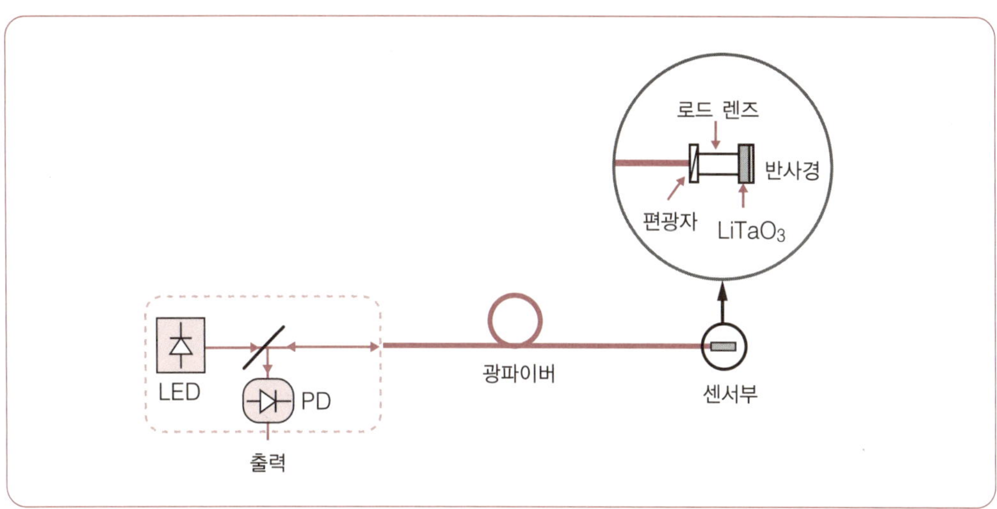
로드 렌즈
반사경
편광자
$LiTaO_3$
LED
PD
출력
광파이버
센서부

08 광파이버 온도 센서(2)

광통신용 파이버 전송로 검사에 사용되는 측정기 중 하나로 OTDR(Optical Time Domain Reflectometer)이라 불리는 것이 있다. OTDR은 광파이버의 단면(端面)에서 광펄스를 입사하여 파이버 내의 불순물이나 굴절률 변화에 의한 반사광을 시간에 따라 연속 측정한다. 그 결과, 수십 [km]에 달하는 광파이버 속의 광손실 분포를 수 [m]의 분해능으로 얻을 수 있다.

한편, 광파이버의 광학특성은 주위의 온도나 응력에 대단히 민감하다. 파이버 속을 전파하는 빛은 파이버가 설치된 환경변화에 의해 강한 영향을 받는다. 특히 불순물로서 게르마늄(Ge)을 다량으로 첨가한 광파이버에서는 레일리(Rayleigh) 산란광이 많이 발생하며, 이 산란광이 파이버의 온도에 의해 변화하는 상태가 관측된다. 따라서 산란광이 많은 광파이버를 고분해능의 OTDR에 접속하기만 함으로써 파이버 주변의 온도분포를 검지하는 광파이버 센서를 실현할 수 있다. 광파이버 온도 센서의 실용적인 가치는 센서부에 전기를 사용하지 않으므로 방폭성이 뛰어나며, 장거리의 온도분포를 하나의 센싱 시스템으로 실시간 측정할 수 있는 것으로 알려져 있다.

그림 3-11은 레일리 산란광을 측정하는 광파이버 온도 센서의 구성을 나타내고 있다. 광파이버에는 금속 내열 코트를 입힌 Ge 도프 석영(石英) 파이버를 사용하고 있다. 온도 센서로서의 성능은 광파이버의 길이 약 1[km]로 측정온도범위 −150~150[℃], 온도분해능 1[℃], 분포위치의 분해능 5[m] 정도의 것이 실현되어 있다.

또한 근년 레일리 산란에 비해 산란광 광도가 1/1,000 이상 적은 라만(raman)산란을 온도측정에 사용하는 시도가 이루어지고 있다. 이것은 온도에 대해서만 산란광 강도가 변하는 라만 산란을 이용하여 보다 높은 거리분해능을 추구하는 것이다. 여기에서는 그 원리를 간단하게 소개한다.

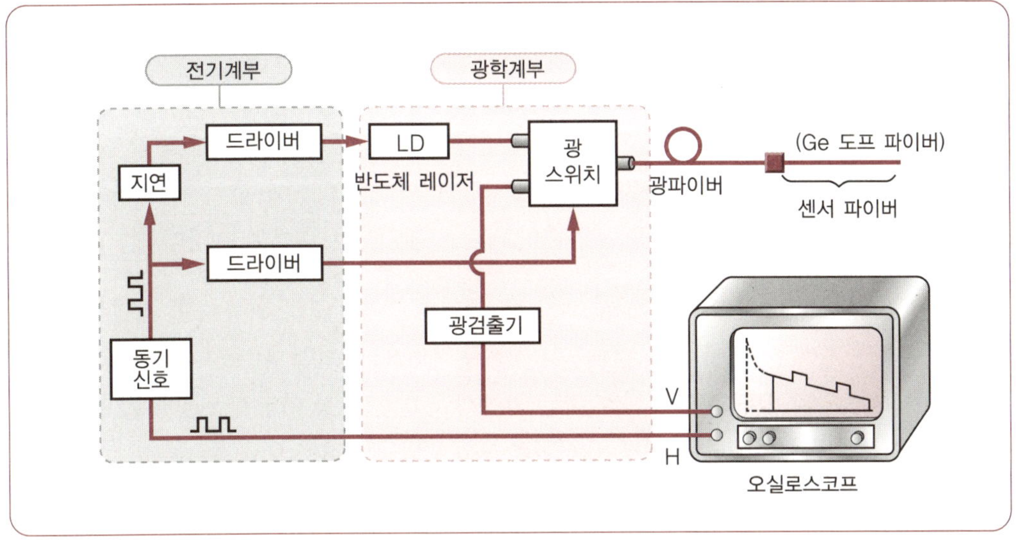
전기계부
광학계부
드라이버
지연
LD
반도체 레이저
광 스위치
광파이버
(Ge 도프 파이버)
센서 파이버
드라이버
동기 신호
광검출기
V
H
오실로스코프

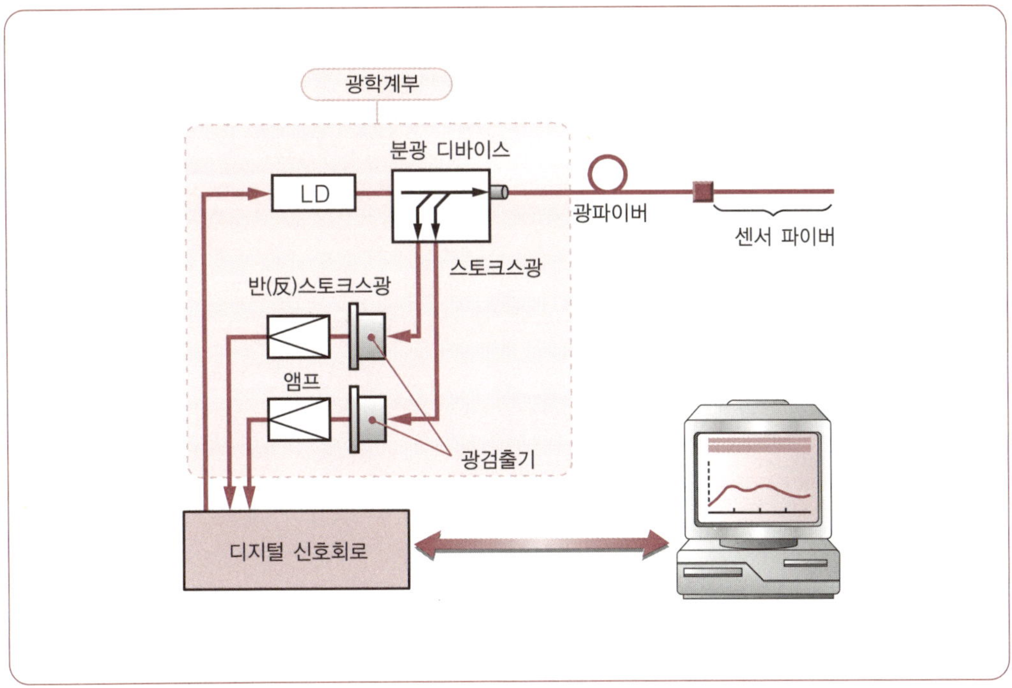
광학계부
분광 디바이스
LD
광파이버
센서 파이버
반(反)스토크스광
스토크스광
앰프
광검출기
디지털 신호회로

　광파이버에 큰 출력의 레이저광을 입사했을 때 산란광에는 광원의 파장에 대하여 장파장 측과 단파장 측에 라만 산란으로 인한 정점이 보인다. 이것들은 장파장 측이 스토크스광, 단파장 측이 반스토크스광이라 불리는 것이다. 보통의 석영계 파이버를 사용했을 경우에는 실온부근에서 온도가 1[℃] 변화하면 스토크스광은 약 0.1[%], 반스토크스광은 약 0.7[%]의 변화가 생긴다. 이 광량변화를 온도변화 검출에 이용한다. 그림 3-12에 라만 산란을 이용한 온도 센서의 구성도를 나타낸다. 기본구성은 레일리 OTDR과 동일하다. 분광장치에 의해 스토크스광과 반스토크스광을 분리하여 각각을 검지하는 부분이 특징이다.

　본 장치는 반도체 레이저 여기(勵起)의 고체 레이저를 광원으로 사용하면 거리분해능이 1[m], 측정가능거리 10[km], 온도분해능 1[℃], 측정소요 시간은 1분 이하까지 고성능화가 가능하게 된다. 광파이버 온도 센서가 지닌 방폭성에 더하여 장거리 성능과 높은 분해능을 겸비하고 있으며, 터널 등의 화재감지나 화학 플랜트의 배관온도감시 등 대규모 온도감시 시스템으로서 주목받고 있다.

제4장

속도 센서

01 검출해야 할 속도란?

일상적으로 사용되는 속도에는 평균속도와 순시(瞬時)속도가 있다. 그림 4-1에 나타낸 것과 같이 평균속도는 시간적, 또는 거리적인 요소와 강하게 결부되어 있다. 즉, 차의 "평균시속 [km/h]"은 사실상 1시간에 도달할 수 있는 거리를 나타내고 있다. 신호로 멈춰 선다든지 고속도로를 초고속으로 달린다든지 하는 진짜 스피드가 아니다. 한편, 순시 스피드는 그 물체가 움직이고 있을 때의 진짜 속도를 나타내고 있다.

순간적으로 측정되는 순시속도는 평균속도의 측정시간을 극한까지 축소한 것이라 생각한다. 이론적으로는 위치변위의 시간미분으로 표현된다. 그러므로 시간과 거리를 별개로 계측하여 나눗셈으로 속도를 구하는 방식의 센서에서는 시간이 너무 걸려 실용적이지 않다. 이동물체의 속도는 리얼 타임으로 알고 싶은 경우가 많다.

그러면 순간적인 속도는 어떻게 하면 측정할 수 있는 것일까? 예를 들어 용수철로 이동물체 내에 매달린 추는 관성에 의해 움직이기 어려우므로 이것을 고정된 위치기준점으로 한다. 그리고 물체의 이동에 의해 생긴 상대적인 변위를 측정하여 위치변화에 걸린 시간으로부터 속도를 산출해낸다.

단시간의 극히 미세한 위치변화라도 측정이 가능하다면 순간적이라 볼 수 있는 것 같은 속도계측도 가능하다. 그러나 이 방법은 속도가 급격히 변화할 때에는 유효하나, 등속운동에 대해서는 관성의 법칙도 유효한 기준점 설정의 수단이 될 수 없다. 간단할 것 같은 순시속도 검출은 위치기준점이 정해지지 않으면 어려운 문제이다.

한편, 이동물체의 밖에 있고 정지해 있는 기준점을 사용하는 상대속도 검출에서는 빛을 정밀한 프로브로 사용하는 방법이 있다. 빛의 프로브는 피측정물에 거의 영향을 주지 않으며 측정에 요하는 시간도 극히 짧게 할 수 있다. 또한 최근에는 46쪽에서 소개한 것과 같은 마이크로 광위상 센서를 사용하여 초정밀로 위치검출이 가능한 광검출기술이 확립되어 있다. 이러한 점들로부터 순시속도의 검출은 광센서의 최적 응용분야가 되었다. 다음 절부터는 주로 순시속도를 검출하기 위한 각종 광센서를 설명한다.

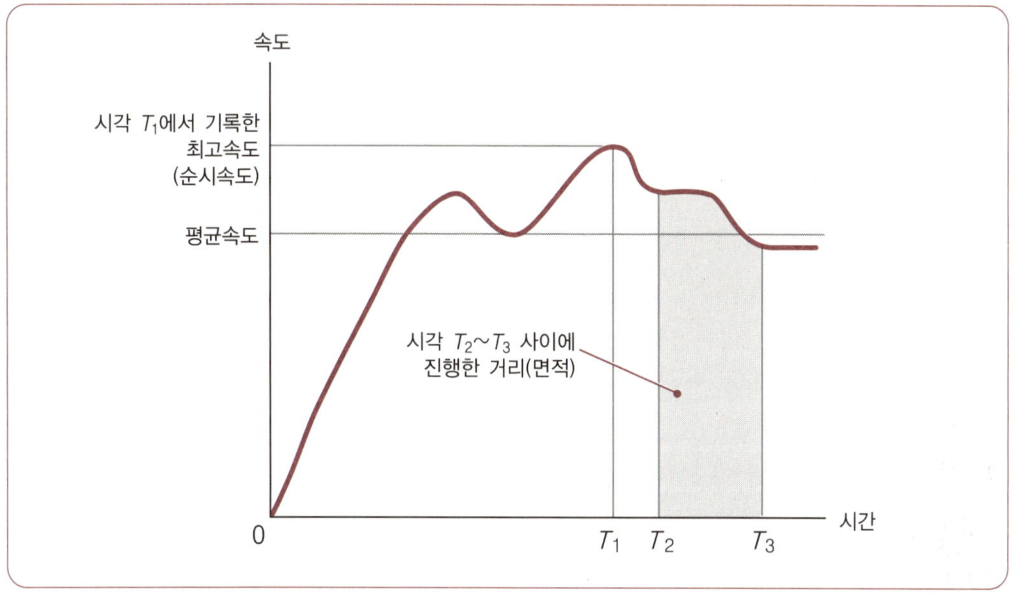
속도
시각 T_1에서 기록한
최고속도
(순시속도)
평균속도
시각 $T_2 \sim T_3$ 사이에
진행한 거리(면적)
0
T_1
T_2
T_3
시간

02 광학 패턴을 사용한 속도 센서

광학화상의 특징검출을 할 때 네거 필름과 같은 광투과 패턴을 화상에 중첩시켜 투과광량을 측정하는 일이 있다. 이러한 화상신호처리는 공간 필터링이라 불리며 사용되는 광투과 패턴을 공간필터라고 한다.

더욱 진전된 방법으로 피측정물에 특정 패턴을 영상의 형태로 조사(照射)하여, 피측정물의 표면형상과 직접적인 공간 필터링을 하는 방식도 있다. 이 방식에서는 조사 패턴에 레이저 광의 간섭에 의한 정밀한 무늬모양의 홀로그래픽 패턴을 사용한다. 홀로그래픽 패턴의 무늬 모양을 외부에서 제어함으로써 가변공간 필터링을 실현하고 있는 것도 있다. 최근에는 피측정물의 형상과 검출하고자 하는 정보를 접합한 최적 필터를 작성하여 광응용 센서로 유용하게 이용하는 방법이 검토되고 있다.

공간 필터링에는 2가지 화상의 상관값을 검출한다. 상대적으로 이동하는 화상의 상관값은 겹쳐진 면적의 시간적 변량이 된다. 특히 공간적인 반복성분이 포함되어 있는 2가지 화상 사이의 상관값은 그 시간적 주파수가 이동속도를 나타낸다. 예를 들어 포장된 노면에는 작은 돌의 패턴 등이 평균적으로 분포하고 있다. 이것을 반복화상이라 생각하여 조사 패턴을 형성하고 상관값을 측정하면 노면의 이동속도를 산출할 수 있게 된다.

그림 4-2는 1차원 방향의 속도검출에 사용하는 패턴 조사방법의 속도 센서를 나타내고 있다. 광학 센서부에는 피측정물에 적합시켜 조사 패턴을 작성하는 홀로그래픽 패턴 발생계와 레이저 광원이 조합되어 있다. 또한, 반사광을 검출하는 결상 렌즈와 광검출기도 소형으로 일체화되어 있다.

도로표면의 작은 돌이나 모래 등의 패턴은 수가 많기 때문에 이동 중인 차에서 관찰하면 통계적으로 평균화된다. 그 결과 수 [cm]에서 수십 [cm]로 정밀도가 높은 반복 패턴이 된다. 예를 들면 1[cm] 반복 패턴을 시속 108[km]로 주행 중인 차에서 관찰하면 상관신호의 주파수는 3[kHz] 정도가 된다. 조사패턴의 형상은 노면의 이동방향으로 격자상이 되도록 작성하고, 간격은 노면 패턴의 평균적인 반복주기의 정수배로 한다. 실제로는 노면상태의

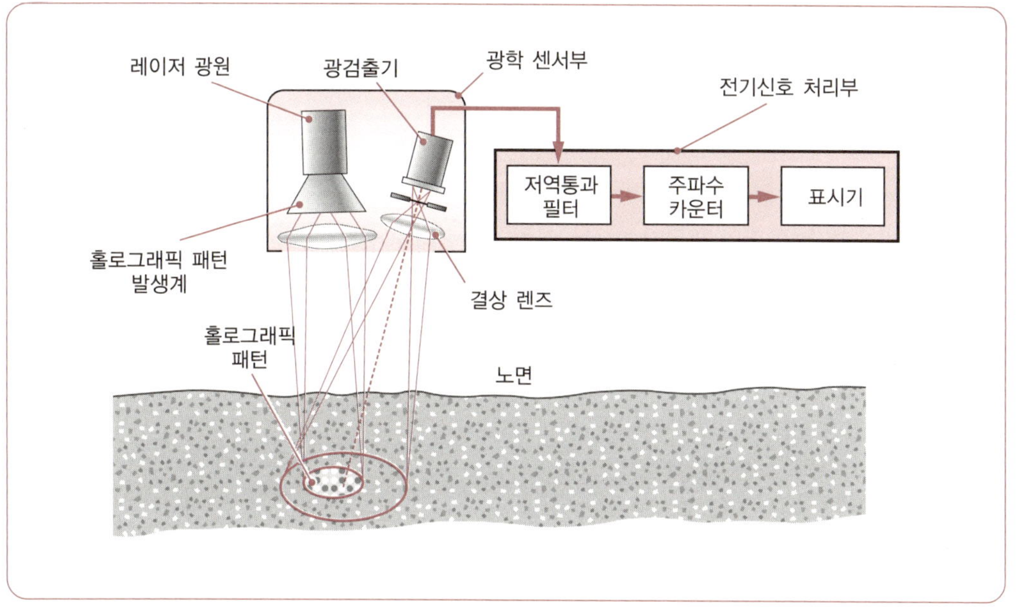

변화로 이 반복주기가 변동되므로 검출되는 주파수 스펙트럼이 가장 강하게 되도록 격자간격을 조정한다. 속도를 나타내는 스펙트럼은 차가 수십 [cm] 이동하면 검출가능하며, 노면속도와 반대방향의 차 속도는 전기신호처리로 거의 순시에 얻을 수 있다. 이 광응용 속도 센서는 비접촉이며 실시간성이 풍부한 실용성 높은 센서이다.

 03 광도플러 속도 센서

음파의 도플러(Doppler) 효과는 구급차의 사이렌이나 전차의 통과음을 통해서 많은 분들이 체험하고 있으리라 생각된다. 빛의 영역에서도 주파수는 변화하지만, 보통은 변화량이 극히 적기 때문에 빛의 색이 변하는 것과 같은 일은 없다. 그러나 천문학 분야에서는 빛의 속도에 가까운, 고속으로 멀어져가는 별의 색은 적색 영역으로 치우쳐 있으며, 이를 색 스펙트럼의 적방(赤方)변위라 일컫는 것은 이미 잘 알 것이다.

도플러 효과에 의한 광주파수의 변화량이 어느 정도 작은가 하면, 광응용 계측의 광원으로 사용되는 일이 많은 He-Ne 레이저의 4.7×10^{14}[Hz] 빛이 속도 1[m/s]로 이동하고 있는 물체에 의해 반사되었을 때, 반사광의 주파수 변화량은 약 3.2[MHz]이다. 이것은 원래의 광주파수의 겨우 1천만분의 1정도이다. 그러나 반사광의 주파수변화를 광학적 헤테로다인 검파라는 간섭법을 사용하여 전기신호의 형태로 추출하는 방법이 있다. 광학적 헤테로다인검파는 광원으로부터의 빛을 측정물에 조사하기 전에 그 일부를 분기하여 참조광이라 불리는 기준광을 만든다. 이 기준광과 반사광을 간섭시켜 비트 신호를 얻는다.

구체적으로는 그림 4-3(a)~(d)에 나타낸 것 같은 몇 가지 방식이 있다. 그 중에서 (b)방식은 투과형이라 불리며 외란광에 강하고 정밀도가 높은 광도플러 속도계로서 사용되고 있다. 투과형에서는 광원의 빛을 개략적으로 등분하여 간섭시킴으로써 명암도가 높은 입체적인 간섭무늬를 만든다. 이것이 공간격자가 되어 이 속을 물체가 통과하면 속도에 따라 간섭무늬를 가로지르는 속도가 다르게 된다. 따라서 투과광의 광량변화를 검출하면 그 변화의 주기가 속도를 나타내는 신호가 된다. 광원에 코히런트 길이의 짧은 대출력(大出力) 반도체 레이저를 사용함으로써 더욱 광잡음에 강하게 되어 제트 엔진 분출 가스의 계측 등에 활용되고 있다. 그림 (c)는 집광 렌즈와 광전검출부를 오가며 반사형으로 만든 타입이다. 또한 최근에는 소형의 강력한 레이저 광원의 실현으로 그림 (d)에 나타낸 것과 같이 단일 빔 방식의 간이형도 만들어졌다. 검출부를 오가며 반사광을 수광하고 레이저 광원과 일체화한 것은 핸디 타입의 휴대속도계로 많이 이용되고 있다.

(a) 참조광방식

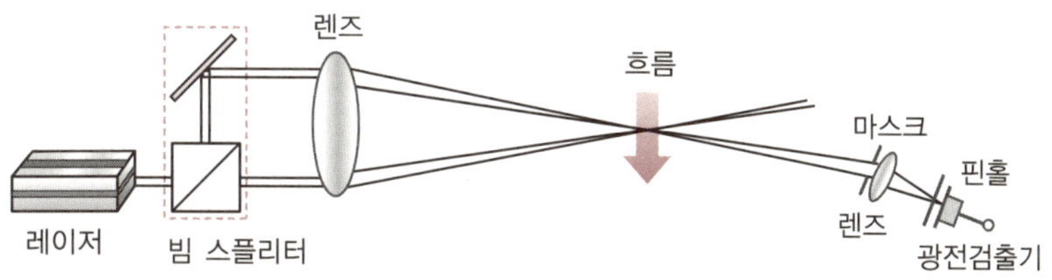

(b) 간섭무늬방식

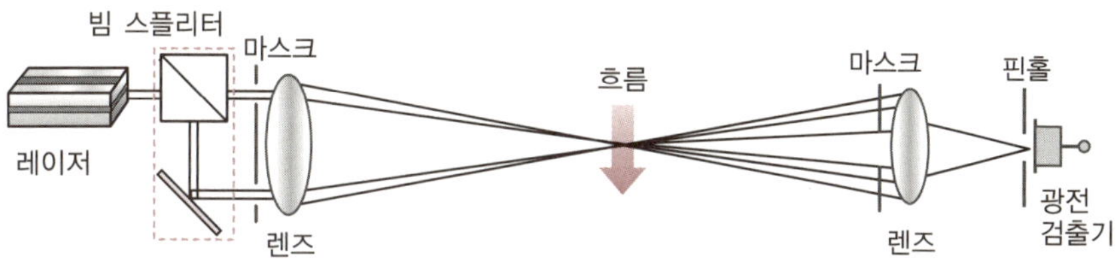

(c) 반사 간섭광방식

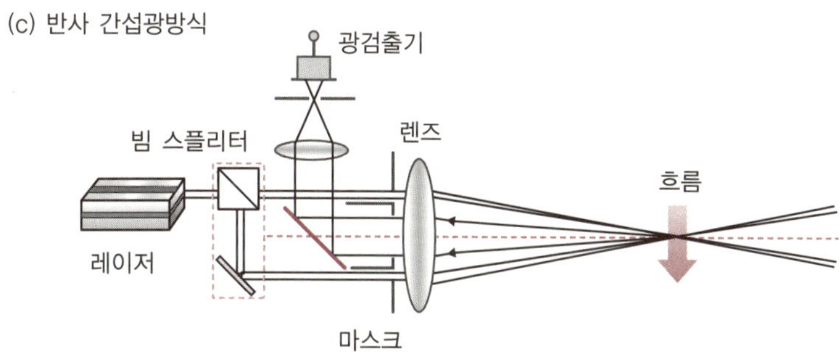

(d) 단일 빔 방식

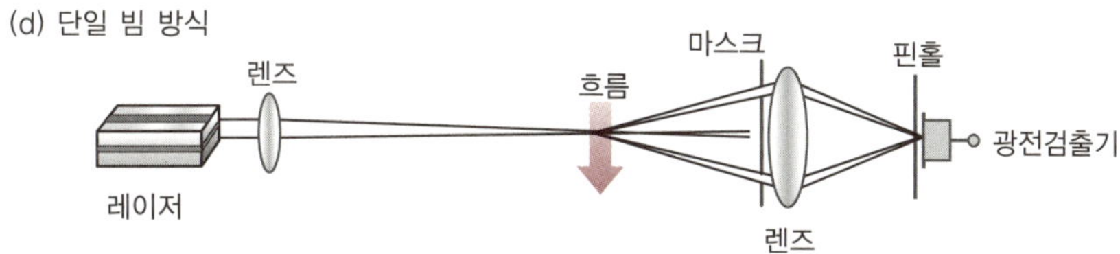

광집적화 속도 센서

빛을 이용한 계측기의 최대약점은 측정계가 기계적 진동이나 변형에 약한 것이다. 광도플러 속도 센서 등을 개별 렌즈나 거울로 조합하면 광학부품들의 위치가 치우치지 않도록 하기 위하여 상상을 초월할 정도로 튼튼하게 만들어야 한다. 그러니 자연 약간 높은 정밀도를 요구하면 광학계의 중량은 수십 [kg]이나 되어버린다. 사용법을 보고자 하여도 운반이 곤란한 센서여서 측정물을 센서 옆으로 운반해야하니 자연 이용분야가 극히 한정되어 버린다. 때문에 소형 경량화를 목표로 광학계를 집적화하는 연구가 활발하게 진행되어 왔다.

그림 4-4는 파이버 레이저 도플러 속도계에 사용되는 광집적화된 헤테로다인 간섭광학계이다. 이 광학계는 기판의 긴 쪽이 30[mm] 정도의 마이켈슨 타입이다. 광원으로부터의 신호광과 측정물에 조사하는 광프로브의 추출방향을 분리시키기 위해 간섭계를 두 겹으로 접은 구조이다. 광집적회로로는 광도파로(光導波路)가 입체적으로 교차한 특수한 구조를 하고 있다. 통신용 광집적회로에서는 거의 찾아볼 수 없는 구조이다. 간섭계의 한쪽 광로에는 광주파수 시프터가 배치되어 광주파수를 약간 옮겨 헤테로다인 검파를 실현하고 있다. 이 광집적회로는 그림 4-5에 나타낸 것과 같이 광파이버 속도계에 조합되어 이동속도가 수 [mm/s]일 때 도플러 효과에 의한 20~30[kHz]의 주파수변화를 출력한다.

최근에는 반도체 레이저의 주파수 고안정화가 진행되어 30[m/s] 이상의 측정능력을 지닌 제품도 출현하고 있다. 아날로그 값의 속도를 디지털 주파수로 검출할 수 있기 때문에 디지털 신호처리에 적합한 광집적화 센서라 말할 수 있다.

▼ 그림 4-4 집적화 파이버 레이저 도플러 속도계의 간섭광학계

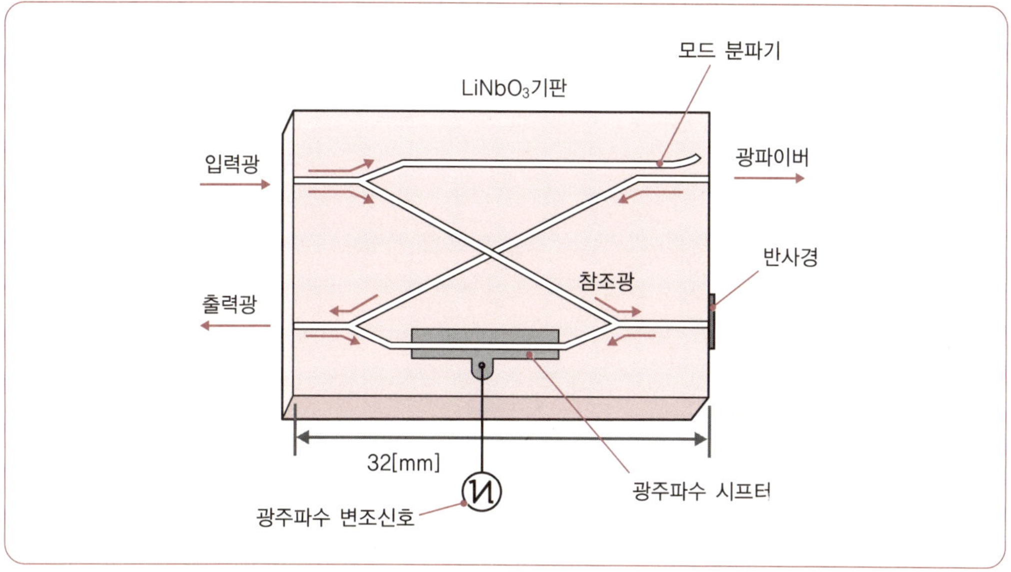
모드 분파기
LiNbO_3기판
입력광
광파이버
반사경
참조광
출력광
32[mm]
광주파수 변조신호
광주파수 시프터

▼ 그림 4-5 파이버 레이저 도플러 속도계

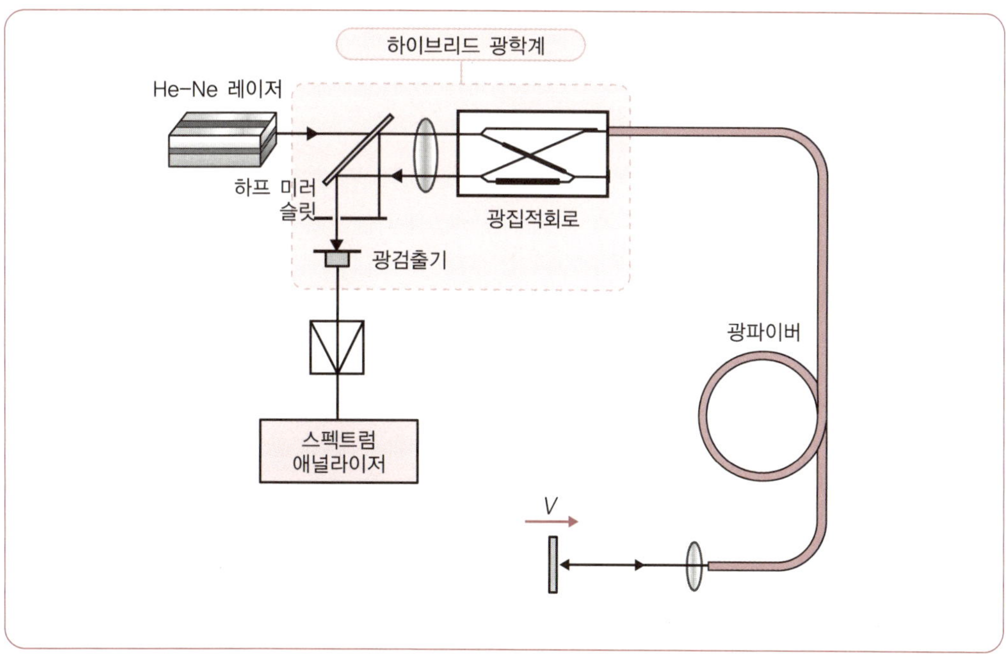
하이브리드 광학계
He-Ne 레이저
하프 미러
슬릿
광검출기
광집적회로
광파이버
스펙트럼
애널라이저
V

05 광파이버 자이로스코프

1970년대 후반부터 시작된 광파이버 자이로스코프의 연구는 우선 항공우주분야에서 실험적으로 진행되었다. 오랫동안 회전관성체를 이용한 기계식 자이로스코프 밖에 존재하지 않았으므로 빛에 의해 전혀 새로운 수법이 도입된 임팩트는 대단히 큰 것이었다. 항공기의 관성항법에 사용되는 자이로스코프는 지구의 자전 회전각속도(15도/시)의 1,000분의 1 정도의 검출정밀도를 요구한다. 이것은 대략적으로 1개월에 1회전할 정도로 아주 느린 회전각속도이다.

광파이버 자이로스코프의 원리는 "링상(狀)의 광로를 역방향으로 주회(周回)하고 있는 빛의 전파시간차는 링의 회전각속도에 비례한다."는 사냑(Sagnac) 효과를 이용한 것이다. 실제 구성법은 간섭방식(I-FOG ; Interferometer Fiber Optical Gyroscope), 공진방식 (R-FOG ; Resonator FOG), 브릴루앙 방식(B-FOG ; Brillouin FOG) 등 여러 종류가 있다.

이 중에서 이미 실용화되어 있는 것은 그림 4-6의 I-FOG이다. I-FOG에서는 광원으로서 단거리영역에서의 간섭성이 극히 양호한 SLD(Super Luminescent Diode)를 사용한다. SLD로부터의 빛은 2가지로 나눠진 후, 원통에 감겨진 광파이버 속을 역방향으로 전파한다. 이 2가지의 주회광(周回光)을 추출하여 간섭신호를 검출하면 회전각속도를 측정할 수 있다. 회전각속도는 빛의 전파시간차가 되어 나타나는데, 보통은 광파이버 링 내의 광공진주파수의 변화로서 간섭에 의해 검출된다. 광공진주파수의 변화량은 극히 작고 동시에 측정해야 할 회전각의 축에 수직인 면에서 광파이버가 둘러싼 면적에 비례한다. 따라서 실용감도를 얻기 위해서는 수백 [m]의 광파이버를 원통에 둘러쌀 필요가 있으며, 이 점이 I-FOG결점 중 하나이다. 때문에 그림 4-7에 나타낸 것과 같이 수십 [m]의 광파이버로 링공진기를 구성하고 커다란 공진특성을 이용하여 고감도화를 실현하는 R-FOG도 개발되었다.

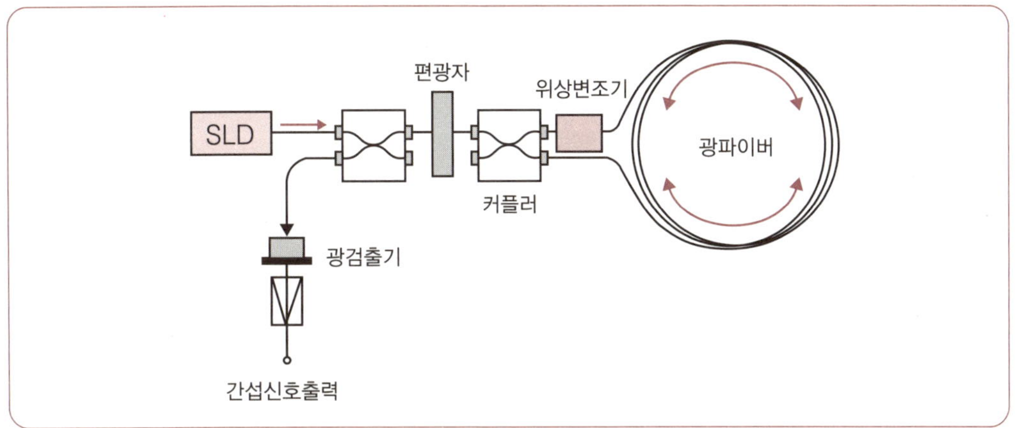

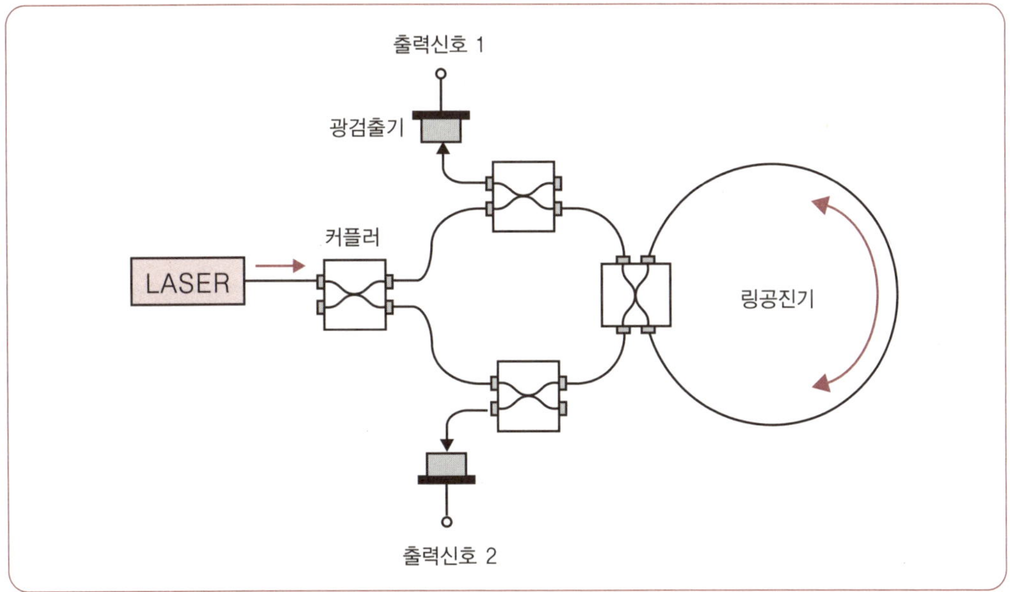

항공우주용의 초고성능 광파이버 자이로스코프가 실용화된 후 검출정밀도가 100도/시 정도의 간이형이 자동차의 내비게이션 시스템용으로 대량생산되어 일상생활에서 친숙하게 사용되고 있다.

06 집적화 가속도 센서

전철의 손잡이는 출발 시와 급브레이크 시에 크게 흔들리며 일정 속도에서는 정지 시와 마찬가지로 반듯하게 매달려 있다. 이로부터 관성물체의 운동을 보고 가속도는 측정할 수 있을지 모르나, 가속도가 0인 등속운동은 감지할 수 없는 것이 아닌가 하는 생각이 든다. 결론적으로 등속운동을 하는 상자 속에서는 자기 자신의 속도를 알 수 없는 것이다.

물체의 운동은 속도 외에 가속도와 변위로 나타낼 수 있다. 이 3가지는 서로 관계를 지니며 속도의 적분이 변위를, 미분이 가속도를 나타낸다. 때문에 동일한 센서를 사용하여 조금 측정조건을 바꾸는 것만으로도 모든 것이 측정 가능해진다. 물론 시간측정은 모두 필요하다.

간단한 예로서 그림 4-8에 나타낸 것과 같은 자기가속도 센서를 생각하자. 추의 관성에 의해 영구자석을 포함하는 이동체와 추는 상대운동을 일으킨다. 이때의 상대변위의 시간적 변화는 차동 트랜스 등으로 측정이 가능하다. 이동체의 변위량과 이동에 요하는 시간으로부터 속도와 가속도를 구할 수 있다. 예를 들어 부드러운 탄성체와 극히 커다란 질량을 사용했을 때에는 우선 변위량을 측정할 수 있다.

이것을 이용한 것이 지진계이다. 또 거꾸로 탄성체의 탄성상수를 어느 정도 크게 하여 가면 속도변화에 비례하여 변위량이 변하는 조건을 얻을 수 있다. 이때 가속도를 측정할 수 있다. 이와 같이 이동물체의 가속도는 1장의 힘센서나 압력 센서와 마찬가지로 변위 센서를 사용하여 검출할 수 있다.

가속도계측은 교통관계나 로봇 등의 산업기계분야에서 특히 중요하다. 이와 같은 분야에서는 소형경량으로 양산화할 수 있으며, 부품교환을 해도 성능이 일정한 재현성이 높은 가속도 센서가 필요하다. 이들 조건에 최적인 센서가 반도체 가속도 센서이다. 반도체 가속도 센서는 변위량을 전기신호로 변환하는 방식으로 피에조 저항형과 정전(靜電) 용량형으로 나눠진다.

그림 4-9는 피에조 저항형 반도체의 가속도 센서 일례이다. Si의 이방성(異方性) 에칭에

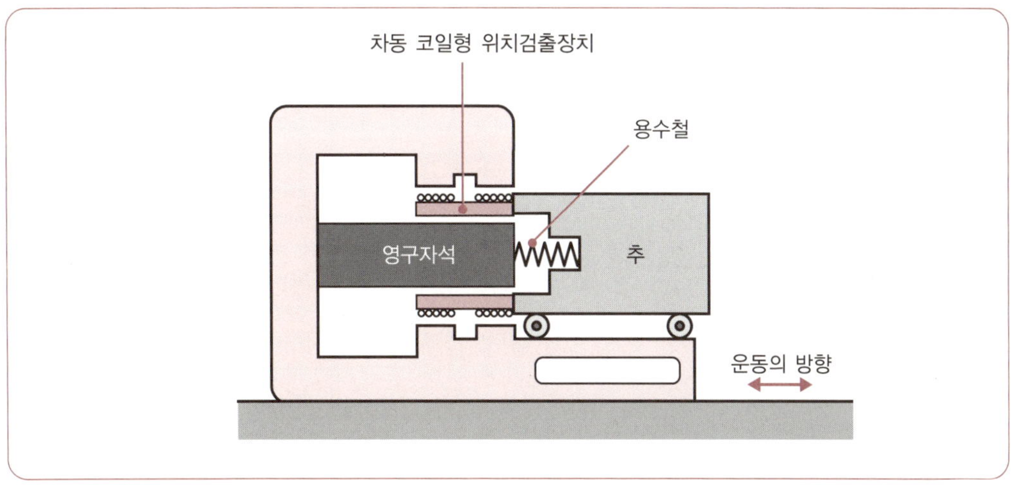

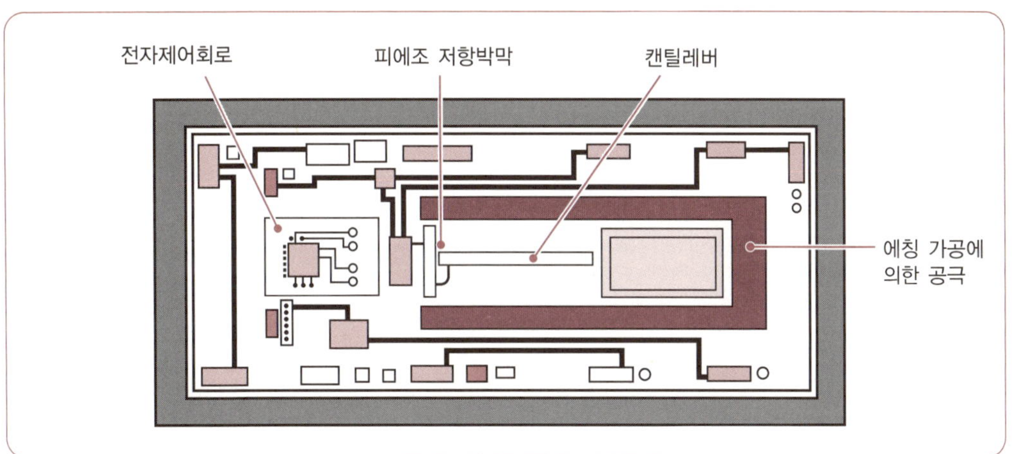

의한 마이크로머시닝 가공으로 제작되어 있다. 아주 작은 캔틸레버의 하단부분에 피에조 저항소자가 매입되어 있으며, 센싱 기구 주위에는 구동제어회로가 집적화되어 있다. 반도체 가속도 센서는 전기적으로 성능 컨트롤이 쉽다. 이점 때문에 검출해야 할 가속도의 크기가 다른 경우라도 대량생산된 동일 센서로 대부분 대응할 수 있다.

07 유속 및 유량 센서

유체의 속도나 유량 계측에서는 유체에 측정을 위한 눈금을 표시하는 것이 곤란하다. 또한 측정 중에 측정물 자신이 변형되기 때문에 정확한 이동물의 측정이 거의 불가능하다. 때문에 속도의 2승과 물질을 서로 곱한 것으로 에너지를 나타내는 운동 에너지 법칙을 이용하여 유속을 산출하는 방법이 사용되고 있다. 직감적으로 사용되는 것은 유체의 동압, 즉 속도압을 아는 방법이다.

예를 들어 선풍기 바람에 손을 대고 그때 받는 압력에 의해 바람의 대략적인 속도를 아는 것과 같은 방법이다. 그러나 이것으로는 정밀도가 낮으므로 동압관이라 불리는 선단에 세공을 뚫은 파이프와 정압관이라 불리는 측면에 구멍을 뚫은 것을 한조로 하여 사용한다. 이 파이프를 유체 내에 두면 두 파이프의 내압차로부터 유체의 속도를 검출할 수 있다. 이 것이 고속차량이나 항공기 등에서 대기속도를 측정하기 위하여 사용되는 피토관(pitot管)의 원리이다.

또한 유체가 흐르고 있는 관의 일부를 좁게 하여 깔때기 모양으로 하면 좁게 한 부분의 유체 압력은 유속에 반비례하여 감소한다. 이 현상은 몇 십 년 전부터 분무기의 양수 부분 등 우리 주변에 많이 있는 기구들에 이용되어 오고 있다. 물론 감소된 압력으로부터 유체의 속도도 알 수 있다. 이것은 벤투리 미터라 불리는 유속 센서로 사용되고 있다.

다음의 유속측정법은 유체의 흐름을 방해하는 원주를 사용, 카르만 소용돌이를 생기게 하여 이 소용돌이의 발생주파수로부터 유속을 얻는 방법이다. 흐름 속에 원주를 설치하면 그림 4-10에 나타낸 것과 같이 원주의 하류에 카르만 소용돌이라 불리는 소용돌이의 열(列)이 발생한다. 카르만 소용돌이는 규칙적으로 발생하며 그 발생주파수는 유속에 비례한다는 사실이 알려져 있다. 따라서 소용돌이의 발생주파수를 검출하여 유속을 구하고 유량도 산출할 수 있다. 그림 4-11은 공기의 속도계측용으로 카르만 소용돌이를 초음파로 검출하는 방식을 이용한 장치이다. 초음파를 사용함으로써 카르만 소용돌이의 질서를 깨뜨리는 일 없이 고속으로 측정할 수 있다.

원주
주기적 소용돌이
흐름

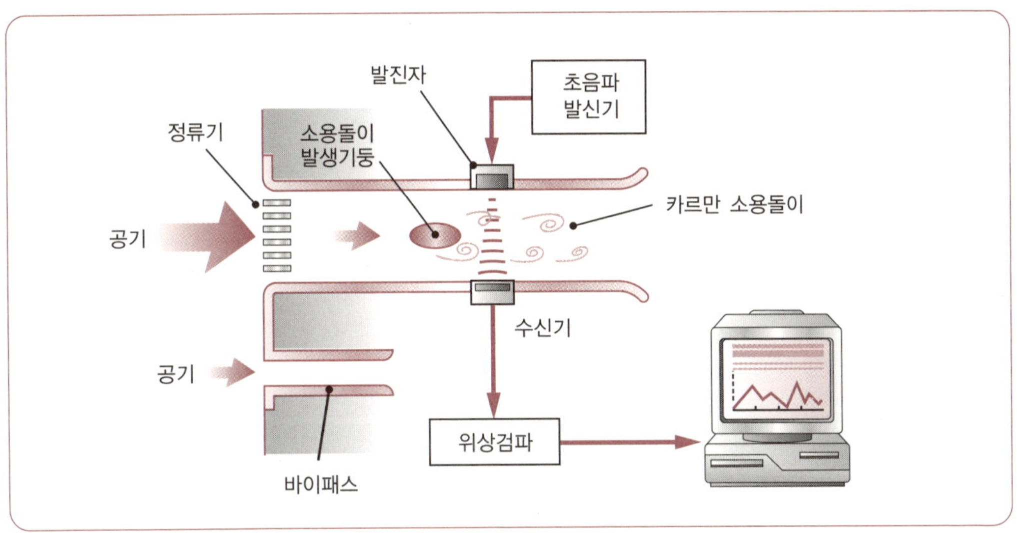

발진자
초음파
발신기
정류기
소용돌이
발생기둥
카르만 소용돌이
공기
수신기
공기
위상검파
바이패스

쉬어
가기

제5장
화학물질 센서

01 생활환경과 화학물질 센서

약 30년 전 고도성장시대의 반동으로 범지구적 규모의 자연환경보호운동이 제창되기 시작하였다. 그러다 최근에는 화제의 중심이 주변의 현실적인 생활환경으로 옮겨온 것처럼 느껴진다. 인간이 환경에 대해 요구하는 쾌적성은 청정한 대기, 무해한 음료수, 적당한 온도와 습도, 청량한 음이나 빛 등 많은 것들이 있다. 이들 중 공기나 각종 가스, 이온 및 습도의 계측을 화학물질 센싱이라고 한다.

특히 가스 센서는 센서 재료와 검출기구가 아주 다양하다. 재료로 크게 분류하면 ① 반도체형, ② 고체전해질형, ③ 촉매연소형으로 나눠진다. 또한 검출기구와 센싱 방식으로 분류하면 ① 화학반응형, ② 물리흡착형, ③ 화학흡착형, ④ 화학물질변이형 등으로 나눠진다. 하나의 재료가 몇 가지 센싱 방식에 사용된 결과 가스 센서의 종류가 대단히 많아졌다. 그러나 거의 대부분의 가스 센서는 가스의 종류나 농도에 따라 센서 재료의 저항이나 정전용량 등 전기적 특성이 변화하지만 이를 검출하는 부분은 같다.

또한 최근에는 폭발성 가스를 멀리서 안전하게 검지하기 위하여 레이저광을 이용하는 것과 같이 리모트 센싱도 실용화되고 있다. 이 방법은 검출 대상인 가스 종류에 따라 정확하게 결정되어 있는 광흡수 스펙트럼이라는 것으로 검출한다. 구체적으로 우선 대상 가스의 광흡수 스펙트럼 영역을 포함한 발진대역의 레이저광을 가스로 방사한다. 그리고 정밀한 분광모듈로 투과광의 스펙트럼을 분석하여 가스에 흡수된 후 감소한 스펙트럼을 검출한다. 스펙트럼의 감쇠량으로 가스 농도를 알 수 있다. 표 5-1에 광센싱에서 사용하는 무해 가스의 대표적인 흡수 스펙트럼을 나타낸다.

또한 보는 방식을 바꿔보면 일상생활에 있어서 배기 가스 센서, 알코올 센서, 도시 가스 센서, LP 가스 센서, 나아가 유독 가스 센서나 산소결핍 센서 등의 개별명칭으로 불리고 있는 센서가 있다. 이와 같이 센싱해야 할 유해 가스의 종류로 센서를 분류하면 ① 연료 가스용, ② 산소(O_2)용, ③ 질소산화물(NO_x)용, ④ 황산화물(SO_x)용 등으로 분류할 수 있다.

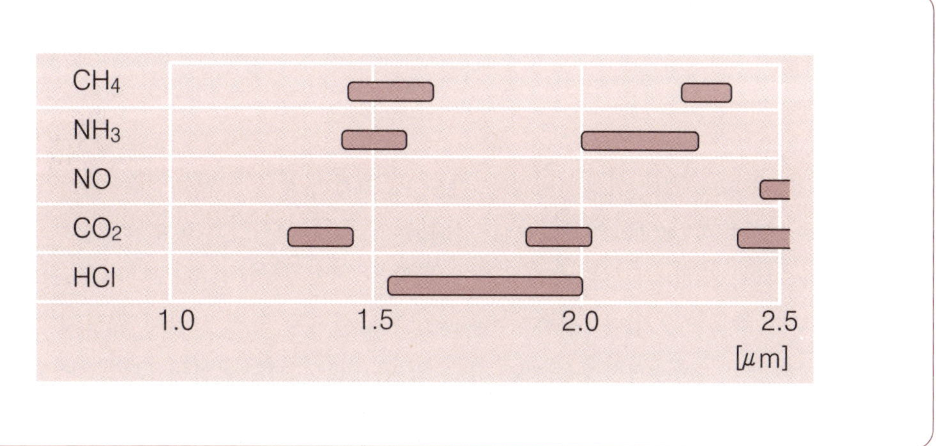

다음으로 습도 센서는 측정 시 폭발과 같은 위험방지나 원격검지의 필요성은 거의 없다. 때문에 기구적으로 고안된 것은 적으며, 실용적 센서는 접촉식의 수분흡착형 센서로 거의 한정되어 있다. 사용되는 재료에는 고체전해질, 고분자막, 다공질 세라믹스 등이 있다.

또한 습도 표시에는 2가지가 있다. 돌턴의 법칙에 따라서 공기 중의 수증기분압을 나타내는 절대습도와 측정공기의 노점에 있어서의 포화수증기압과의 비를 나타내는 상대습도이다. 특히 상대습도는 인간이 민감하게 느끼는 일상적인 환경지표로 일상생활의 쾌적성을 나타내는 습도로서 일기예보 등에 사용되고 있다. 습도 센서는 의료, 공조, 원예, 조리 등 광범위한 분야에서 수요가 많으며 일찍부터 실용개발이 진행된 센서이다.

02 반도체 가스 센서

센서 재료를 가스에 직접 접촉시키는 접촉식 가스 센서에서는 반도체를 사용한 센서 연구가 활발하다. 실용적인 반도체 재료로는 산화물 반도체계의 산화주석(SnO_2)계와 산화아연(ZnO)계가 있다. 또한 최근에는 저공해 자동차용 배기 가스 검지 모니터로 산화텅스텐(WO_3)계 센서도 주목받고 있다. 접촉식 반도체 가스 센서는 가스 성분이 반도체 표면에 흡착될 때 전기저항이 변하는 현상을 이용하고 있다. 어느 쪽의 센서도 그림 5-1에 나타낸 것 같이 소결체나 증착박막에 의한 소자구조를 가지며 100~500[℃]의 고온으로 가열하여 사용한다.

SnO_2계 가스 센서는 가장 역사가 오래 되었고 신뢰성이 높기 때문에 시판되는 가스 센서의 대부분이 이 센서이다. 초기에는 SnO_2계 재료만으로는 화학반응이 너무 느려서 반응성이 떨어지는 가스에 대해서는 실용감도를 얻기가 곤란했다. 그러나 1970년대 소량의 첨가물에 의해 비약적으로 감도를 향상시키는 증감기술이 개발되어 성능이 급격히 향상되었다. 센싱 대상이 되는 가스로는 프로판, 메탄, 수소, 일산화탄소, 황화수소 등이 있다. 첨가물로는 팔라듐(Pd)을 사용하면 프로판, 메탄을 증감시킬 수 있기 때문에 근년에는 도시 가스나 LP 가스의 가스 누출경보기에 이용되고 있다. 나아가 산화토륨(ThO_2)의 첨가로 일산화탄소에 대해서도 탁월한 선택성이 발생됨을 알게 되었다. 이 때문에 불완전연소에 의한 일산화탄소 중독방지용 센서로서도 기대가 높아지고 있다.

다음으로 ZnO계 가스 센서는 동작가열온도가 SnO_2계보다 높으나, 첨가물에 의해 증감효과를 나타내며 가스의 선택성도 큰 폭으로 향상되었다. 우선 Pb의 첨가로 일산화탄소와 수소에 대한 감도가 증가된다. 나아가 그림 5-2에 나타낸 것과 같이 Pt의 첨가로 탄화수소계 가스에 대한 증감현상이 현저하게 나타난다. 또한 ZnO계가 SnO_2계와 특히 다른 부분은 산화알루미늄(Al_2O_3)을 사용하여 저항률을 감소시킨다든지, 반대로 산화리튬(Li_2O)의 사용에 의해 증가시킨다든지 하는 일이 가능하다는 것이다. 이 특징은 가스 센서로서 최적 특성의 설계가 가능하다는 것이 실용상 커다란 장점이 되고 있다.

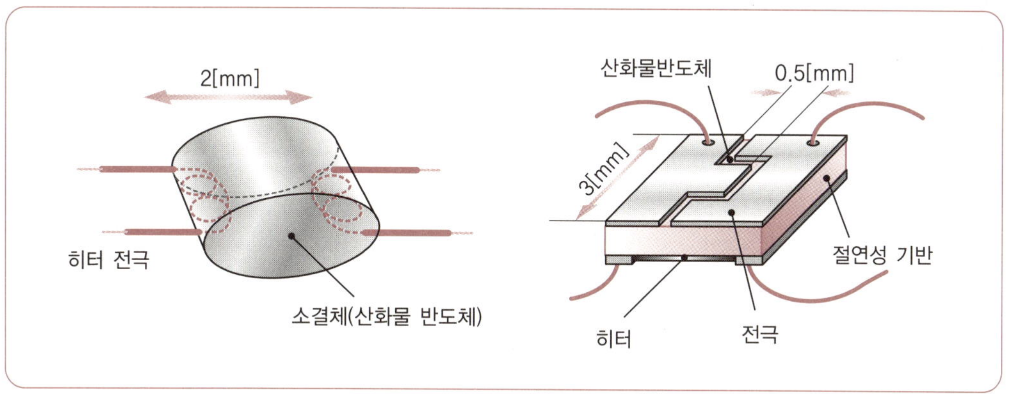

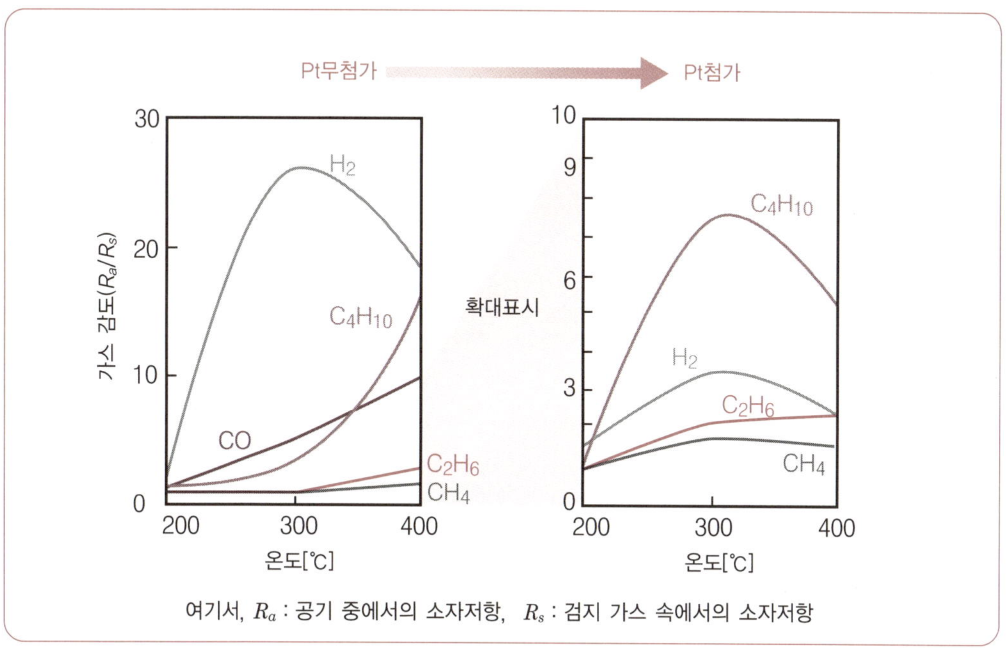

여기서, R_a : 공기 중에서의 소자저항, R_s : 검지 가스 속에서의 소자저항

03 고체전해질 가스 센서

수백 도의 고온이 되면 내부이온의 이동에 의해 도전성을 나타내는 절연체가 있다. 이들을 이온도전체 혹은 고체전해질이라 부르며, 가스 센서의 재료로 이용될 수 있다. 고체전해질 가스 센서로서 우선 실용화된 것은 자동차 엔진의 연소제어용 람다(λ) 센서이다. 지속적으로 용광로 속의 용강(溶鋼)에 포함되는 산소량을 모니터하기 위하여 지르코니아 센서가 개발되었다.

엔진 내의 연료가 완전연소할 때 연료와 공기의 비율을 이론공소비라 부른다. 이 이론공소비를 유지한 채 주행할 수 있다면 자동차의 연비는 확실하게 향상된다. 다행히도 이론공소비의 전후에서 연소배기 가스에 포함된 산소농도가 급격히 변화한다는 사실이 알려져 있다. 이것을 이용해서 배출산소의 양을 검사하여 공소비를 계측할 목적으로 λ형 산소 센서가 개발되었다. 센서 재료로는 보통 지르코니아와 백금전극이 사용되고 있다.

자동차용 지르코니아 센서는 엔진의 배기 매니폴드에 있는 점화플러그와 동일하게 장착된다. 이 센서의 출력신호를 모니터하면서 연료분사장치가 공소비를 최적의 혼합비로 유지시키는 것이다. 일반적인 센서의 구조를 그림 5-3에 나타낸다. 센서 재료로서는 산화이트륨(Y_2O_3)을 첨가물로 하는 안정화 지르코니아(YSZ ; Yttria Stabilized Zirconia)가 사용된다. 그림 5-4에 나타낸 것과 같이 응답특성이 그리스 문자의 λ와 비슷하므로 이런 종류의 지르코니아 센서를 람다센서라 부르게 되었다.

또한 제철소의 전로에서 사용되는 지르코니아센서는 용강에 녹아든 과잉질소를 제거하는 탈산행정 제어에 쓰이고 있다. 제강용 센서는 천수백 도나 되는 용강의 온도로 인해 특성이 변화하기 때문에 열전대와 조합시켜 온도를 보정하며 용해산소농도를 산출한다.

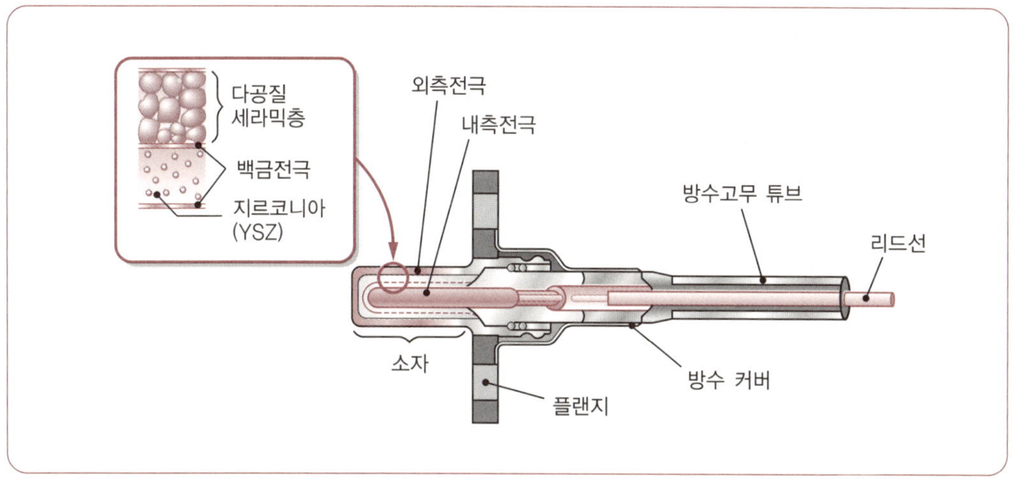
다공질
세라믹층
백금전극
지르코니아
(YSZ)
외측전극
내측전극
방수고무 튜브
리드선
소자
방수 커버
플랜지

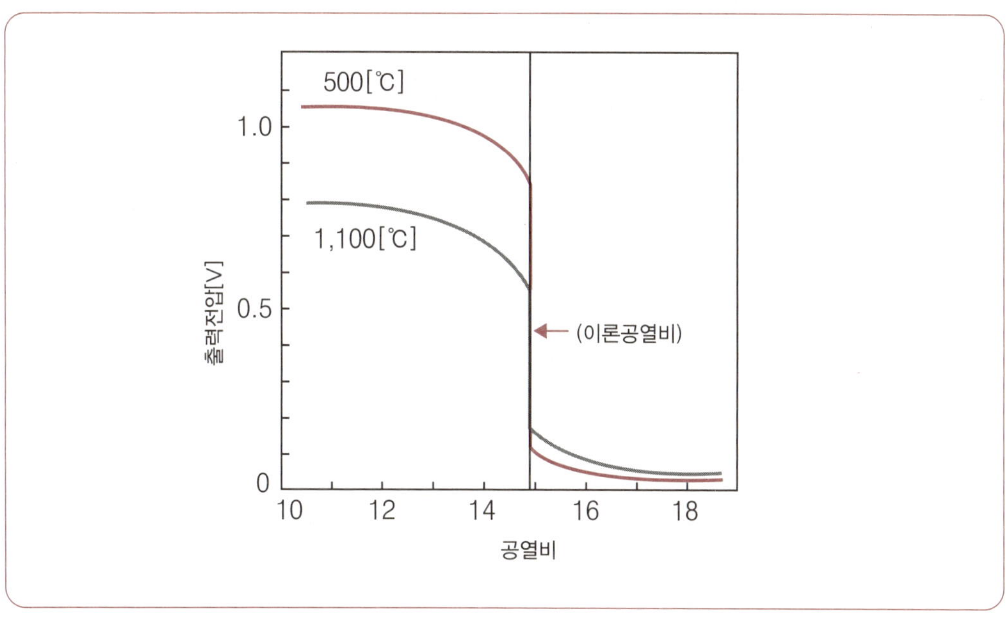
500[℃]
1,100[℃]
1.0
0.5
0
출력전압[V]
10   12   14   16   18
공열비
(이론공열비)

04 접촉연소식 가스 센서

    접촉연소식 가스 센서는 가소성 가스로 특화된 센서이다. 이 센서는 가소성 가스를 연소시켜 그 연소열을 직접 측정함으로써 가스의 양을 검지한다. 동작원리와 구조가 단순하며, 가소성 가스라면 거의 대부분의 가스 농도를 검출할 수 있다.

    소자의 구조는 그림 5-5에 나타낸 것과 같이 백금(Pt)이나 팔라듐(Pd) 등의 산소촉매를 혼합한 알루미나의 아주 작은 소결체 속에 지름이 수십 [μm]의 백금 코일이 매입되어 있다. 측정 시에는 센서 소자가 가스 센서 내에 설치되어 소결체 부근의 피측정 가스의 연소에 의해 백금 코일 온도가 상승한다. 백금의 전기저항도 온도상승과 함께 증가하나, 발열량이 작을 때에는 가스 농도에 거의 비례한다는 사실이 알려져 있다. 따라서 저항의 변화를 그림 5-6에 나타낸 브리지 회로에 의해 전압값으로 검출하면 가스 농도에 따라 나타내는 전기신호를 알 수 있다.

    접촉연소식 가스 센서는 측정대상이 가소성 가스로 국한되며 완전연소가 측정조건이 된다. 또한 측정정확도를 높이기 위해서는 높은 활성도를 가진 촉매가 필요하다. 그러나 이런 종류의 촉매는 프로판 같은 높은 연소 에너지를 가진 가스에 비해 수명이 짧다는 결점도 있다. 이와 같이 문제가 많은 센서이지만 연소열 측정만으로 가스 농도를 검지할 수 있다는 단순화된 센싱 방법은 다른 가스 센서에서는 볼 수 없는 안정감이 있다. 또한 단순한 센서 구조는 실용가치가 높으며, 지금도 고성능화와 긴 수명을 목표로 촉매개발이 진행되고 있다.

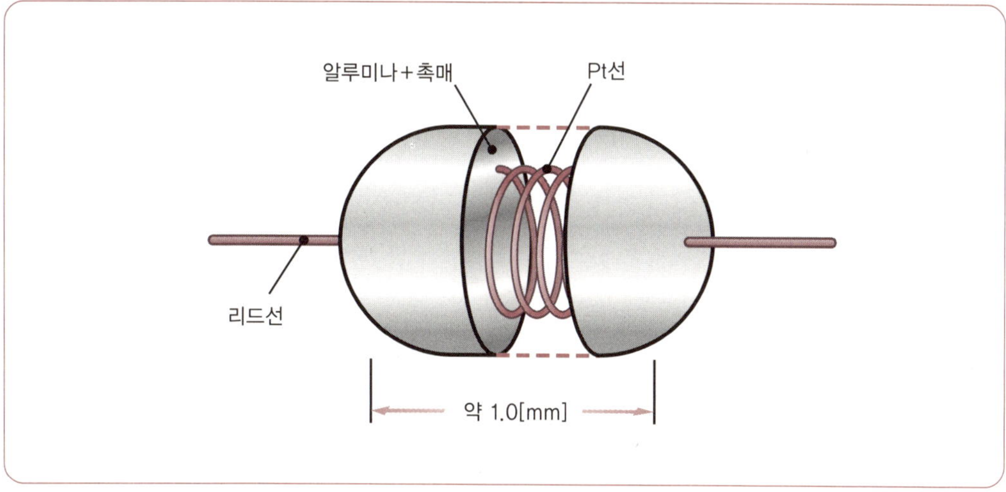
알루미나+촉매
Pt선
리드선
약 1.0[mm]

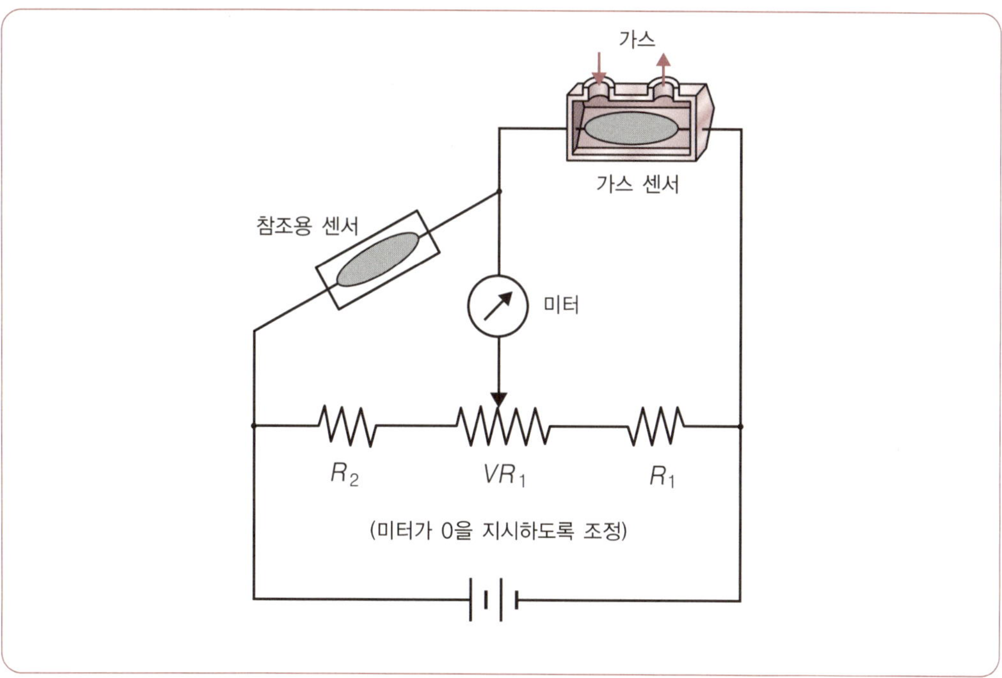
가스
가스 센서
참조용 센서
미터
R_2
VR_1
R_1
(미터가 0을 지시하도록 조정)

05 공해 가스 모니터링 센서

　반도체 가스 센서 중 ZnO계 센서는 증감제(V+Mo+Al₂O₃)의 첨가에 의해 프레온 가스에 대한 감도를 높일 수가 있다. 잘 알려진 것처럼 프레온 가스는 지구온난화 원인 중 하나로 생각되고 있다. 이 ZnO계 센서의 특징은 대기오염방지의 감시 센서에 좋으며 앞으로 실용화에 커다란 기대가 모아지고 있다. 여기에서는 공해 가스 감시에 사용되는 센서를 요약하여 설명한다.

　우선 WO_3계 가스 센서는 배기 가스 공해의 요인이 되는 질소산화물(NO_x) 검지에 우수하다. 그림 5-7에 나타낸 바와 같이 산소농도 1[%] 이상에서는 거의 산소농도에 관계없이 이산화질소(NO_2) 검출특성을 얻을 수 있다. 자동차 엔진의 연소배기 가스에 포함되는 산소농도는 수 [%]의 변동폭을 가지나, 이 변동에 대하여 NO_2 감도가 거의 영향을 받지 않는다는 사실은 실용성이 매우 높다는 것을 의미한다.

　더구나 금(Au)를 첨가한 WO_3 박막은 황화수소(H_2S)의 검지에 유효하다. 인간이 견디기 어려운 악취인 H_2S이지만, 500옹스트롬(Å) 정도의 WO_3 박막 센서로 1[ppb]라는 고감도를 얻을 수 있다. 놀라운 사실은 이 감도는 황화수소에 대해서는 특히 민감한 인간의 후각에 필적한다.

　이외에도 일상적으로 사용되는 환경 모니터 센서에서는 NO_x나 이산화탄소(CO_2)를 검지하기 위한 고체전해질형 센서가 있다. 고체전해질 전극의 한편에 NO_2검출용으로서 초산염을 도포한다. 또 한편에는 NO용으로서 아초산염을 도포하여 O_2 및 CO_2의 영향을 받지 않고 NO_x만을 검출한다. 그림 5-8에 나타낸 것과 같이 0.05[ppm]의 저농도 NO_2에 대해서도 응답이 얻어진다. 또한 CO_2 검지용으로는 고체전해질로 습도에 의한 특성변화가 적은 리튬(Li), 칼슘(Ca), 바륨(Ba) 등의 탄산염이 사용된다.

　공해 모니터링 센서는 공업용 가스 센서에 비해 훨씬 큰 장기적 안정성과 내(耐)환경성이 요구된다. 센서 소자의 내환경 패키징이나 센서 시스템의 무급전(無給電) 리모트 센싱 등 종합적인 기술개발이 진행되고 있다.

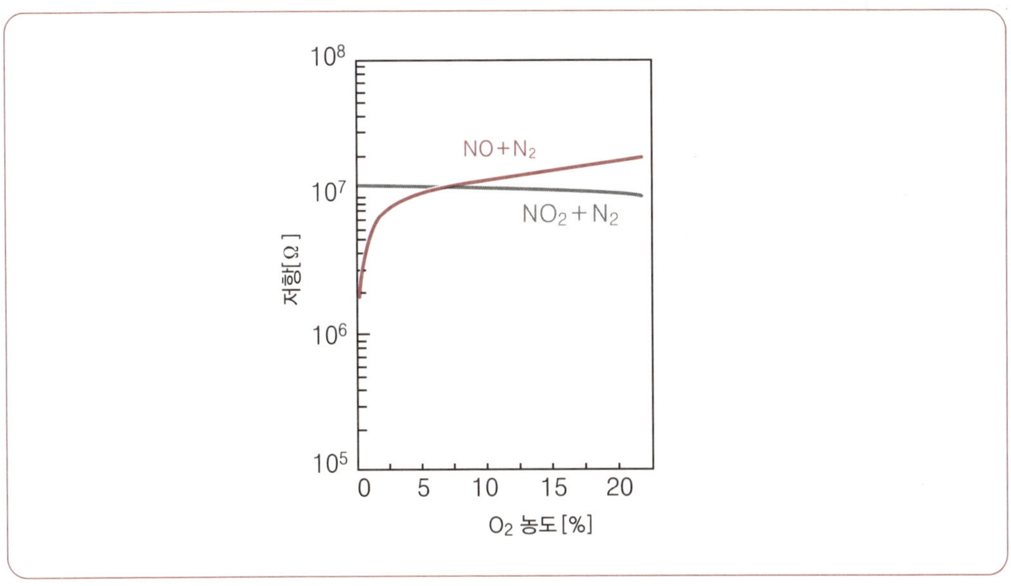

▼ 그림 5-8 초산나트륨 소자의 NO₂에 대한 과도응답

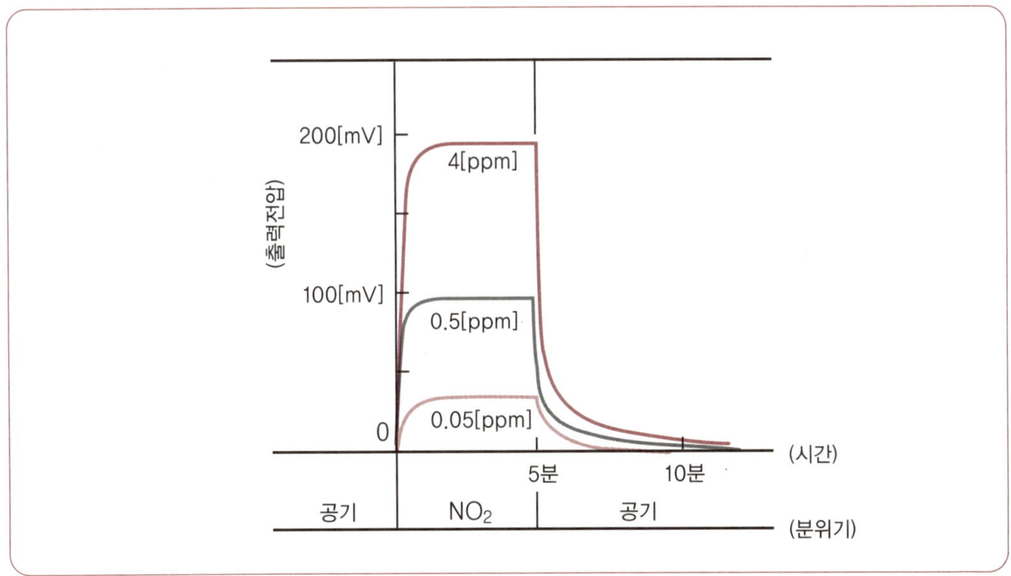

06 비접촉식 가스 센서

　분자간격이 드문드문한 상태로 존재하는 가스는 빛을 통하기 쉬우며 분자와 빛과의 에너지 상호작용이 강하게 나타난다. 때문에 가스에 의해 영향받은 빛을 분석하면 빛에 영향을 준 가스의 정체를 밝힐 수 있다.

　분광분포에 의한 가스 검지법은 오래 전부터 행해진 것으로, 대표적인 것이 흡광 가스 분석법, 형광 가스 분석법, 화학발광 가스 분석법 등이다. 최근 광계측기술의 발전으로 여기에 사용되는 광학적 센싱 블록이라 불리는 분광 모듈 부분은 그림 5-9에 나타내는 것과 같이 손바닥에 놓일 정도로 소형화되었다. 특히 이 중에서도 스펙트럼선 폭이 매우 좁은, 바꿔 말하면 빛의 단색성이 극히 양호한 반도체 레이저로 인해 광센서부를 소형경량화한 레이저 가스 검지장치(100쪽)가 주목받고 있다.

　분광분석의 기본이라고도 할 수 있는 분자흡수 스펙트럼을 간단히 설명한다. 2원자 분자나 다원자 분자로 구성된 가스는 빛을 조사(照射)하면 일부의 분자가 내부 에너지 준위(準位) 사이에서 천이한다. 이때 천이에 필요한 에너지로서 특정파장의 빛을 흡수한다. 흡수되는 빛의 파장은 천이 에너지에 관계하며 흡수된 광스펙트럼은 분자흡수 스펙트럼이라 불린다.

　이 분자흡수 스펙트럼은 가스분자 구조에 의해 결정되는 고유한 특성이다. 또한 빛 흡수의 세기는 람베르트의 법칙에 의해

$$\log_{10}(I_1/I_0) = kCb$$

로 표현되는 것이 알려져 있다. 여기서 I_0와 I_1은 각각 입사광 및 투과광의 세기를 나타내며, k는 가스 분자의 흡광계수, C는 가스 농도, b는 가스를 봉입한 가스 셀 내의 광로 길이이다. 이와 같은 관계를 사용하면 분자흡수 스펙트럼을 측정함으로써 가스 성분과 농도측정이 가능하게 된다.

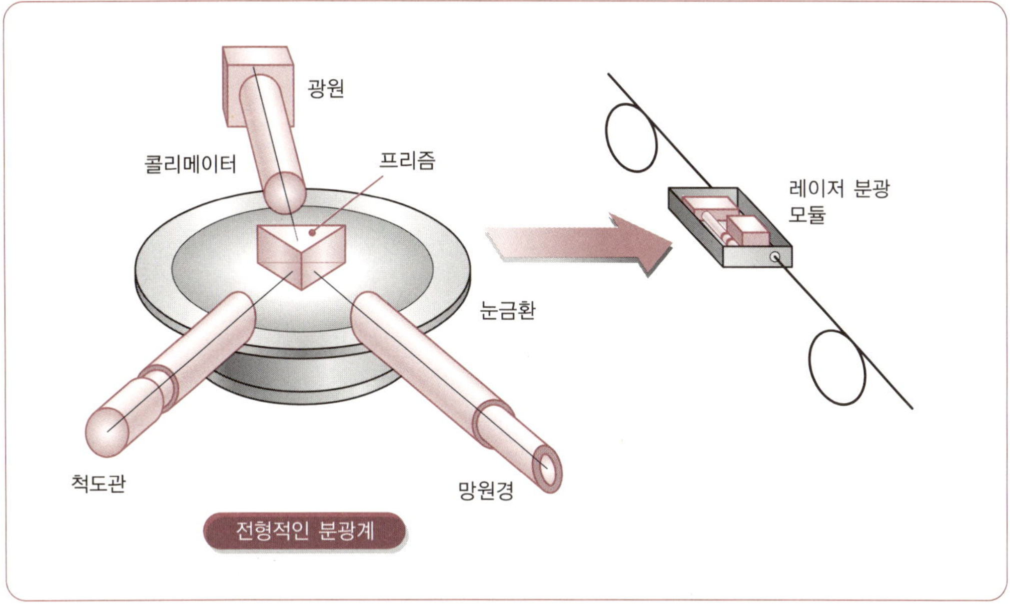

분자흡수 스펙트럼을 검출하는 레이저 가스 검지장치의 실현에는 검출대상 가스의 흡수 스펙트럼에 적합한 대출력 레이저의 개발이 필수적이었다. 예를 들어, 메탄 가스의 검출에는 1.65[μm]대, 암모니아가스(NH_3)의 검출에는 1.5[μm]대의 반도체 레이저를 필요로 한다. 이것들은 1990년대부터 실용화가 가능해진 고출력 DFB(Distributed Feed Back) 레이저의 개발에 의해 발진파장을 원하는 파장으로 설정할 수 있는 기술로 실현된 것이다.

 07 레이저 가스 검지장치

　소형 반도체 레이저를 광원으로 하여 분자흡수 스펙트럼을 검출하는 실용적인 레이저 가스 검지장치에 메탄 가스 검지기가 있다. 메탄 가스는 도시 가스의 주성분으로 일상생활 속에서 널리 이용되고 있으며, 그동안 가스 배관의 파손된 부분에서 가스 중독 방지를 위해 운반이 용이하고 소형이며 고성능인 검지기 개발이 기대되어 왔다.

　메탄은 1.60[μm] 부근의 파장대에 강한 분자흡수 스펙트럼을 갖고 있으며, InGaAsP/InP계의 DFB 레이저도 절묘하게 1.65[μm]대에 발진파장을 지니기 때문에 메탄 가스 검지기로서 아주 좋은 조합이 되었다.

　메탄 가스 검지장치의 광학계에는 우선 메탄의 분자흡수선에 발진파장을 맞춘 레이저를 준비한다. 그리고 그림 5-10에 나타낸 것과 같이 파이버 커플러를 사용하여 레이저 광을 2분하고 한편을 메탄 가스의 셀 속에 유도한다. 다른 한편은 참조광으로서 그대로 검출기로 보낸다. 가스 셀의 메탄 가스 속을 투과해 온 빛은 메탄의 분자흡수에 의해 광량이 감소한다. 메탄 가스의 흡수에 의한 투과광의 감소량은 극히 적으며, 검출신호의 SN비를 개선하기 위해 여러 가지 방법이 고려되고 있다. 그림 5-10은 2가지의 위상이 반전된 펄스 열에서 레이저 광을 변조하여, 외래광(外來光)이나 회로 내 잡음의 영향을 저감하는 강도변조방식이 사용되고 있다. 실제로 옥외 등에서 가스 누출검지에 사용되는 경우에는 긴 광파이버를 사용한 파이버 리모트 센싱 방식으로 가스 셀 부분은 누설 가스가 떠도는 장소에 놓인다.

　메탄 가스의 검출분해능은 거리 60[km]의 원거리측정에서도 30[ppm] 이하가 얻어지고 있다. 이 방식은 방폭성에서 뛰어나기 때문에 화학 플랜트나 LPG 파이프라인의 가스 누출 검지 등에 가장 적합하다. 또한 최근에는 가스셀 부분을 개조하여 강력한 레이저광을 1[m] 정도 공간전파시켜 차에 탑재한 채 가스 검지가 가능한 방식도 실용화되어 있다. 이것은 차량중량에 의해 파손된 도로 바로 아래의 가스관을 고속이동하면서 발견하는 검사로 매우 효과적이다.

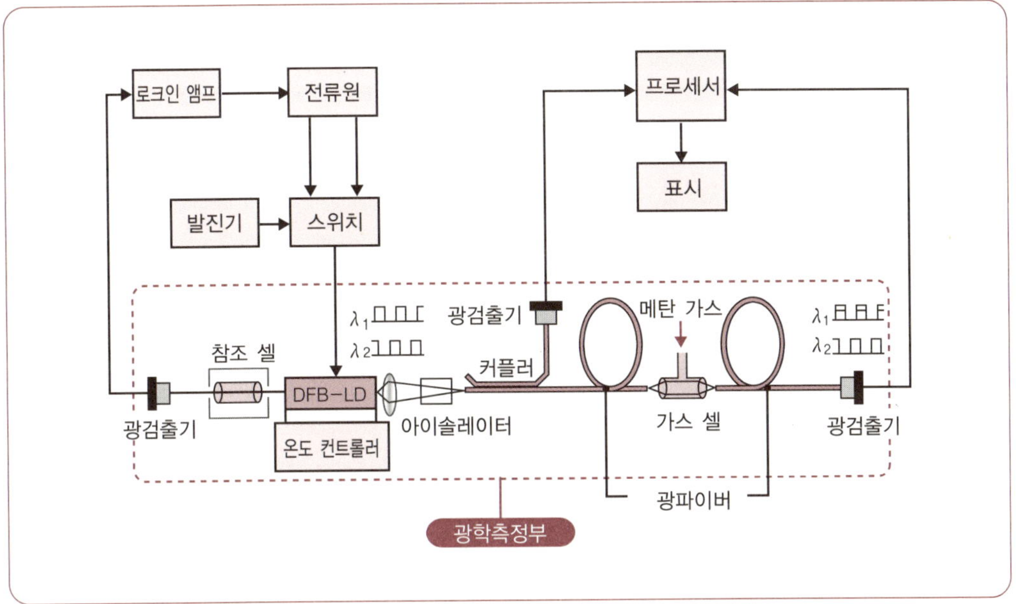

로크인 앰프
전류원
프로세서
발진기
스위치
표시
참조 셀
광검출기
DFB-LD
온도 컨트롤러
아이솔레이터
커플러
광검출기
메탄 가스
가스 셀
광검출기
λ₁
λ₂
λ₁
λ₂
광파이버
광학측정부

08 전해질계 습도 센서

습도의 계측에는 전기적인 것, 기계적인 것, 모발이나 나일론 세선(細線)의 신축을 이용하는 것 등 다양한 방식이 고안되어 왔다. 이 중에서 최근의 공조설비 등에 이용되는 실용적인 습도 센서는 거의 대부분이 전기적으로 습도를 검지하는 것이다.

전기적인 습도 센서는 센서 재료의 저항, 혹은 정전용량이 습도에 따라 변하는 성질을 이용한 것이다. 이것은 주로 수분의 흡착에 의한 것으로 수분을 흡착하기 쉬운 센서 재료로서 ① 전해질계, ② 고분자계, ③ 세라믹계 등 3종류가 있다. 또한 좀 특수한 예로서 열전도의 변화나 기화열의 양을 서미스터 등으로 검출하는 것도 있다.

전해질계 센서로는 염화리튬 습도 센서가 유명한데, 1930년대부터 감습소자로 사용되기 시작한 것으로 알려져 있다. 현재 실용화되어 있는 것은 다량의 수분을 흡수해도 유출되지 않도록 섬유편에 염화리튬 용액을 적신 후 건조시켜 전극 사이에 끼운 구조를 하고 있다. 염화리튬의 농도가 일정할 경우, 전극 간 저항값은 상대습도에 의해 그림 5-11과 같은 변화를 나타낸다. 온도가 변하면 특성 그래프는 평행 이동한다. 따라서 습도를 계측할 때는 온도측정도 필요하게 된다. 실용적인 습도측정의 정밀도를 수 [%]라 생각하면 그래프로부터도 알 수 있듯이 센싱 특성의 직선성과 재현성이 매우 양호하다. 이런 종류의 센서는 센서고유의 온도, 습도, 저항값의 관계를 조사하여 전기적으로 간단하게 습도를 검출하는 것이다.

전해질염을 재료로 하는 습도 센서는 고습도에서 흡습성염의 농도가 서서히 연해지면서 수명이 짧아지는 것이 결점이다. 이것은 조해성(潮解性)의 감습재료들로서는 공통적으로 피하기 힘든 문제이다. 때문에 양산에 적합한 습도 센서로서 귀중하게 사용되어 왔으나, 최근에는 다음 절에서 설명하는 고분자막이나 세라믹 등의 신재료 습도 센서로 바뀌고 있는 중이다.

▼ 그림 5-11 전해질 습도 센서의 특성

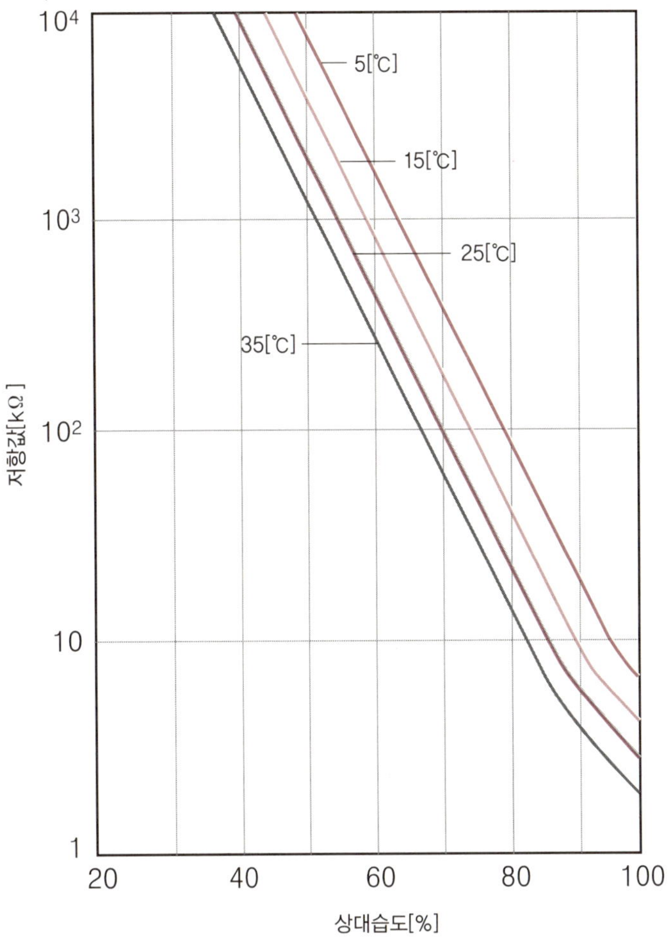

09 고분자계 습도 센서

다습환경에서 조해성 열화를 일으키는 전해질염 센서를 대신하여 최근에는 유기고분자 재료의 습도 센서가 사용되기 시작하고 있다. 고분자 재료는 필름 모양으로 형성하거나 용제로 전극에 직접 도포하는 것도 간단하여 대량생산에 적합한 감습재료이다. 고분자계의 습도 센서는 습도로 고분자의 이온전도성을 변화시켜 저항값의 변화를 측정하는 타입과 전극 사이에 끼운 고분자막의 유전율 변화를 검출하는 용량 타입이 있다. 저항타입의 감습재료에는 암모니움염 폴리머나 폴리스틸렌 설폰산염이 사용되며 용량 타입에는 셀룰로오스계가 자주 사용된다.

그림 5-12는 대표적인 저항 타입의 감습특성을 나타내고 있다. 상대습도 30% 정도부터 습도변화량의 지수값에 대하여 저항값이 거의 직선으로 변화한다. 또한 습도 사이클에 대한 저항변화의 히스테리시스도 작고 다습환경에 놓여도 현저한 특성변화는 보이지 않기 때문에 재현성이 양호한 센싱을 기대할 수 있다.

다음으로 용량 타입은 그림 5-13에 나타낸 것과 같이 넓은 측정범위를 지닌다. 감습범위는 상대습도 0~100[%] 가까이 미치며 습도변화에 비례하여 직선적인 특성을 나타내는 것도 커다란 특징이다. 또한 용량 타입의 습도 센서는 구조적으로 전자부품의 가변용량 콘덴서와 동일하므로 발진회로에 장착하여 발진주파수를 변화시키는 것도 용이하다. 때문에 주파수로 습도를 검출하는 디지털적인 집적화 센서로서도 높은 이용가치를 지닌다. 특히 셀룰로오스계의 감습재를 사용하면 높은 임피던스 입력의 FET 게이트에 폴리비닐 박막을 직접 형성하는 것이 가능하며 간단히 집적화 습도 센서를 실현할 수 있다. 그림 5-14는 기본적인 FET 집적형 습도 센서의 소자단면도를 나타내고 있다.

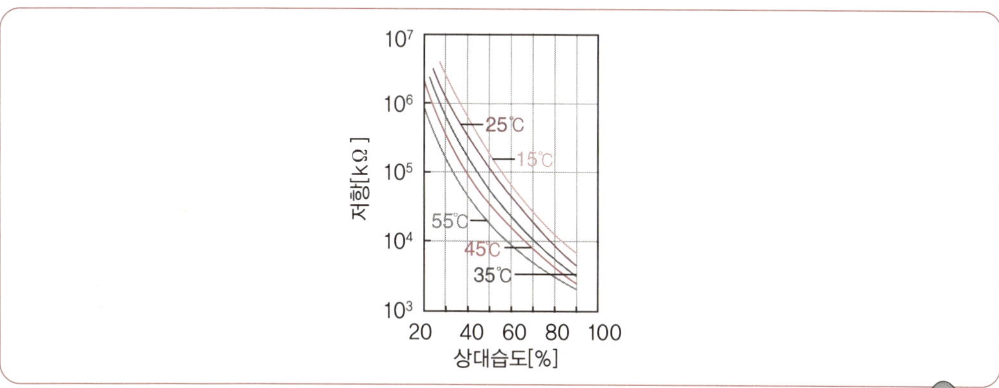
10⁷
10⁶
10⁵
10⁴
10³
저항[kΩ]
25℃
15℃
55℃
45℃
35℃
20 40 60 80 100
상대습도[%]

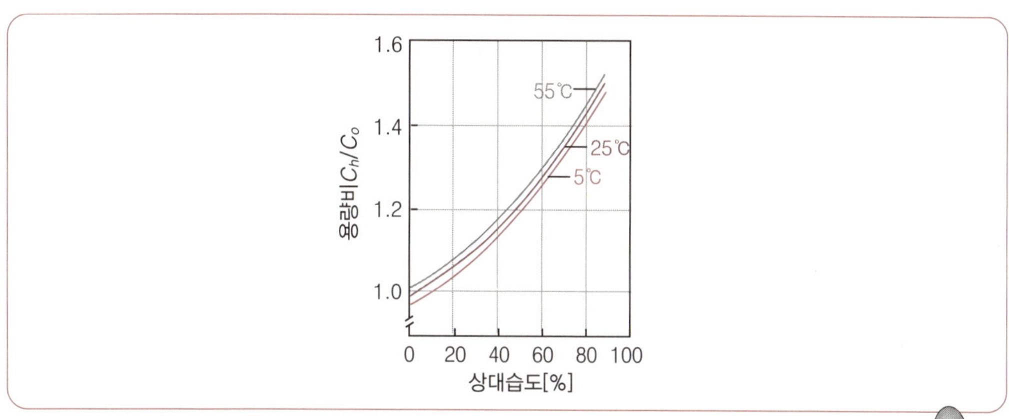
1.6
1.4
1.2
1.0
용량비 C_h/C_o
55℃
25℃
5℃
0 20 40 60 80 100
상대습도[%]

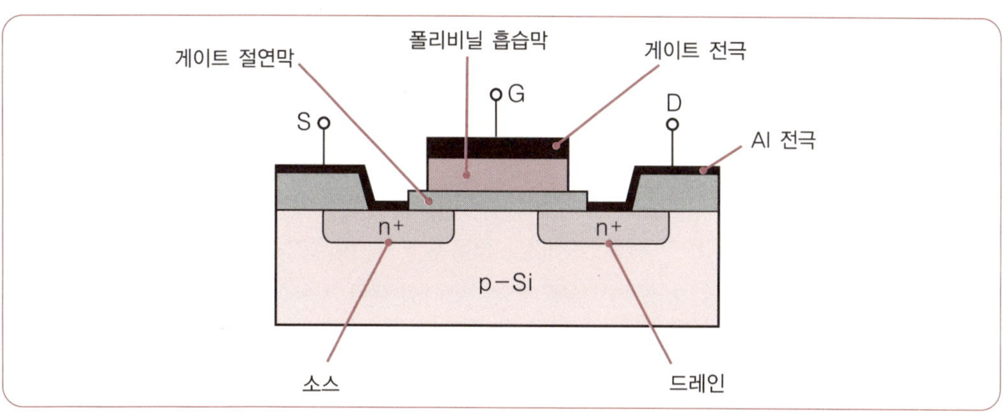
게이트 절연막
폴리비닐 흡습막
게이트 전극
G
S
D
Al 전극
n+
n+
p-Si
소스
드레인

10 세라믹스계 습도 센서

1960년대 이후부터 항공우주기재나 대규모 집적회로의 패키징 재료로서 세라믹의 급속한 연구개발이 전개되었다. 이와 함께 다공질 구조로 인한 흡습성에 착안한 세라믹스계 습도 센서의 개발도 급속히 진행되었다. 고온고압에서 만들어지는 세라믹스는 기계적으로 튼튼하며 화학적으로도 매우 안정되어 있어 센서엔 안성맞춤인 재료이다.

대표적인 세라믹스 재료는 크롬산마그네슘($MgCr_2O_4$)계, ZnO계, 산화티탄(TiO_2)계의 3종류로, 주로 이온 흡착에 의한 저항 혹은 정전용량의 변화를 야기한다. 소자구조는 반도체 가공기술을 이용한 미세구조가 주류이다.

그림 5-15는 실용화된 습도 센서의 기본적인 구조이다. 세라믹스 센서는 세라믹스의 내(耐)고열 특성을 이용한 가열 클리닝이 가능하다. 이것은 센서 표면이 수분이나 대기 중의 불순물을 흡착하여 감도가 저하되더라도 히터로 정기적으로 소각·제거하여 특성을 다시 새롭게 할 수 있는 극히 효과적인 방법이다. 이 센서에 사용되는 $MgCr_2O_4$-TiO_2계 세라믹스는 구멍의 지름이 $0.1{\sim}0.3[\mu m]$인 다공질구조를 하고 있다. 감습특성은 그림 5-16에 나타낸 것과 같이 상대습도 $10{\sim}90[\%]$에 이르며 100배 정도의 저항변화를 얻을 수 있다.

다음으로 ZnO계 습도 센서는 세라믹스 표면을 가공하여 활성화시킨 센서로 전기저항의 변화로 습도를 검지한다. 용량 타입에 비해 감습부를 소형화할 수 있기 때문에 미소 소비전력($<0.5[mW]$)과 고속응답성에 뛰어난 센서이다. 그림 5-17은 감습부의 크롬산 지르코니아($ZrCr_2O_4$) 입자 표면을 $LiZnVO_4$의 유리질로 가공한 센서로, $LiZnVO_4$로의 수분흡착에 의해 전기저항을 변화시킨다. 응답시간은 습도 센서로서는 짧으며 시상수(時常數)로 $1[ms]$ 이하이다.

마찬가지로 레이저 가공이나 선택성 에칭 등의 반도체 미세가공에 적합한 센서로 그림 5-18에 나타낸 TiO_2계 습도 센서가 있다. 감습부의 외형치수가 $0.5{\times}2.0{\times}1.5[mm]$로 아주 작으며 응답시간은 2초 정도로 빠르다. 저항값의 변화도 수십 $[k]{\sim}$수 $[M\Omega]$으로 상대습도 $20{\sim}95[\%]$의 변화에 대해 수백 배의 저항변화를 얻을 수 있다.

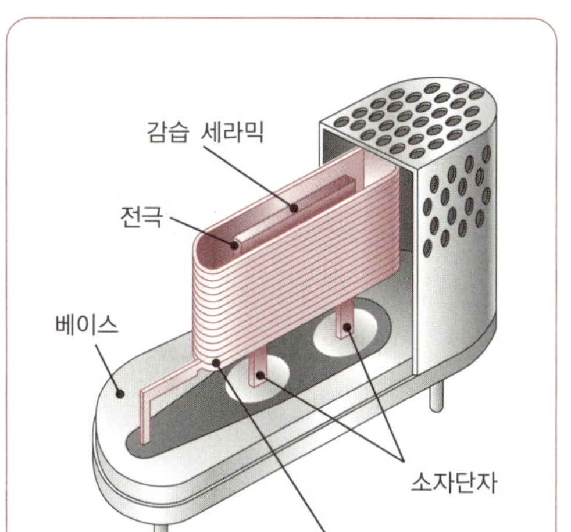

▼ 그림 5-15 $MgCr_2O_4$계 습도 센서의 구조

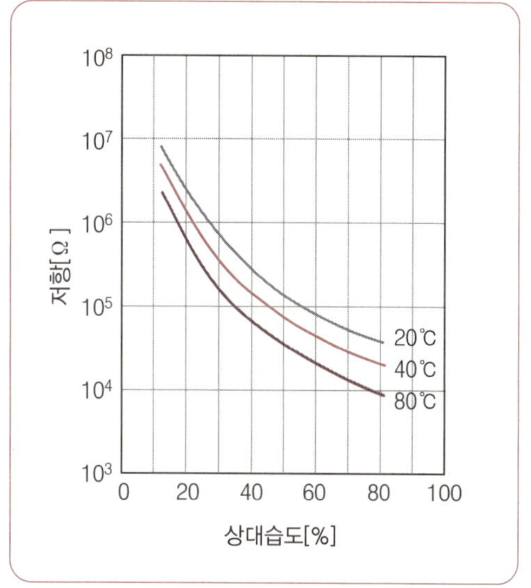

▼ 그림 5-16 $MgCr_2O_4$계 습도 센서의 감습특성

▼ 그림 5-17 ZnO계 습도 센서의 구조

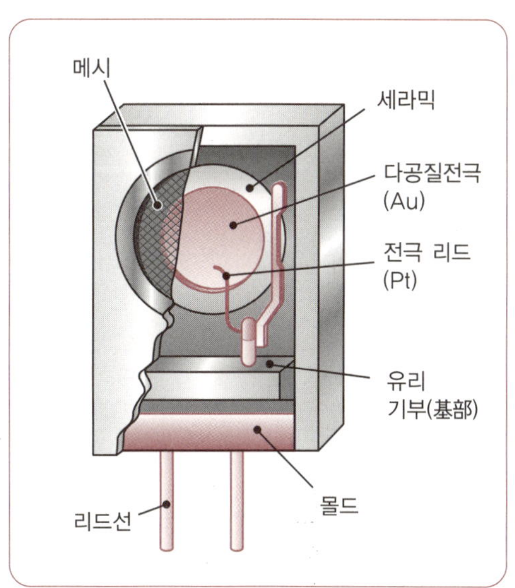

▼ 그림 5-17 ZnO계 습도 센서의 구조

▼ 그림 5-18 TiO₂계 습도 센서의 구조

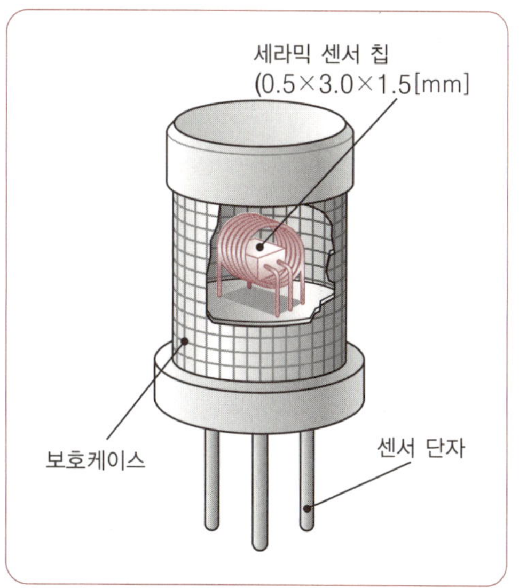

▼ 그림 5-18 TiO_2계 습도 센서의 구조

11 인텔리전트 습도 센서

많은 센서에 공통적인 문제로는 센서 자신의 특성적 기능저하나 고장을 어떻게 하면 재빨리 검출할 수 있을까 하는 것이다. 때문에 복수의 센서 출력에서 신뢰성을 둘 수 있는 출력만을 자동추출하는 판단기능이나 메모리된 초기특성을 기준으로 자기진단을 하는 기능을 가진 센서가 연구되고 있다. 습도 센서에서는 신뢰성을 높이기 위해 복수의 감습소자로부터의 신호를 디지털 신호처리하는 고기능의 인텔리전트 습도 센서가 개발되고 있다.

감습소자는 알루미나나 사파이어의 기판 위에 두께 수 $[\mu m]$의 산화알루미늄(Al_2O_3) 박막을 형성하며, 이것을 투수성이 높은 두께 수백 $[A]$의 금(Au) 전극으로 둘러싼 용량변화형이다. Al_2O_3박막은 FET의 작성 프로세스를 그대로 이용하여 MIS(Metal-Insulator-Semiconductor)형 FET 전극 상에 형성할 수 있는 집적화 습도 센서에 적합한 감습재의 하나이다.

다공질의 Al_2O_3막을 감습 센서에 사용하기 때문에 우선 반도체소자 기판의 표면을 열산화하여 절연성이 높은 산화실리콘(SiO_2)으로 표면에 막을 만든다. 나아가 그 위에 Au전극을 증착하면 구조적으로는 게이트 절연막이 SiO_2와 Al_2O_3의 2층으로 구성되는 MIS 다이오드가 된다. 그림 5-19는 이와 같이 하여 작성한 다이오드형인 아주 작은 감습소자 구조를 나타내고 있다. 이 소자의 감습특성은 상대습도가 습도 0~30[%]로 매우 양호한 직선성향을 나타낸다. 더구나 미세구조 때문에 수분흡착이 빠르며, 그림 5-20에서 볼 수 있는 것처럼 시작 시간이 약 2초, 끝내기 약 4초라는 빠른 응답속도가 얻어진다.

그림 5-21은 5개의 다이오드형 감습소자로 구성된 센서부를 3개 조합시킨 인텔리전트 집적화 습도 센서의 일례이다. 로직 회로를 인텔리전트화함으로써 3개의 감습 센서부의 평균출력값을 디지털로 실시간 얻을 수 있다. 또한 감습소자의 하나가 잘못 작동되거나 성능저하를 일으키더라도 이것을 떼어내고 측정정밀도를 유지할 수 있는 기능화가 진행되고 있다. 앞으로 실용적 센서의 선구자가 될 고기능 센서의 하나이다.

▼ 그림 5-19 다이오드 타입 감습소자의 단면도

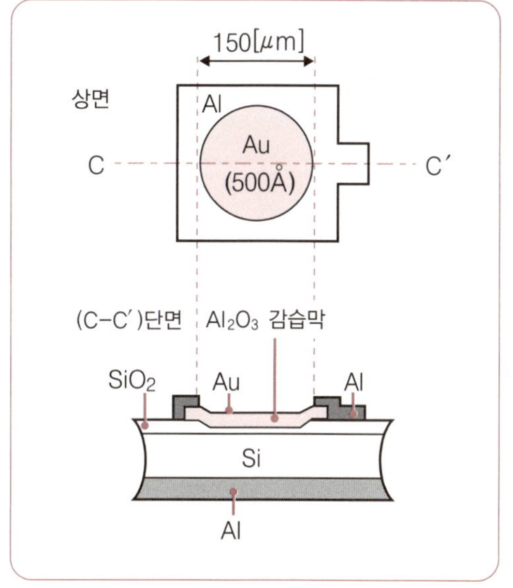
150[μm]
상면
Al
Au
(500Å)
C
C´
(C–C´)단면   Al$_2$O$_3$ 감습막
SiO$_2$ Au   Al
Si
Al

▼ 그림 5-20 다이오드 타입 감습소자의 응답특성

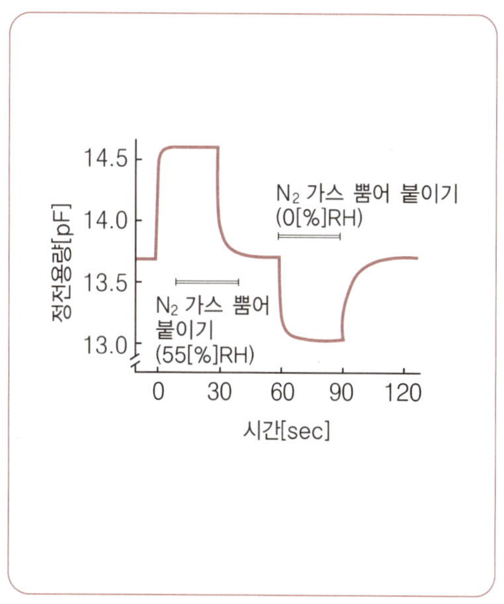
정전용량[pF]
14.5
14.0
13.5
13.0
N$_2$ 가스 뿜어 붙이기
(0[%]RH)
N$_2$ 가스 뿜어
붙이기
(55[%]RH)
0   30   60   90   120
시간[sec]

▼ 그림 5-21 고기능 집적화 습도 센서의 외관

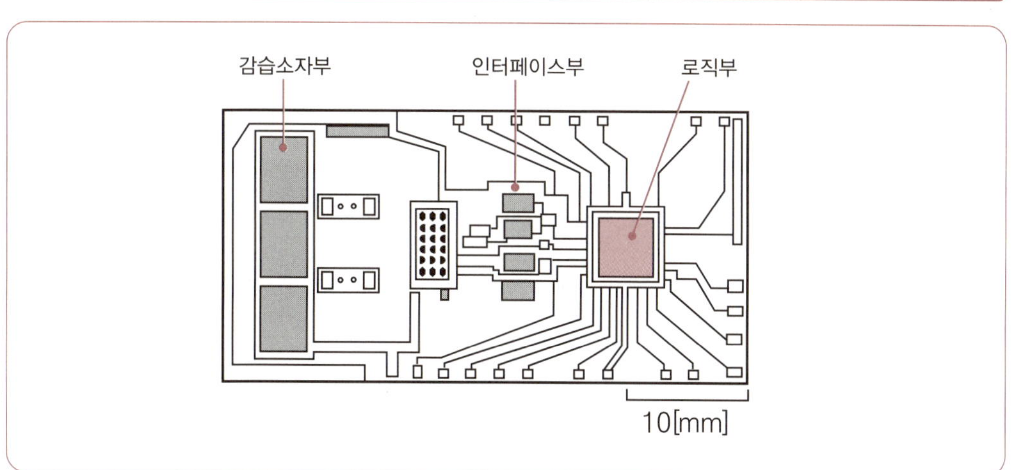
감습소자부   인터페이스부   로직부
10[mm]

12 이온 센서

이온 센서는 특정 이온에 응답하는 전극(이온 선택성 전극 : ISE)을 사용한 것으로 전위를 측정하는 포텐쇼메트릭형이 많은 듯 하다. 수용막으로서는 3가지의 타입이 있으며, 하나는 특수유리를 이용한 유리막으로 측정 이온으로 수소 이온(pH)이 가장 일반적일 것이다. 이외에 Na^+, Li^+, K^+ 등의 알칼리 금속이온용도 있다. 두 번째는 금속염의 단결정과 분말을 사용한 고체막으로 예를 들어 불화란탄의 단결정막에서는 F^-를 측정할 수 있다. 할로겐화물을 사용하면 Cl^-, Br^-, I^-를 측정할 수 있다. 세 번째는 이온교환체나 뉴트럴 캐리어를 폴리염화비닐 등의 고분자에 고정화, 함침(含浸)한 것이다. 사용하는 교환기(交換基)나 뉴트럴 캐리어의 종류에 의해 Cl^-, NO_3^-, 2가 양이온, K^+ 등을 측정할 수 있다.

이온교환체란 특정이온과 결합 혹은 이온을 운반하는 물질을 말한다. 참고로 이온교환막이란 특정 이온을 제외하고 통과시키지 않은 막으로 이것은 막을 형성하는 재료와 이온과의 친화성에 기인한다. 양이온 교환막의 경우, 막 재료에 (−)하전(설폰산, 카르본산)을 지닌 고분자를 사용함으로써 양이온만을 통과시키는 막이 된다. 탈염의 원리는 양이온 교환막과 음이온 교환막, 2가지를 사용하여 전압을 걸음으로써 양이온과 음이온을 제거하는 것이다.

그런데 이온 센서의 전위변화는 일반적으로 다음 식으로 주어진다.

$$V = a \log(c + kc_j)$$

여기서, a는 패러데이 상수, 기체상수, 절대온도로 구성되는 계수로 실온(24[℃])에서는 58.9[mV]가 된다. c는 측정하는 이온의 농도(정확하게는 활량), c_j는 방해 이온의 농도로 선택계수 k의 값이 클 경우 방해 이온이 측정용액 속에 포함되어 있으면 이온농도 c가 정확하게는 측정되지 않는다. 선택계수 k의 값은 작을수록 좋다. 유리전극형 pH 센서에서는 Na^+에 대한 선택계수가 10^{-15}으로 작으며 매우 정밀도가 높은 H^+를 측정할 수 있음을 알 수 있다.

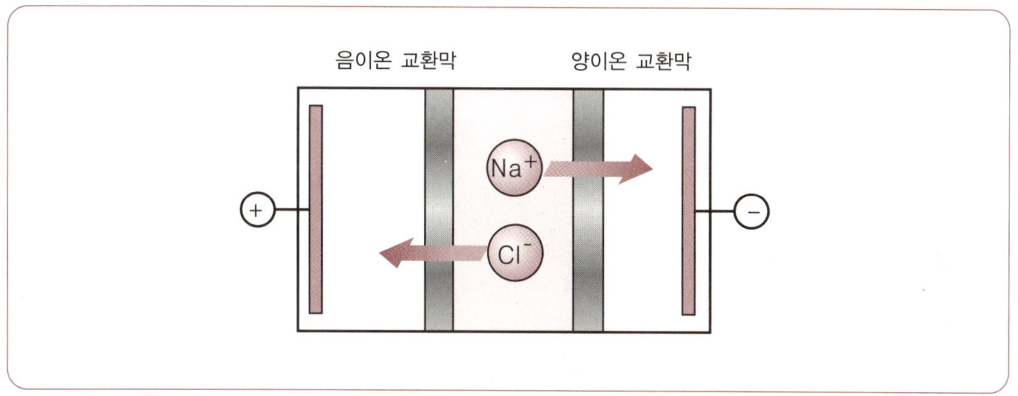

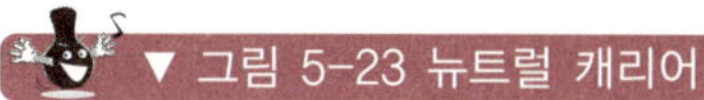

　뉴트럴 캐리어로서는 K^+에 극히 높은 선택성을 나타내는 천연 밸리노마이신이 잘 알려져 있다. 밸리노마이신은 대환상(大環狀)구조를 가지며 K^+를 중심으로 둘러싸는 형태로 유기용매에 녹아 있다. 최근 이와 같은 이온 수송체(이오노포어)의 합성이 가능해져 대환상 폴리에테르 유도체(크라운 에테르)는 뉴트럴 캐리어로서 최적이다. Na^+, Li^+, K^+용 크라운 에테르가 합성되어 있다.

 13 분자인식 센서(사이클로덱스트린)

분자인식 센서란 말 그대로 분자를 인식·정량화하는 센서를 말한다. 생체막에는 이온 채널이란 단백질이 지질 2분자 막 속에 매입되어 있으며, Na^+나 K^+ 등의 특정 이온을 통과시켜 전류가 흐름으로써 신경흥분 등의 정보전달 역할을 수행한다.

그래서 특정물질로 결합하고 그 결과 전극계면을 흐르는 전류가 변하여 물질을 계측하는 센서가 제안되었다. 이것이 뉴트럴 캐리어를 사용한 이온 센서의 일종이라 할 수 있는데, 여기에서는 사이클로덱스트린을 사용한 센서에 대하여 설명한다.

사이클로덱스트린(CD)은 미생물이 전분을 분해하여 생기는 물질로 글루코오스가 도넛형으로 6개 이상 연결된 것이다. CD는 식품이나 의약품 분야에서 널리 사용되고 있다. 고추냉이 등의 향료가 사용되고 있는 식품에는 CD가 들어 있다. 그 이유는 CD가 향 성분을 속에 취입하여 도망가지 못하게 하는 작용으로 향기가 언제까지나 보전되기 때문이다. 환상 올리고당이라고도 하는데, 의약품에서는 물에 잘 녹지 않는(소수성) 물질이나 불안정하고 분해하기 쉬운 물질을 CD 속에 취입시키고 있다. 의약품의 쓴맛이 감소되는 것도 알려져 있다. 이것은 CD가 표면은 친수성인 데 비해 내부는 소수성이기 때문이다. 이와 같이 CD는 내부에 화학물질을 포함할 수 있으므로 어느 시간에 생체 내의 소정 부위에 약물을 전송하는 약물송달 시스템(DDS)로서도 기대되고 있다. 또한 매우 가는 관(나노튜브)을 형성하는 일도 가능하다.

그런데 CD를 분자인식 센서에 사용하는 경우, 랭뮤어−블로젯(LB)막이나 자기 조직적으로 금전극상에 형성되는 막 등의 2차원 세밀 충전에 가까운 단분자막을 만듦으로써 전류를 제어한다. CD 내 구멍에 목적하는 물질이 파고 들어가면 전극에 흐르는 전류가 감소한다는 구조이다. 또한 글루타민산을 수용하는 단백질이 뇌 속에 많이 존재하는데 이것을 지질(脂質) 2분자 막에 매입함으로써 검출감도 30[nM]이라는 고감도 글루타민산 센서가 개발되었다.

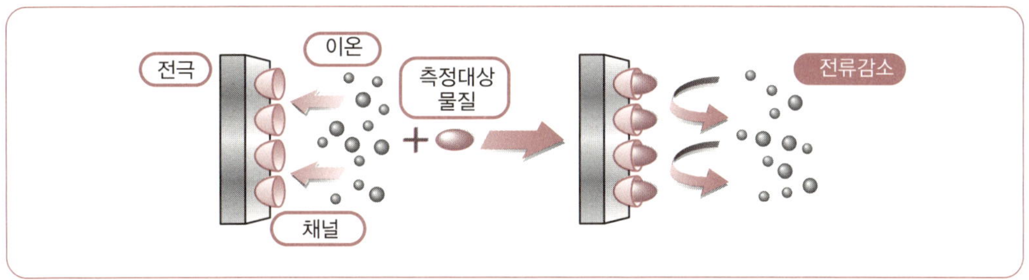

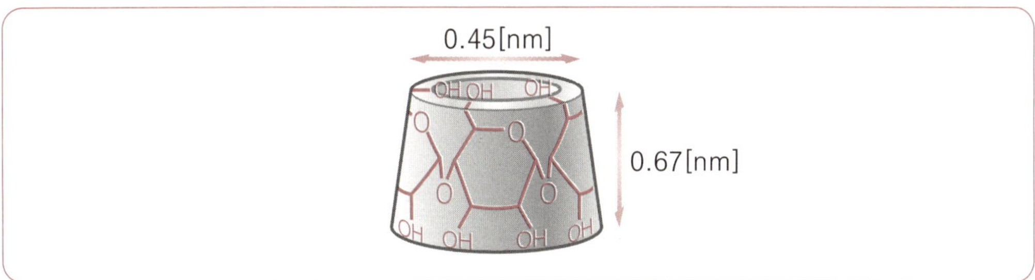

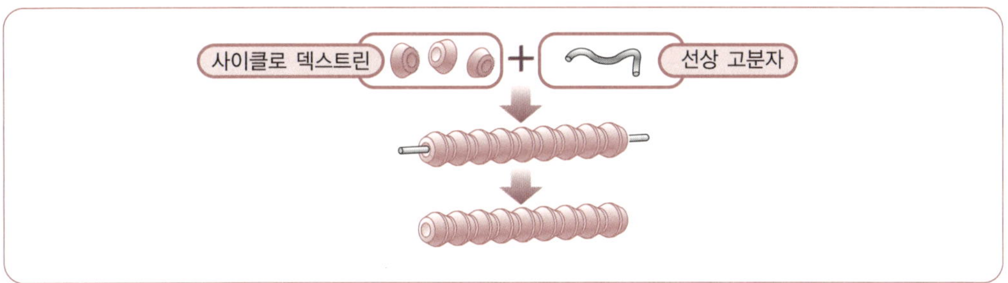

이와 같이 분자인식 센서는 특정물질과 어피니티를 지닌 물질(채널)을 이용한 것으로 향후 다양한 채널 분자를 합성함으로써 더욱더 용도가 확대될 것이다.

14 μ TAS

화학분석 시스템 전체를 소형·집적화하는 연구가 진행되고 있으며 마이크로 화학분석 시스템(μ TAS ; Micro Total Analysis System)이라 불리고 있다. 1979년의 가스 크로마토그래피 발표를 시작으로 1990년의 액체 크로마토그래피, 1996년의 DNA 분석 시스템으로 현저한 발전을 이루고 있다. 또한 크로마토그래피란 가스 혹은 액체의 샘플을 적당한 캐리어 가스 혹은 액체와 함께 흘려 샘플에 포함되는 각 성분의 각종 고체 혹은 액체의 고정상으로의 흡착성이나 분배계수의 차이를 이용하여 성분을 분리하는 방법을 말한다. 유출구에는 각종 검출기를 설치함으로써 샘플에 포함되는 성분을 파악할 수 있다.

5[mm] 각형의 실리콘 칩에 에칭 기술로 폭 6[μm], 길이 5[cm]의 유로가 형성되어 있고, 그 위의 6[mm] 각형 유리 기판에는 백금박막으로 된 전기전도도 검출기가 유로의 출구에 배치되어 있는 칼럼과 검출기가 집적화된 액체 크로마토그래피가 개발되었다. 칩의 중심에는 관통구멍이 형성되어 샘플액의 도입구로 되어 있다.

또한 마찬가지로 마이크로머신 기술을 이용하여 글루타민산 센서가 만들어졌다. 이 센서에 의해 배양신경세포로부터 방출된 글루타민산이 측정되어 자극에 대응하여 일과적(一過的)으로 방출되는 글루타민산을 10[nM]라는 낮은 검출한계에서 측정하는 데 성공하였다.

μ TAS는 아주 적은 샘플량으로 가능할 뿐 아니라 응답감도도 향상된다는 사실이 알려져 있으며, 향후 생체매입형 센서나 마이크로화 바이오센서의 주류로서 활약할 것이다.

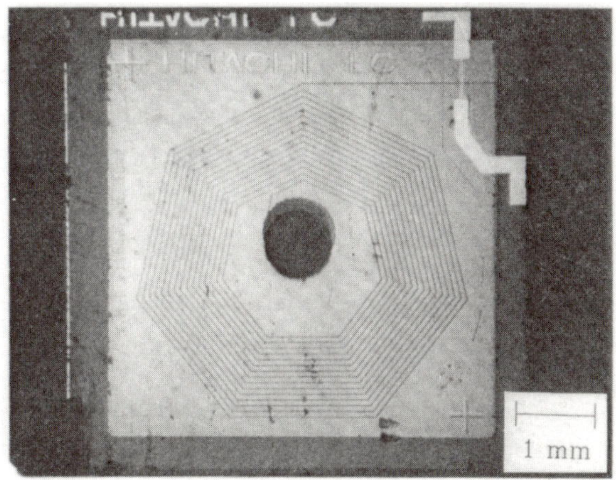

*A. Manz 등 공저, *Sensors and Actuators*, B1(1990) p.249에서.

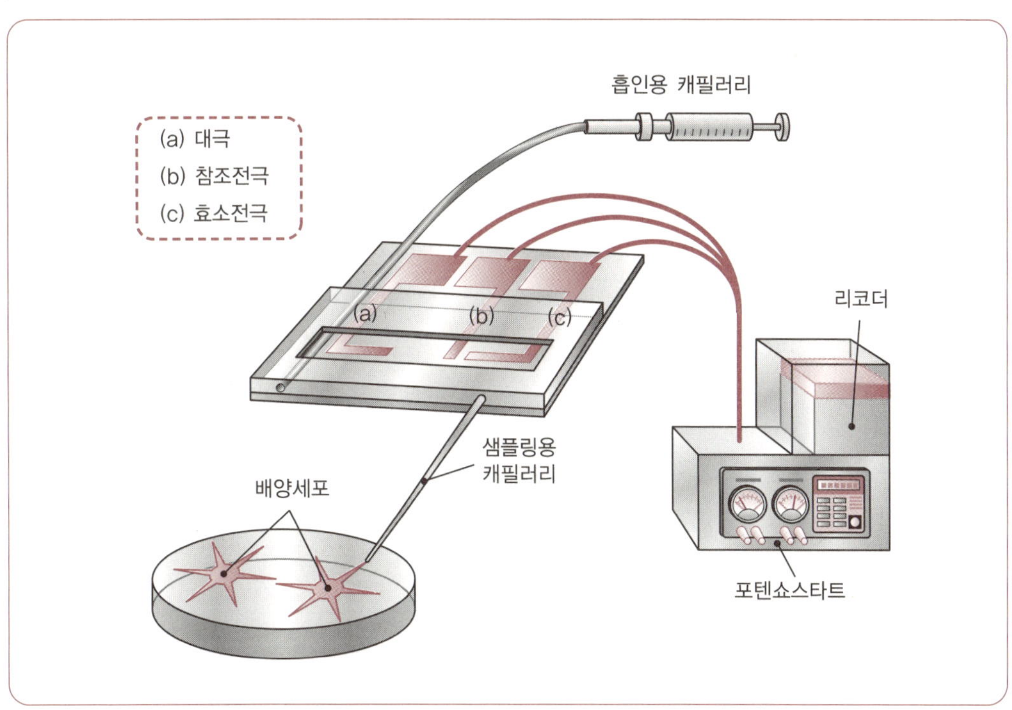

쉬어
가기

제6장 바이오센서

01 바이오일렉트로닉스

바이오일렉트로닉스(bioelectronics)라는 말은 생물학(biology)과 전자공학(electronics)을 합하여 생성된 말이다. 이 말의 유래에서 유추할 수 있듯이 생체의 좋은 곳을 학습하여 일렉트로닉스(전자공학)에 도입하고자 하는 학문을 말한다. 분자수준의 소자개발을 목표로 하는 부분을 분자 일렉트로닉스, 유기재료를 사용하면 유기 일렉트로닉스라고도 말한다. 다양한 학문, 생화학, 분자생물학, 생물물리학, 생리학, 의학, 화학 등이 전자공학이나 기계공학과 융합하여 생긴 학문이며 앞으로 발전이 크게 기대되는 학문영역의 하나이다.

그런데 생체의 좋은 곳, 뛰어난 곳이란 무엇일까? 그것은 우선 1분자로 기능을 가질 수 있다는 점이다. 로돕신이라는 시물질(視物質)은 1개의 광자를 받아들이면 형태가 변하여 전자이동을 하며 시각정보수용의 제1단계가 된다. 정보처리라는 관점에서는 우리들의 인식능, 창조성, 사고성 등은 컴퓨터가 아직 미치지 못하는 부분이다. 또한 자신을 만들어내는 능력, 즉 자기조직화능, 자기수복능은 향후의 일렉트로닉스에 꼭 장착해야 할 기능이다. 그렇기 때문에 키워드는 생물, 자기조직화, 인텔리전스, 초소형화이다.

바이오일렉트로닉스가 취급하는 테마는 여러 줄기에 미치고 있다. 바이오센서 중에서도 혈당값을 측정하는 효소 센서는 이미 세계 많은 사람들에게 사용되고 있다. 마이크로머신도 그 플로토 타입이 만들어져 있다. 분자 액추에이터란 예를 들면 근육의 액틴-미오신계에서 볼 수 있는 것과 같은 분자 레벨에서 이동 등의 운동을 하는 소자를 말한다. 분자 스위치나 분자 메모리도 그 단어로부터 상상할 수 있듯이 분자의 크기(수 [nm])로 여러 종류의 연산을 할 수 있는 소자이다.

인공신경이나 뉴로디바이스의 응용은 의학과 관계가 있다. 생체와 마찬가지로 자극을 받으면 흥분하고 임펄스를 전파하는 소자이다.

바이오컴퓨터 등 너무나도 먼 꿈같은 이야기 같으나 장래에는 유기재료를 사용한 3차원 구조를 가진 자기조직화능을 지닌 컴퓨터가 실현될지도 모른다.

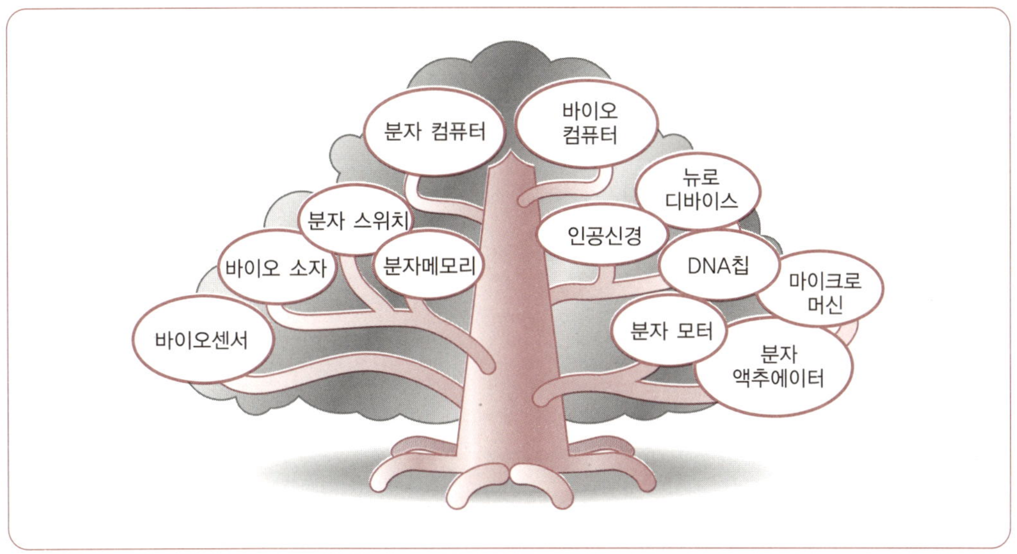

▼ 그림 6-2 분자 스위칭 회로

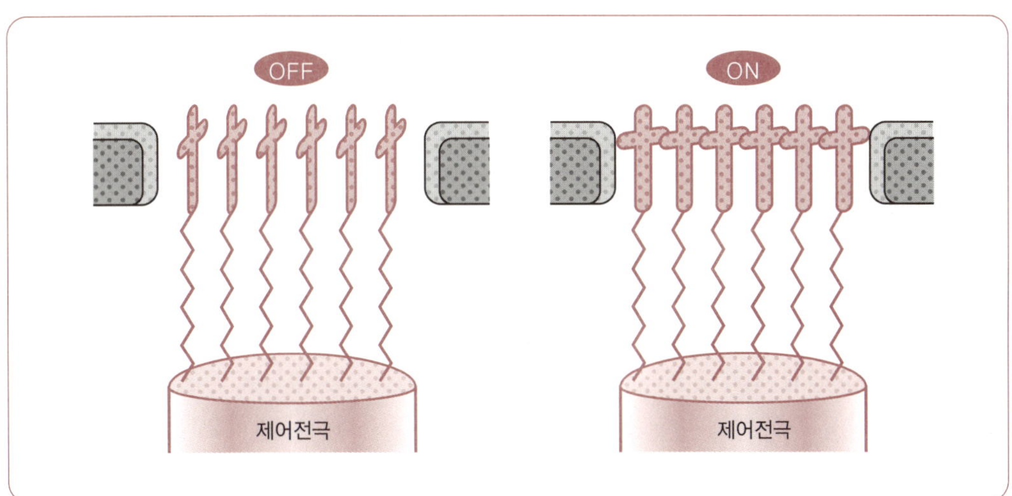

02 바이오센서

바이오센서란 생체관련물질을 사용하여 화학물질을 계측하는 센서로 효소나 미생물을 사용한 센서가 가장 일반적이다.

막을 사용하여 일단 측정해야 할 화학물질을 산소나 과산화수소 등의 측정하기 쉬운 화학물질이나 빛, 질량 변화, 굴절률 변화, 전압 등으로 변환한다. 이것을 전극이나 수정진동자 등을 사용하여 전기신호로 바꿈으로써 원래의 화학물질농도를 추산한다. 또한 최근에는 바이오센서를 더 광의로 해석하여 생체를 계측하는 센서도 그 범주에 포함시킨다. 또한 미각 센서나 후각 센서도 광의의 바이오센서라고 말할 수 있을 것이다.

트랜스듀서로서 전극을 사용한 경우, 전기신호로 변환하는 방법은 포텐쇼메트리(potentiometry)와 암페로메트리(amperometry)로 대별된다. 포텐쇼메트리는 막에서 생성된 이온의 농도를 이온 선택성 전극의 전위변화로 추출하는 방법이다. 전극으로서는 수소 이온에 응답하는 전극이나 이산화탄소 전극 등이 있다. 암페로메트리는 막에서 생성된 이온 등이 전극과 반응한 결과 흐르는 전류를 측정하는 방법으로 산소전극이나 과산화수소 전극 등이 사용된다.

표면 플라스몬 공명(Surface Plasmon Resonance ; SPR)을 이용함으로써 화학물질의 수용부로의 결합에 유래하는 굴절률 변화를 측정하여 전기신호로 변환하는 방법도 최근 활발하다. 상당한 고감도가 기대되는 측정방법의 하나이다.

바이오센서는 생체 내의 반응을 이용하고 있다. 그것은 많은 생체내 반응이 선택적·특이적이기 때문이다. 물리량 센서가 특정량을 선택적으로 검출하듯이 바이오센서도 특정 화학물질을 선택적으로 검출하는 것을 목적으로 하고 있다.

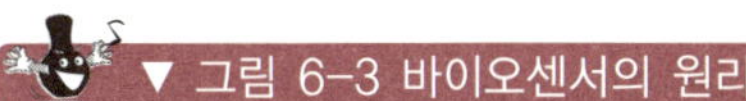

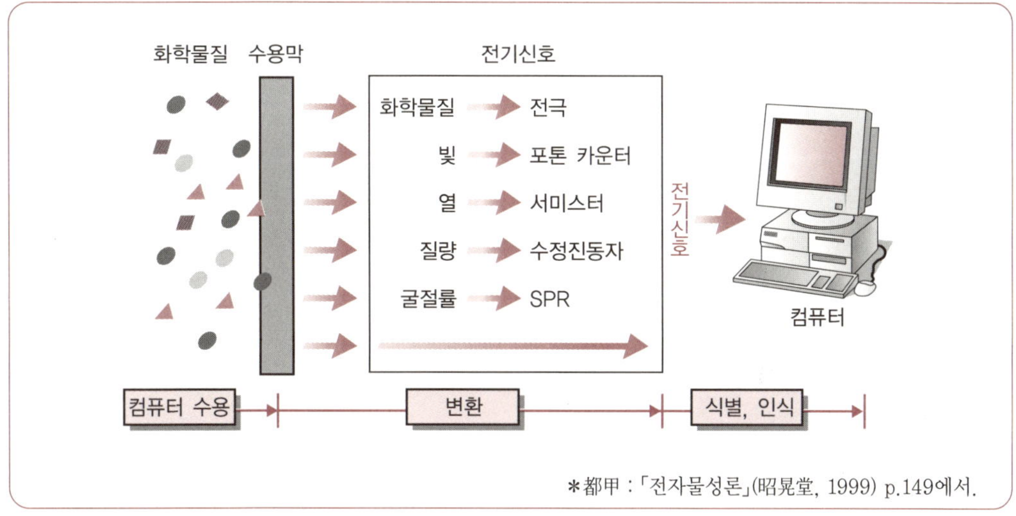

*都甲 :「전자물성론」(昭晃堂, 1999) p.149에서.

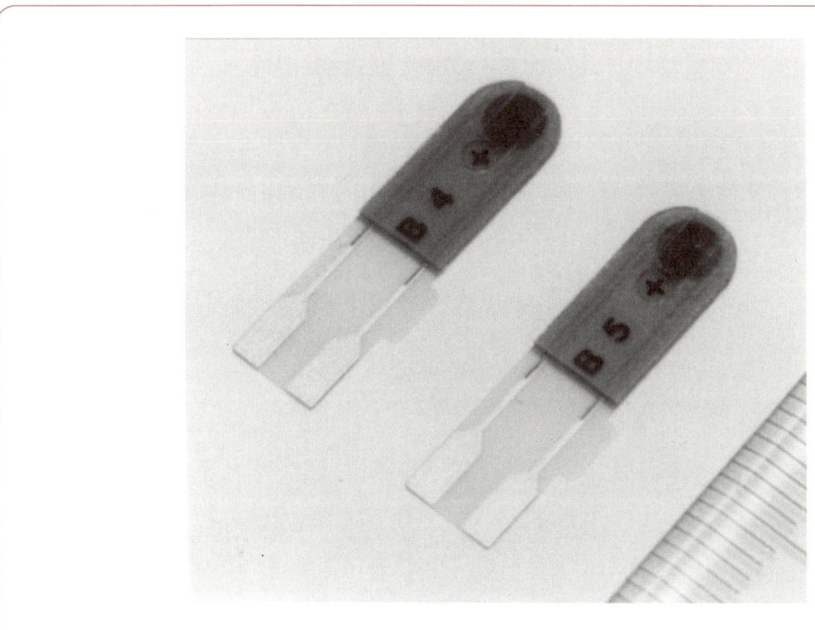

*사진제공 : 松下전기산업 (주), 南海 박사

03 효소 센서

생체에서는 효소를 촉매로 사용하여 부드럽게 반응이 진행된다. 효소는 단백질이며 특정 화학물질(기질)과 특이하게 결합한다. 이 효소를 사용하여 각종 화학물질을 선택적으로 측정할 목적으로 만들어진 것이 효소 센서이다. 예를 들어 글루코오스를 측정하는 센서에서는 다음 반응을 이용한다.

$$글루코오스 + O_2 \rightarrow 글루코노락톤 + H_2O_2$$

이 반응을 돕는 효소가 글루코오스옥시다아제(GOD)이다. 이 반응에서 감소하는 효소 또는 발생하는 과산화수소의 양을 그 용도의 전극으로 측정하는 것으로 글루코오스의 농도를 추산하는 셈이다. 막에서 발생한 H_2O_2가 백금 등의 전극표면에서

$$H_2O_2 \rightarrow 2H^+ + O_2 + 2e^-$$

의 반응을 일으키므로 전류를 측정함으로써 H_2O_2의 양을 알 수 있다. e^-는 전자이다.

요소(尿素)나 페니실린을 측정하는 데는 우레아제나 페니실리나제 등의 효소를 사용한다. 효소는 특정 화학물질만의 화학반응을 도우므로 다른 화학물질이 포함되어 있어도 정밀도 높게 선택적으로 목적하는 화학물질을 측정할 수 있게 된다.

효소를 막으로 고정화하는 방법으로는 공유결합(고분자나 유리에 효소를 공유결합)을 이용한 화학적 방법과 포괄법(콜라겐 등의 고분자에 효소를 감싸 안음)이나 흡착법(다공성 셀룰로오스 막에 효소를 흡착시킴)에 의한 물리적 방법이 있다.

글루코오스 센서는 당뇨병 환자의 혈당값 측정에 이용되고 있으며 세계에서 가장 실용화가 진행되고 있는 바이오센서이다. 일회용 글루코오스 센서도 시판되고 있다. 이 센서는 GOD에서 페로센이라는 메디에이터(매개물질)를 거쳐 전극으로 전자이동한다. 이 전자이동형 센서는 측정액의 용존산소에 의존하지 않고 글루코오스를 측정할 수 있다는 특징을 지니고 있다.

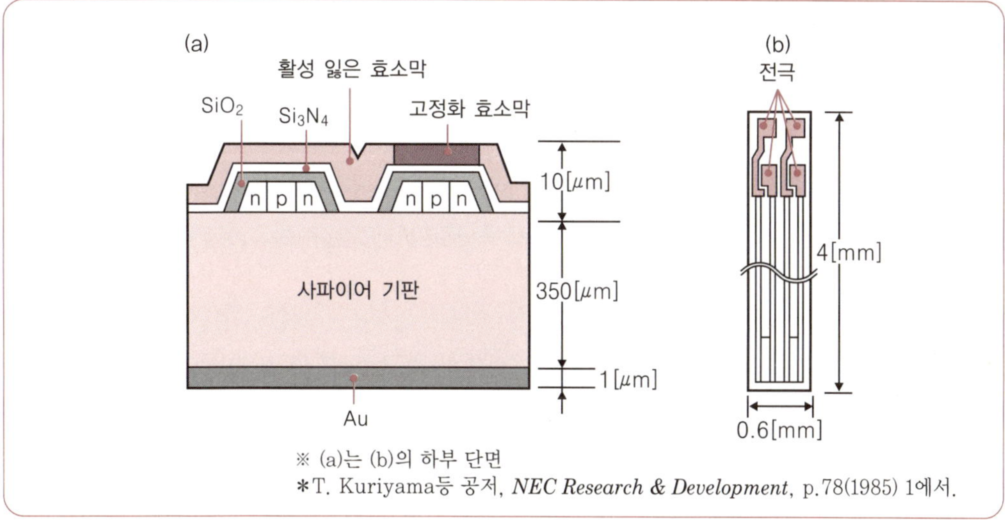

※ (a)는 (b)의 하부 단면
*T. Kuriyama등 공저, *NEC Research & Development*, p.78(1985) 1에서.

대상	효소	고정화법	전기화학 디바이스	안정성(일)	반응시간 (초)	측정범위 (mg/l)
글루코오스	글루코오스 옥시다아제	공유결합법	효소전극	100	10	1~500
L-글루타민산	글루타메이트 데히드로게나아제	흡착법	암모니아 전극	2	60	10~10,000
L-티로신	L-티로신디카르 복실라아제	흡착법	탄산가스 전극	20	60~120	10~10,000
요소	우레아제	포괄법	암모니아 전극	20	30~60	10~5,000
콜레스테롤	콜레스테롤 에스테라아제	공유결합법	백금전극	80	180	10~5,000
페니실린	페니실리나제	포괄법	pH전극	7~14	30~120	10~1,000

바이오센서의 집적화도 활발하여 ISFET(Ion Sensitive Field Effect Transistor)를 사용한 효소 센서도 개발되고 있다. 이것은 고정화 효소막에서 발생한 이온을 ISFET로 측정하는 것이다.

 04 미생물 센서

미생물 센서는 미생물이 지닌 호흡기능과 대사기능을 이용하여 화학물질을 선택적으로 계측하고자 하는 센서로, 발효와 같은 공업 프로세스나 환경계측에 사용되고 있다.

미생물 센서는 호흡 측정형과 전극활물질 측정형으로 나누어진다. 전자는 고정화 미생물의 호흡활성 변화를 전기화학 디바이스로 측정하는 것이고, 후자는 미생물이 생산하고 그것이 전극과 용이하게 반응하는 물질(H_2, CO_2, NH_3 등)을 측정하는 센서이다. 효소 센서에 비해 저렴하고 안정된 것이 많은 것으로 알려져 있다.

호기성 미생물은 산소를 호흡하여 에너지를 생산한다. 그때 소비되는 산소를 산소전극을 사용하여 측정하면 호흡활성을 알 수 있다. 산소는 테플론 막을 투과하여 백금전극상에서 환원된다. 피검액 속에 호흡활성에 영향을 끼치는 물질이 존재하면 산소농도계측에서 대상으로 하는 화학물질의 농도를 평가할 수 있는 것이다.

슈도모너스 프로레센스라는 미생물을 이용한 글루코오스 센서가 개발되고 있다. 이 균을 콜라겐막 속에 고정화하여 검액 속에 넣으면 글루코오스를 먹음으로써 호흡활성이 높아지므로 전극으로 확산하는 산소의 양이 감소한다. 이 호흡활성의 변화를 전극으로 측정하면 얻어진 전류값과 글루코오스 농도와의 사이에는 직선관계가 보이므로 용이하게 글루코오스 농도를 평가할 수 있는 것이다.

BOD(생물화학적 산소소비량)는 물속의 유기물 혼입량의 지표이며 수질오염도의 지표가 된다. 수중의 오염물이 호기성 미생물에 의해 분해될 때 산소를 소비하므로 산소를 측정하면 오염 정도를 알 수 있다. 이 방법은 일본공업규격(JIS K 0101)에 규정되어 있는데 조작이 번잡하고 측정에 5일이나 소요되기 때문에 간편하고 신속한 센서의 등장이 기대되어 왔다. 효모 *Trichosporon cutaneum*을 셀룰로오스막에 흡착 고정화하여 산소전극에 장착함으로써 센서가 만들어졌다. 얻어진 전류는 폐수의 BOD 값에 비례한다. 응답시간도 5~10분으로 종래의 방법에 비해 대폭 단축되었다. 맥주공장의 폐수처리효율화를 위해서도 초산(酢酸)이나 프로피온산에 응답하는 미생물 센서가 사용될 것이다.

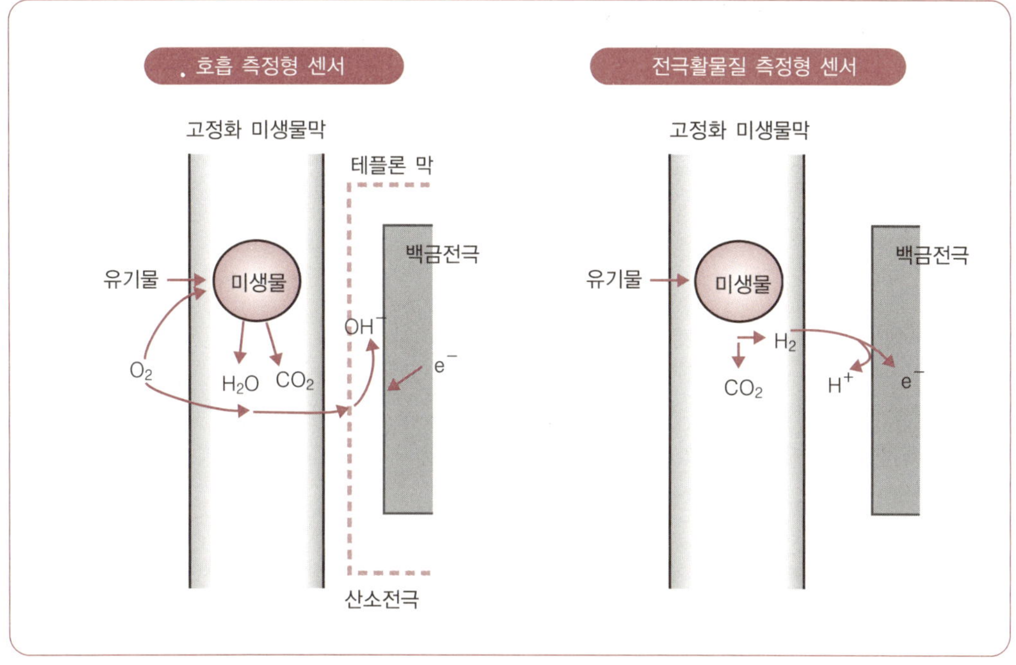

　오니(汚泥)로부터 분리한 질소화균(窒素化菌)을 사용하여 암모니아 센서가 실용화되었다. 이것은 질소화균이 산소를 취입하여 암모니아를 산화하는 반응을 이용한 것으로 산소 센서에 의해 산소량을 측정함으로써 암모니아 양을 평가할 수 있다. 종래의 암모니움 이온이나 암모니움 가스 전극에서는 휘발성 아민이나 각종 이온의 영향으로 암모니아로의 충분한 선택성이 얻어지지 않았다. 한편, 미생물을 사용한 암모니아 센서는 높은 선택성을 지니고 있기 때문에 이미 발효공장에서 사용되고 있다.

05 리액터형 바이오센서

바이오센서는 소형화를 추구하게 되면 효소나 미생물을 고정화한 막을 사용하는 타입이 된다. 또 다른 타입으로 리액터형(혹은 칼럼형) 바이오센서가 있다. 이것은 입자상(粒子狀)의 담체(擔體 ; 지지체)로 효소나 미생물을 고정화하고, 이것을 칼럼에 충전하며 검출기는 별도로 설치한다.

아미노세르노파인, 아미노프로필 다공성 유리, 다공성 알루미나 등에 효소를 화학적으로 고정화하여 얻어진 고정화 효소담체를 적당한 길이의 유리관이나 테플론관에 충전한다. 이 것을 고정화 효소 리액터라 한다.

센서로 사용하는 데에는 고정화 효소 리액터의 직후에 검출기를 배치하여 이것들에 캐리어 용액을 흘린다. 여기에 인젝터로 샘플을 주입하여 리액터로 생성한 반응 산물량 혹은 소비량을 검출기로 정량할 수 있다. 예를 들어 글루코오스옥시다아제(GOD)를 고정화한다든지 리액터라면 기질(基質)의 글루코오스가 리액터에 의해 산화될 때 소비된 용존산소량을 산소전극으로 모니터하여 글루코오스 농도를 산출한다. 보통 리액터형 센서에서는 이와 같은 플로인젝션 분석법(FIA)이 사용된다.

어육의 선도를 평가하는 선도 센서는 당초 산소전극에 효소막을 씌운 센서 시스템이었으나, 그 후의 개량으로 효소 칼럼과 산소전극을 조합시킨 직렬 2단의 플로 시스템이 되었다. 이 방식에 의해 효소가 비즈에 고정되었기 때문에 긴 수명이 되어 효소 칼럼과 산소전극이 분리되어 있기 때문에 보수가 용이하게 되었다. 실제로 장치를 사용하지 않을 때는 효소 칼럼을 떼어내어 냉장고 속에 보존할 수 있다.

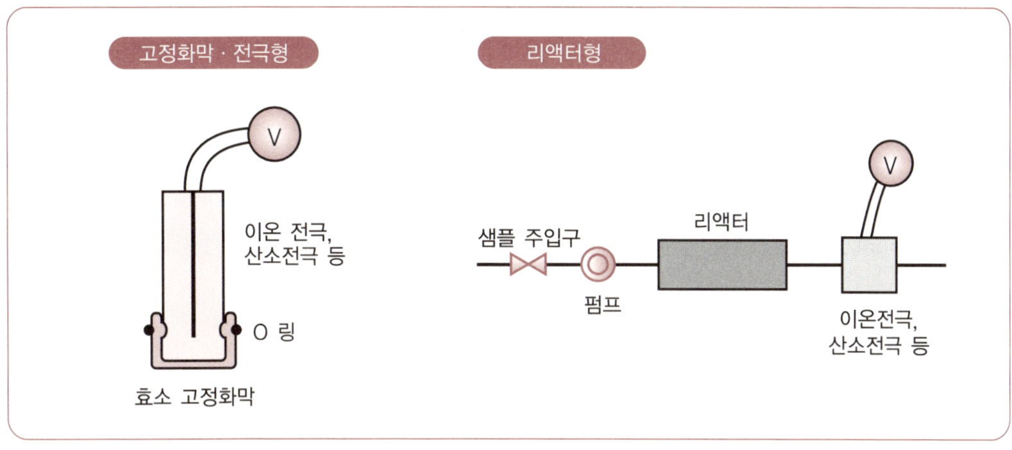

▼ 그림 6-8 리액터형 선도 센서

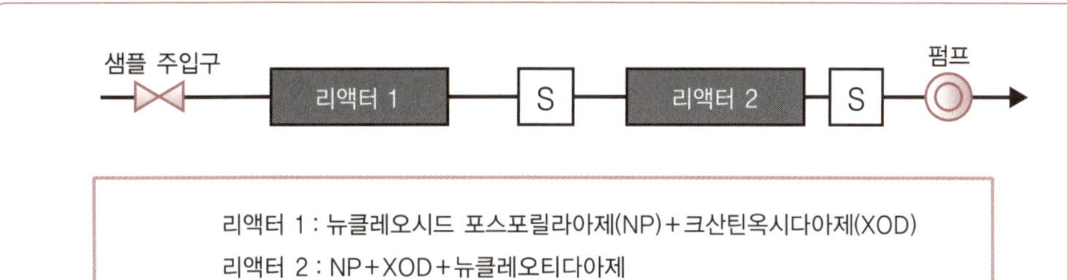

리액터 1 : 뉴클레오시드 포스포릴라아제(NP)＋크산틴옥시다아제(XOD)

리액터 2 : NP＋XOD＋뉴클레오티다아제

S : 산소전극

＊참고 : 大熊, 「식품공업」, 42(1999) 26.

06 선도(鮮度) 센서

생선의 선도를 측정하는 센서가 제안되었다. 물고기가 죽은 후 고에너지 화합물인 아데노신삼인산(ATP)은 아데노신이인산(ADP), 아데노신일인산(AMP), 이노신일인산(IMP), 이노신(HxR), 히포크산틴(Hx)의 순서로 분해된다. 1959년에 어육 속의 HxR이나 Hx 등의 양이 사람의 판단에 의한 선도저하와 높은 상관이 있음이 밝혀졌다. 그 후 더욱 연구가 진행되어 지금은 다음의 K값이라는 지표가 제안되기에 이르렀다.

$$K\,\text{값[\%]} = \frac{[\text{HxR}]+[\text{Hx}]}{[\text{ATP}]+[\text{ADP}]+[\text{AMP}]+[\text{IMP}]+[\text{HxR}]+[\text{Hx}]}\times 100$$

[ ]는 농도이다. 이 K값이 0~20[%] 범위라면 생선회 등에 제공할 수 있는 높은 선도의 생선, 20~40[%]에서는 가열에 의한 조리에 적합한 생선상태가 되므로 K값이 작을수록 신선한 어육인 셈이다.

또한 ATP에서 IMP까지의 분해는 빠르게 진행되어 조기에 없어져 버리므로 위의 식을 개량한 식도 제안되고 있다.

$$K\,\text{값[\%]} = \frac{[\text{HxR}]+[\text{Hx}]}{[\text{IMP}]+[\text{HxR}]+[\text{Hx}]}\times 100$$

그러므로 선도 센서 시스템은 크산틴옥시다아제와 뉴클레오시드 포스포릴라아제 고정화 막과 뉴클레오티다아제 고정화 막의 하이브리드 막과 산소전극으로 구성된다. 측정은 20분 정도이다. 본 센서로 넙치, 농어, 도미, 전갱이 등 생선의 K값을 측정할 수 있음이 알려졌다. 또한 IMP, Hx, HxR 양을 방사3축(레이더 차트)에 나타냄으로써 패턴의 모양으로부터 선도를 시각적으로 평가하는 것도 가능하다.

또한 구미제국(歐美諸國)에서는 히스타민의 양으로 선도를 평가하고 있다. 이유는 히스타민이 식중독의 원인이 되는 물질로 어육이 오래되면 생성된다는 사실이 알려져 있기 때문이다. 향후 K값과 합하여 히스타민 양도 동시에 측정함으로써 더욱 먹거리의 안전성이 보장될 것으로 생각된다.

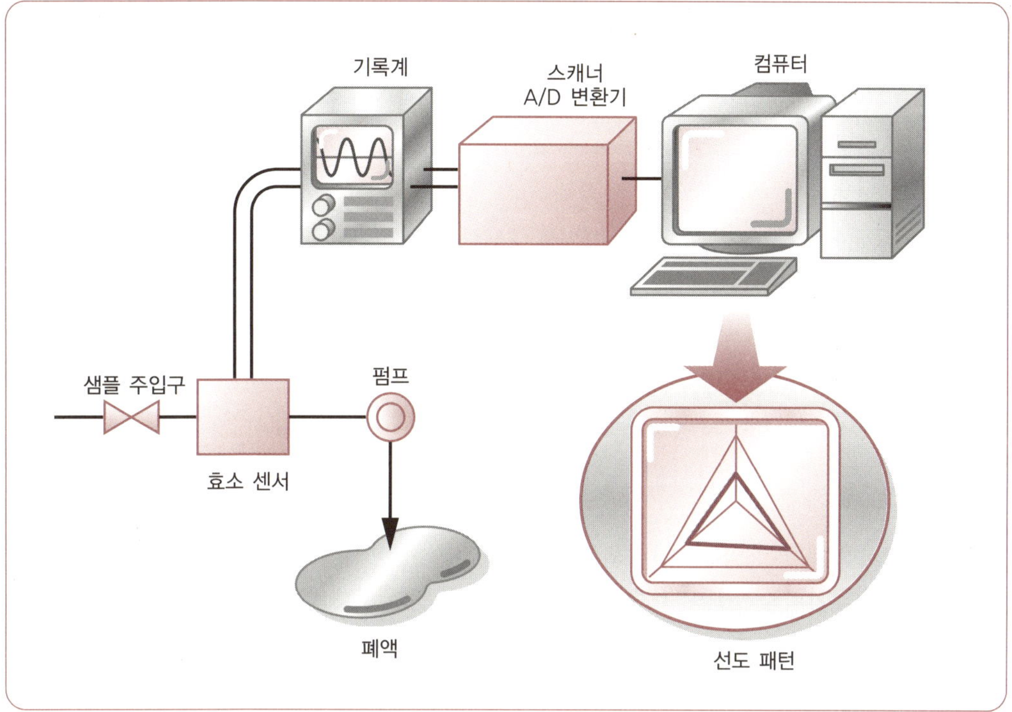

후각 센서(가스 센서)를 사용하여 선도를 평가하는 것도 가능하다. 아민계의 가스인 트리메틸아민(TMA)은 어개류(魚介類)의 대표적인 선도저하 냄새(부패 냄새)이다. TMA를 산화물반도체를 사용한 가스 센서로 측정하는 시도가 있다. 예를 들면 루테늄·산화티탄을 사용함으로써 그 전기저항이 생선의 선도저하와 함께 감소한다. 즉, 선도저하가 전기저항의 감소로 평가된다.

또한 멀티채널막 전위계측형 미각 센서를 사용해도 식품의 맛이나 품질변화를 고감도로 평가할 수 있다는 사실이 알려져 있다. 향후 우리들의 식생활의 안전성을 보증하기 위한 각종 센서가 공장, 레스토랑, 생선요리점, 가정에서 사용될 것이다.

07 어피니티 센서

최근에는 어피니티 센서라 불리는 화학물질 간의 친화성(어피니티)을 이용한 센서의 연구도 활발하게 진행되고 있다. 그 중에서도 항원항체반응을 이용한 센서가 가장 일반적이다. 항원항체반응이란 면역에서 보이는 반응이며, 이 센서는 특정 화학물질(항원)에 대하여 선택적으로 결합하는 항체를 센서 수용부에 고정화하여 화학물질의 농도를 추정하는 것이다. 이때 출력은 수정진동자를 사용한 주파수변화, 표면 플라스몬 공명(SPR)을 이용한 반사광 변화 등이다. 전자는 질량 변화, 후자는 굴절률 변화에 유래한 것으로 양쪽 모두 고감도 측정을 가능하게 하고 있다.

홍역이나 유행성 이하선염은 한번 걸리면 더 이상 걸리지 않든지, 걸리더라도 두 번째는 가볍게 끝난다. 이것을 면역이라 하는데, 이것은 병의 근원을 만드는 항원에 대항하여 항체가 만들어지기 때문이다. 항체는 특정 항원만을 인식하여 결합하고, 항원의 작용을 무력화시켜 버린다. 항원은 일반적으로는 바이러스이나, 바이러스는 자기 스스로 유전자를 증식시킬 수 없다. 따라서 다른 생물의 세포 속에 침입하여 그 세포의 도움을 빌어 자신의 자식을 증식시킨다. 그 결과, 침략당한 세포, 더 나아가 몸은 정상적인 생활이 불가능해져 병에 걸린다. T4 박테리오파지는 6개의 다리로 세포표면에 달라붙어 가운데 막대기를 세포에 찔러 넣어 내부로 유전자를 주입한다.

항체는 4개의 폴리펩티드 사슬이 쌍이 되어, Y자형으로 합쳐진 모양을 하고 있다. Y자형 2개의 손 부분이 이 항원에 결합하는 영역이다. 항체의 유전자는 몇 가지의 도메인(분절)으로 구성되어 있다. 거의 무한종(無限種)이라고도 할 수 있는 항원에 대해 복수의 유전자분절 조합으로 대응할 수 있도록 되어 있다. 사람의 경우, 유전자분절은 약 500개나 있으므로 방대한 수의 조합이 가능하며, 이처럼 무수히 많은 항체가 각각의 항원에 결합하여 배제되는 것과 같은 메커니즘으로 되어 있다.

▼ 그림 6-10 T4 박테리오파지

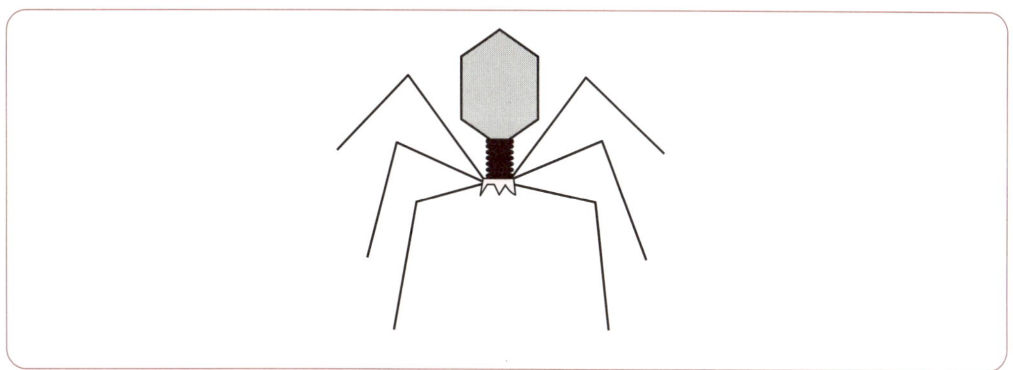

▼ 그림 6-11 항원과 항체의 결합

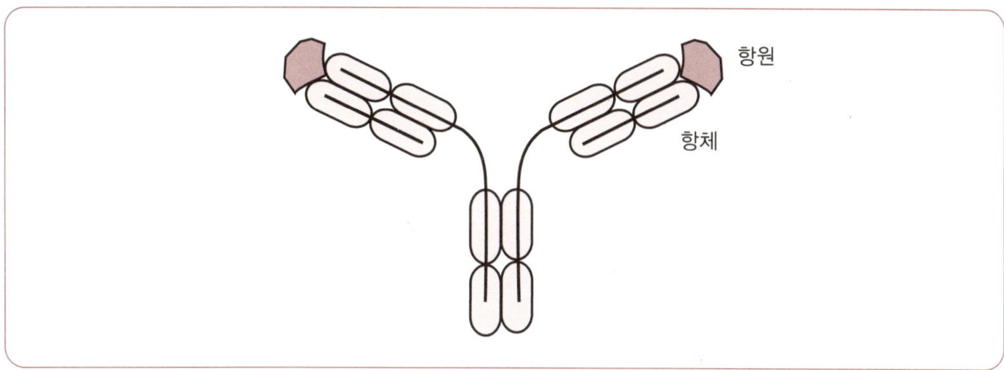
항원
항체

▼ 그림 6-12 수정진동자를 이용한 어피니티 센서

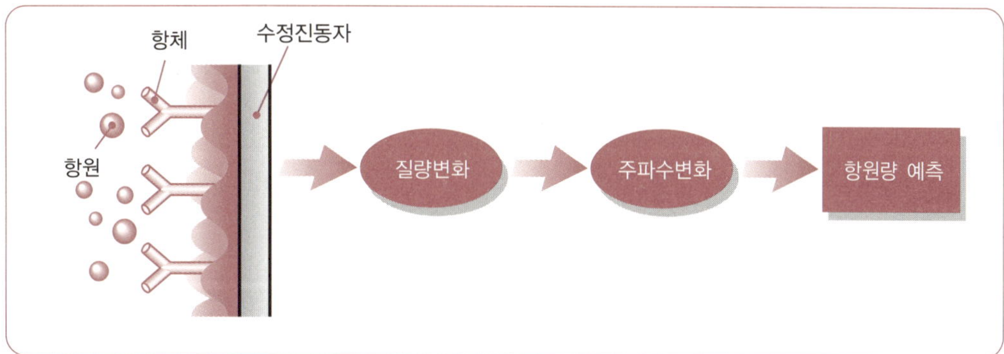
항체
수정진동자
항원
질량변화
주파수변화
항원량 예측

 08 SQUID를 이용한 바이오센서

초전도상태에서 출현하는 양자효과(자속의 양자화)를 이용한 SQUID(Superconducting Quantum Interference Device)는 대단히 미약한 자계의 계측을 가능하게 하는 고감도 센서이다. 특히 의료방면에서는 뇌에서 발생하는 자계(지구자계 세기의 약 10억 분의 1)를 계측하고 뇌기능의 해명이나 진단을 가능하게 하는 등 큰 성과를 낳고 있다. SQUID는 최근 고온초전도체 발견에 의해 액체질소온도에서 동작하는 센서의 제작이 가능해지고 냉동기의 성능이 향상되며 그 응용분야가 크게 넓어지고 있다.

요즘에는 어느 특정 미량분자를 검출할 수 있는 센서로서도 주목받고 있다. 항원항체반응을 이용한 것으로, 나노미터(nm) 사이즈의 자성미립자에 항체를 결합시키고(마커라 한다) 이것을 항원과 반응시켜 샘플의 자화(磁化)를 측정한다.

우선, 유리 기판에 항체를 부착시킨다(검사시약). 그곳에 측정대상인 항원을 넣어 고정항체와 반응시킨다. 다음으로 항체를 결합한 자성미립자(마커)를 넣으면 마커가 항원과 결합한다. 그 후 물로 씻어내면 고정된 마커만이 남는다. 마커의 잔류자화나 자기완화(磁氣緩和)를 측정함으로써 종래의 광학적 마커를 사용한 방법보다 약 10배의 고감도가 된다. 광학적 방법에서는 발광효소의 마커를 항체에 부가하여 항원과 결합한 마커로부터 빛을 계측한다. 그 외, 수정진동자에 흡착시킨 항체에 항원을 결합시켜 그 질량변화로부터 항원량을 측정하는 방법도 있다.

현재 검출할 수 있는 자기미립자의 수는 2×10^6개로 시스템 노이즈를 개선함으로써 1/10 정도 더 적게 하는 것도 가능할 것으로 생각되고 있다. 즉, 종래의 방법보다 100배나 감도 향상이 예상되는 셈이다.

또한 정밀도가 높은 단백질 질량분석을 가능하게 하는 장치도 개발되고 있다. 생리학분야에서의 고성능계측장치로서의 발전이 기대된다.

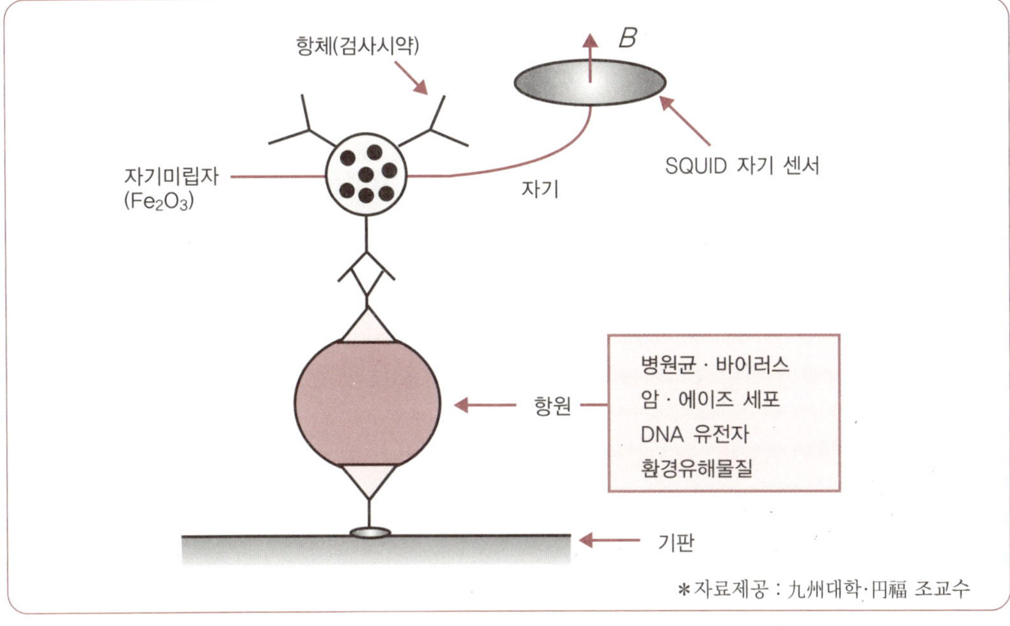

＊자료제공 : 九州大学·円福 조교수

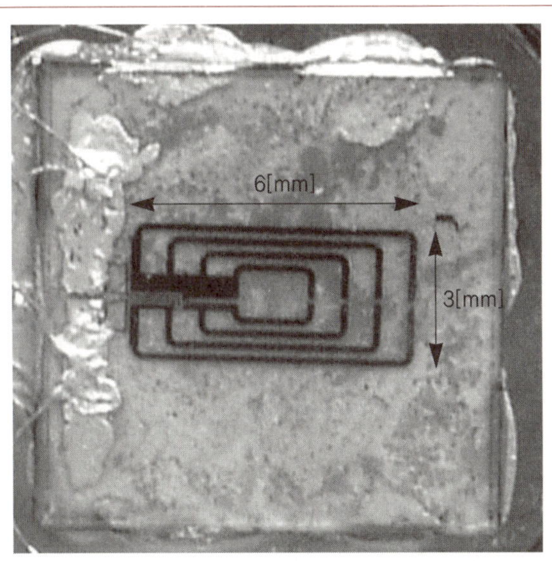

＊자료제공 : 九州大学·円福 조교수

 09 비침습(非侵襲) 혈당측정 시스템

혈당값을 측정하는 데는 가능한 한 통증 없이, 언제 어디서나 간단히, 단시간에 측정할 수 있는 방법이 좋다고 모두들 생각할 것이다. 아직 시작(試作)단계이나, 치육구액(齒肉溝液)이라는 치육과 이 사이에 있는 치육구에서 분비되는 체액으로 혈당값을 측정하는 비침습식의 휴대가능한 장치가 제안되었다. 치육구액은 분비량이 수 [μl]로 미량이지만 포함되는 글루코오스 농도와 혈당값과의 상관은 0.9 이상으로 높은 상관을 나타낸다.

그래서 글루코오스 시험지를 내장한 캐필러리로 구성되는 치육구액 채취기구가 고안되었다. 글루코오스 시험지로 치육구액을 분석하기 위하여 농도 0.1[mg/dl]를 검출가능하게 하는 고감도 시험지가 시작(試作)되어 있다(참고로, 혈당값은 100~300[mg/dl]이다). 또한 이 기구는 구강 내에 삽입하기 위하여 일회용으로 되어 있다. 시험지를 상세하게 말하면 글루코오스옥시다아제(GOD), 페르옥시다아제(POD) 및 크로모겐을 함유시킨 효소 시험지의 일종으로 방해환원물질의 영향을 저감하기 위하여 보통 많이 사용되는 소수성(疎水性)고분자는 사용되고 있지 않다. 또한 반응시간은 90초까지 연장하여 증감하고 있다.

흡인된 샘플액이 시험지에 도달하면 시험지는 글루코오스와의 반응에 의해 발색(發色)되는데, 이것을 파장 650[nm]의 적색 반도체 레이저로 측정한다. 수직방향 반사광을 렌즈로 집광하여 포토다이오드로 반사광량을 측정하여 반사율을 구하는 것이다. 그 결과 시험지의 발색농도와 검체 글루코오스 농도와의 사이에 0.9 이상의 상관을 얻는 것에 성공하였다.

이미 몇 군데의 의료기관에서 시험적으로 사용한 결과, 채취 때 통증도 없고 혈당값과의 사이에 상관 0.94를 얻었으며, 혈당측정기로서 대단히 유망하다는 사실이 확인되었다. 상품 개념으로 말하자면 가격이 약 190,000원(1,500円) 정도까지 내려가면, 구입의욕이 배로 늘어난다는 설문조사 결과가 나와 있으며, 향후 커다란 발전이 기대되는 장치라 할 수 있을 것이다.

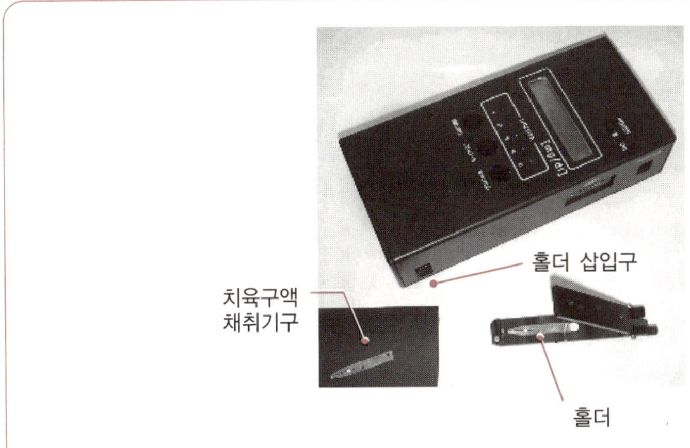

＊사진제공 : 富山대학·山口 조교수

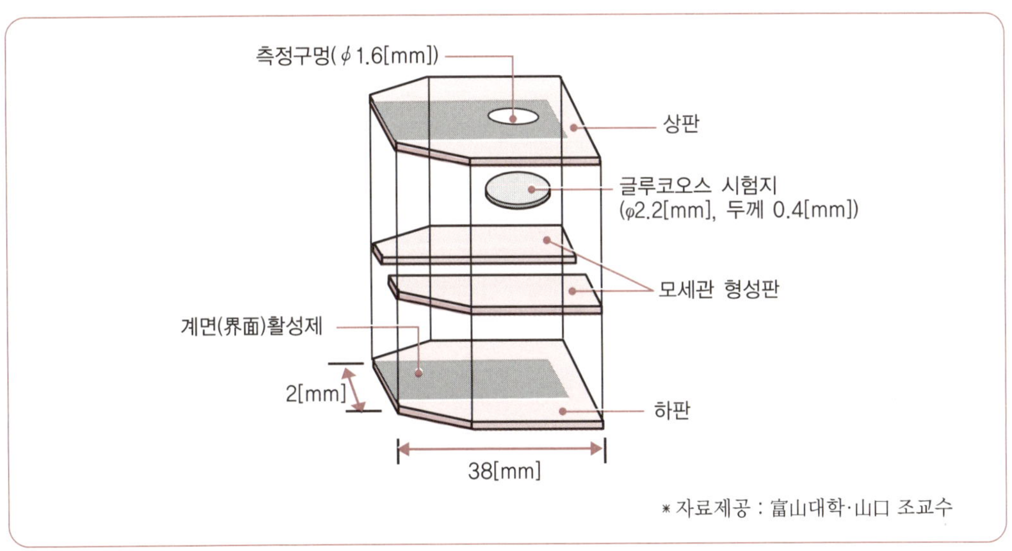

＊자료제공 : 富山대학·山口 조교수

10 인공세포와 약물송달 시스템

지질(脂質)분자는 수용액 속에서 2분자 막으로 구성된 직경 수 [μm]의 구(球)를 자발적으로 만든다. 생체막은 그 원리에 기초하여 자발적으로 생긴 것이다. 이와 같은 지질막의 층으로 덮인 주머니(소포(小胞))를 지질(리포) 주머니(솜)라는 뜻으로 리포솜이라 한다. 이 리포솜의 모양은 그림 6-17에 나타낸 것과 같이 원반 형태로 가운데가 움푹 파인 모양을 하고 있다. 이 모양은 적혈구의 모양과 같다. 그래서 리포솜 속에 약물을 넣어 체내에 투여하는 약물 송달 시스템(DDS)의 응용성을 검토하고 있다.

현재의 약물치료로 문제가 되는 것은 혈중 약물농도를 장시간 정해진 이상상태로 유지할 수 없다는 것, 또한 질환부 이외에서의 작용을 무시할 수 없다는 것이다. 그래서 어느 시간에 특정 공간(질환부)에만 작용하는 DDS의 실현이 기대되고 있는 것이다. 이것은 미사일 요법이라 불리며 예를 들어 암 치료에 큰 기대가 모아지고 있다.

DDS를 실현하는 데에는 다음 4가지 성능이 필요하다. 우선, 내부의 약물을 외부환경으로부터 보호할 것, 두 번째로 약제가 목적장소를 인지할 수 있을 것(센서 기능), 세 번째로 질환의 정도를 알고 방출량을 결정할 것(데이터 처리기능), 네 번째로 내부약물을 방출하고 필요량으로 멈출 수 있을 것(액추에이터 기능)이다.

리포솜은 지질이 자기조직화되어 형성된 소포로, 거의 같은 것을 고분자를 사용하여 만들 수 있다. 그것을 마이크로캡슐이라 한다. 마이크로캡슐은 내부에 효소 등의 화학반응을 촉매하는 물질을 봉입함으로써 어느 정도 세포기능을 가지게 할 수 있는 듯하다. 이 경우, 여러 종류의 효소를 봉입함으로써 반복하여 자발적으로 반응을 일으킬 수 있다면 아주 좋은 것이다. 이것이 바로 "인공세포"이다.

리포솜이나 마이크로캡슐은 나노스케일도 가능하게 하는 자기조직화 캡슐이다. 최근 자기조직화 기능을 지닌 고분자가 발표되었다. 덴드리머(dendrimer)라고 하는 것이 바로 그것이다. dendr이란 수목(樹木)을 나타내는 그리스어이다. 덴드리머는 속이 성기고 표면이 빽빽한 나노스케일 캡슐이다. 예를 들어 속에 철(鐵)폴리피린 착체(錯體)를 넣으면 산소를

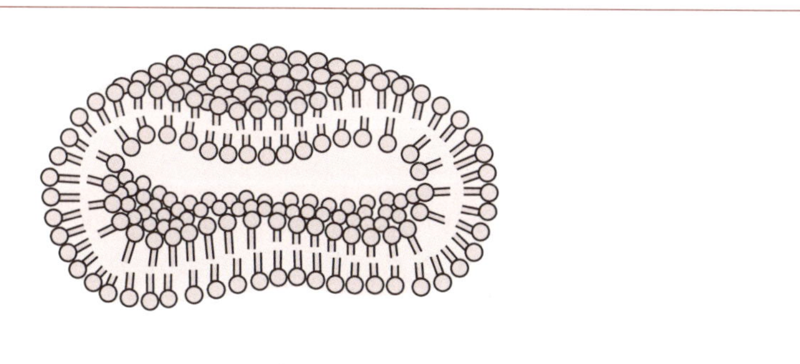

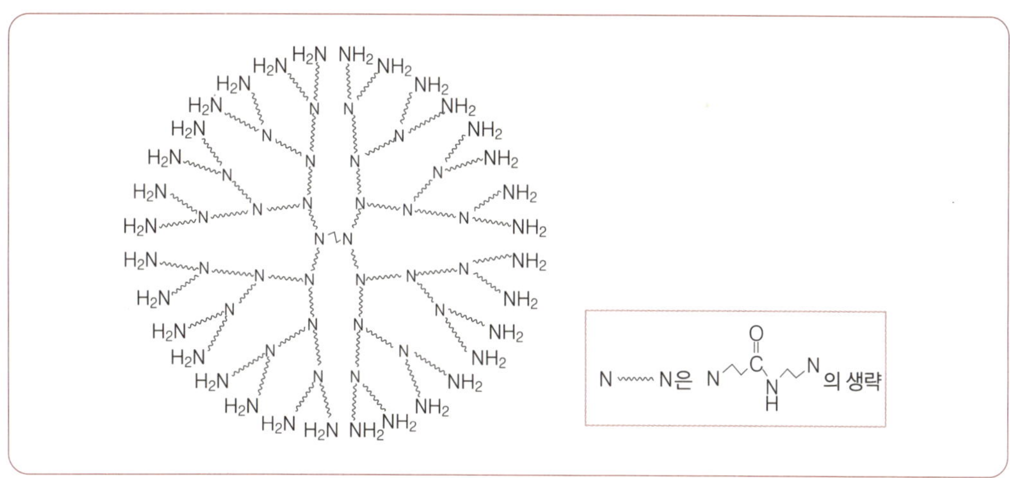

운반하는 인공 헤모글로빈이 만들어진다. 그 외에 촉매작용을 갖게 한다든지, 광합성하는 인공세포로의 개발도 활발하게 진행되고 있다. 또한 내부에 DNA를 넣음으로써 유전자치료로서의 응용으로도 길이 열릴 것이다.

11 분자소자

마이크로(10^{-6})를 더 지나면 나노(10^{-9})가 된다. 반도체 디바이스의 치수가 나노미터(nm) 정도가 되면 양자는 이미 입자(粒子)라기보다는 파(波)로서의 성질을 드러내기 시작한다. 즉, 양자역학적 효과가 확실히 나타난다. 나노 영역을 취급하는 새로운 학문체계를 나노 일렉트로닉스라 말한다. 또한 나노일렉트로닉스를 포함한 기술전반을 나노테크놀로지라 부른다. 여기에서는 생물이 지닌 분자 레벨에서의 높은 기능을 추구하는 소자-분자소자-를 소개 한다.

분자소자는 크게 3가지로 나눌 수 있다. 하나는 스위칭 소자(분자 스위치) 및 메모리 소자(분자 메모리)이다. 두 번째는 에너지 변환 장치이다. 생물에 있어서의 좋은 예를 광합성 하는 틸라코이드막에서 볼 수 있다. 세 번째는 가동하는 소자, 즉 액추에이터이다.

1974년 아비람은 전자 도너 영역(D), 절연 영역(I), 전자 억셉터 영역(A)을 1분자 내에 지닌 구조를 설계하고, 분자정류소자의 개념을 발표하였다. D부분에 tetrathiofulvalene (TTF) 구조, A부분에 tetracyano-quino-domethane(TCNQ) 구조를 가지고 있다. 이 분자에 전압이 인가(印加)되면, D에서 A로의 한 방향의 전자 흐름이 촉진되기 때문에 정류 (整流)기능을 가지게 된다.

1978년에 카터가 솔리톤(soliton) 전도를 이용한 분자 내에 3개의 단자를 지닌 소자를 제안했다. 여기서 솔리톤이란 고립된 파(波)를 말하는데, 지금은 고분자의 한 곳에 고립된 1개의 전자를 가리킨다.

매커레어 등은 생체 내 산화·환원반응에서 중요한 역할을 하고 있는 포르피린 등의 환상(環狀)고분자를 1차원으로 늘어놓고, 그 분자의 중첩을 제어함으로써 전자이동을 ON·OFF하는 분자 스위칭 회로(바이오칩)를 제창했다.

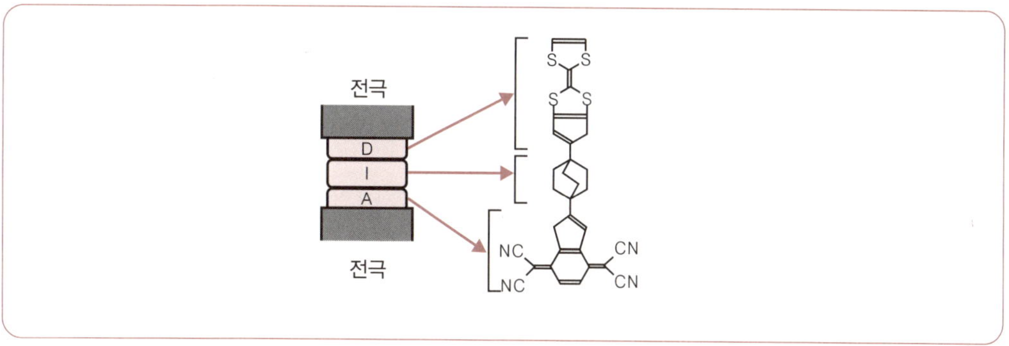

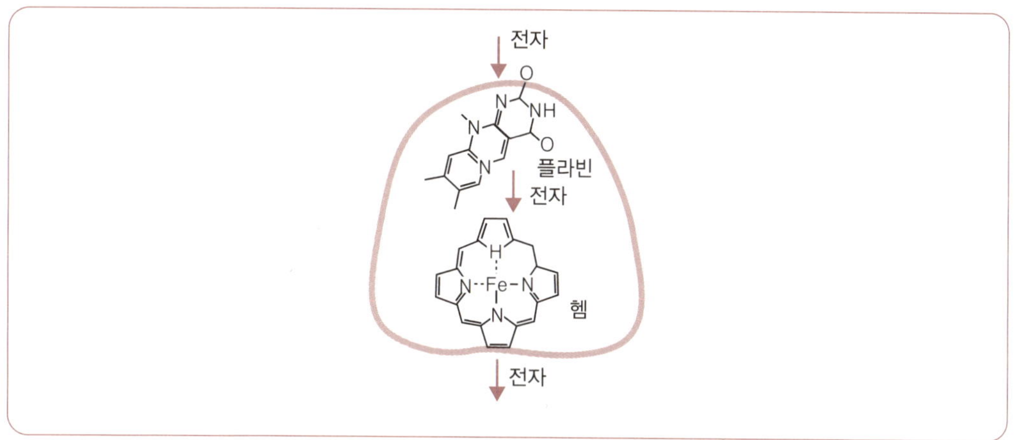

　최근 분자 내에 2가지의 전자전달기능단을 지닌 인공 단백질이 유전자조작에 의해 만들어졌다. 세균 유래(細菌由來)의 내열성 천연단백질(시토크롬 c552)을 베이스로 하고 있다. 외부와 전자를 주고받는 전극(인터페이스)은 플라빈이라는 비타민의 일종이 사용되었다. 그 결과 원래 천연단백질에 있는 헴(heme)이라는 전자전달 기능단과의 사이에서 전자이동 방향제어가 가능하게 되었다. 이 같은 유전자변환기술에 의해 고효율의 에너지 변환소자나 센서 등의 신규 나노일렉트로닉스 소자의 발전이 기대되고 있다.

 12 에너지 변환형 분자소자

만약 인공적으로 광합성을 일으킬 수 있다면 우리들은 무한한 에너지를 손에 넣을 수 있다. 전자이동의 키 포인트는 그림 6-21과 같이 분자 D에서 분자 S로 전자가 튀어 옮겨가, 그곳의 높은 에너지 레벨로 여기(勵起)되어 분자 A로 옮길 수 있는 것이다. 그때 두 개의 분자 사이에서는 약간 낮은 레벨로 튀고, 또한 분자 A에서는 낮은 에너지 레벨은 막혀있는 상황이 되어 있다. 분자 S는 빛에너지를 흡수하고, 전자에 에너지를 받아넘겨 높은 레벨로 상승시키고 있다. 이 같은 분자를 증감제(sensitizer, 센시타이저)라 말한다. D와 A는 각각 도너(donor)와 억셉터(acceptor)를 가리킨다. 광합성막인 틸라코이드 막에서는 마치 도미노처럼 분자가 정렬되어 있다.

1972년 n형 산화티탄(TiO_2) 반도체 전극을 백금 전극과 함께 전해질용액에 담가 TiO_2와 물의 계면에 자외광을 비추면, 전하분리가 일어나는 것이 밝혀졌다. 광조사(光照射)가 물을 수소와 산소로 분해한 것이다. 이 효과는 발견자의 이름을 따서 혼다-후지시마(本田-藤嶋) 효과라 불리고 있다. 그러나 이 효과는 TiO_2의 커다란 밴드 갭 때문에 에너지가 강한 400[nm] 이하의 자외광에서만 일어난다. 그래도 유기분자를 사용하지 않고 금속만으로 이와 같은 효과를 관측할 수 있었다는 의의는 크며, 인공광합성 연구에 불을 붙인 선구적 연구이다.

랭뮤어-블로젯(LB)법을 사용한 분자 포토다이오드가 제작되고 있다. 전자수용성 분자(A, 비오로겐)와 광수용부(S, 피렌), 전자공여부(D, 페로센)를 직선상으로 가진 분자가 합성되었다. 그 분자를 LB법으로 금전극표면에 누적하여 이것에 빛을 비추면, D→S→A→전극과 전자의 흐름이 생긴다. 이것은 광합성의 초기과정을 하나의 분자로 실현한 것이다.

최근에는 멜로시아닌 색소나 브릴리언트그린 색소 등을 지질과 함께 성막화(成膜化)하는 기술도 나타나, 외부로부터의 전압인가로 색소의 배향(配向)을 컨트롤하는 것도 점차 가능해지고 있다. 장래에는 인공광합성뿐만 아니라, 빛이나 열, 전계 등으로 전자의 흐름을 자유롭게 컨트롤할 수 있는 스위칭 소자의 실현도 기대되고 있다.

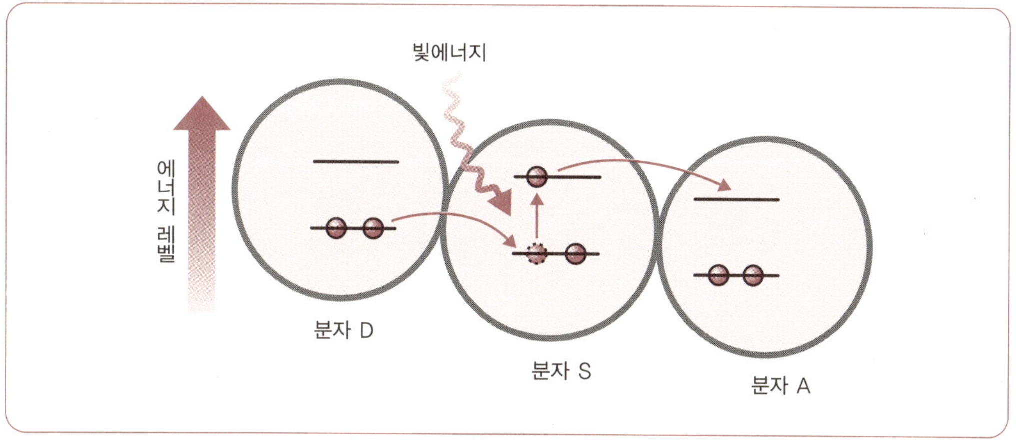

▼ 그림 6-22 분자 포토다이오드

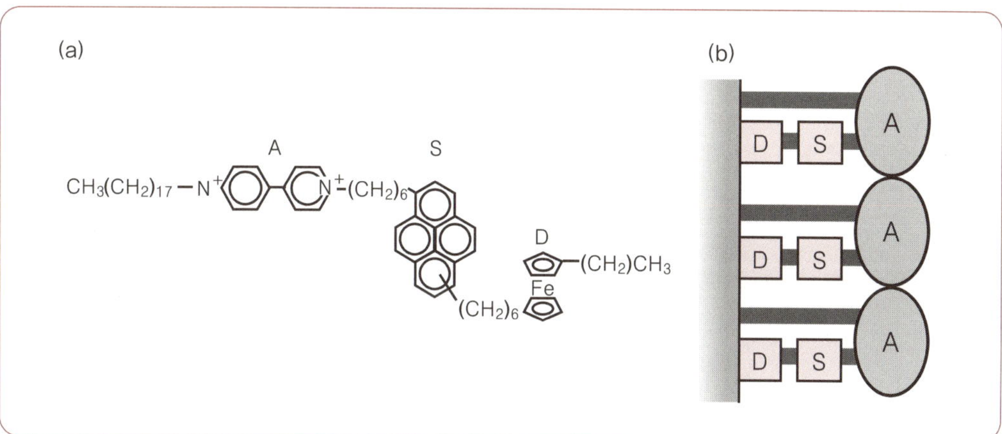

　이상과 같이 나노스케일을 취급하는 기술을 사용하여 생체에서 보이는 고기능을 실현하는 시험이 활발히 진행되고 있다.

13 마이크로머신

　손가락 끝에 놓을 수 있을 정도의 로봇을 상상해 보자. 이것이 마이크로머신이다. 부품의 크기는 10[μm] 정도이며 세포의 크기는 수십 [μm]이므로 말 그대로 생물에 근접한 기계이다. 저 유명한 SF의 고전 「미크로의 결사권」에 등장한 것과 같이 인체의 체내에 들어가 치료하는 의료용 로봇이다.

　작은 로봇을 만들어내는 데는 우선은 작은 움직이는 부품이 필요하다. 직경 100[μm] 정도 크기의 로터를 지닌 마이크로 정전(靜電) 모터가 캘리포니아 버클리대학과 매사추세츠 공과대학 등에서 제작되어 회전하는 것이 확인되었다.

　1989년에 개발된 마이크로 정전 모터의 로터는 직경 120[μm]로 네 개의 돌기가 나와 있다. 로터는 중심축의 홈 속에 들어 있으며, 기판과 접촉하지 않도록 띄어져 있다. 스테이터는 그 주위에 방사상으로 놓여 있으며 12개의 전극으로 분할되어 있다. 전극은 세 개씩 병렬로 연결되므로 3상 4극의 정전 모터이다. 로터와 스테이터의 간격은 2[μm]로 3상 스테이터의 각상에 전압을 순차로 가하면 연속 회전한다. 200[V]에서 150[rpm]이 얻어졌다.

　마이크로 정전 모터는 포토 패브리케이션법이라는 IC 가공기술에 있어서의 포토리소그래피법을 응용한 방법으로 만들어진다. 그러나 종래의 실리콘 기판 위에 반복하여 여러 가지 패턴을 구워 그 패턴대로 표면을 깎아낸다든지, 얇은 층을 부착시킨다든지 하여 표면에 복잡한 얇은 구조를 만들어가는 방법으로는 3차원적인 두꺼운 부품을 만들 수 없다. 그래서 최근에는 LIGA(Lithographie Galvanoformung Abformung) 프로세스가 주목되고 있다. 이 방법은 직진성의 양질의 빛(파장이 짧은 X선)을 비춰 깊은 구멍을 만든다. 그 구멍을 주형(鑄型)으로 하여 금속을 도금함으로써 그 구멍의 형태에 대응한 구조를 만들어낸다. 이것을 마이크로머신 부품으로 한다든지 또는 그 구조를 주형으로 하여 플라스틱이나 세라믹 등을 소재로 하는 부품을 만들 수도 있다.

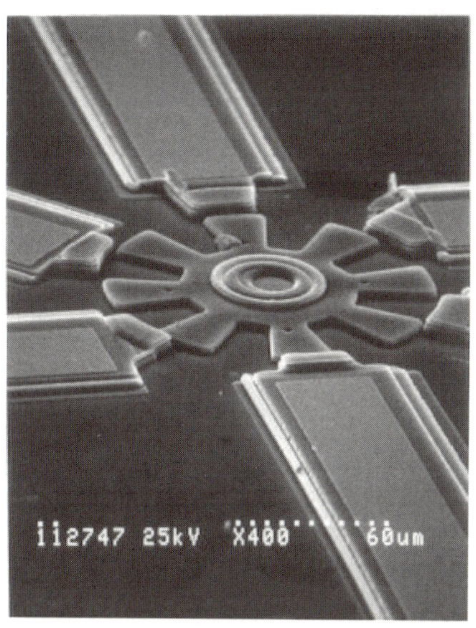

＊사진제공 : 전기학회 마이크로머신 기능칩 개발협동연구위원회

▼ 그림 6-24 마이크로 정전 모터를 만드는 법

(a)
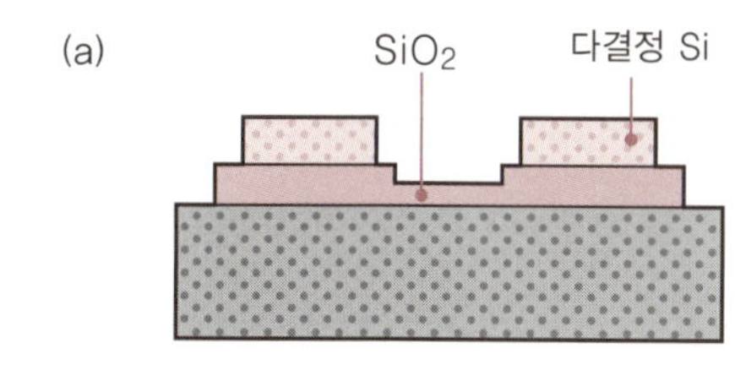

(b)
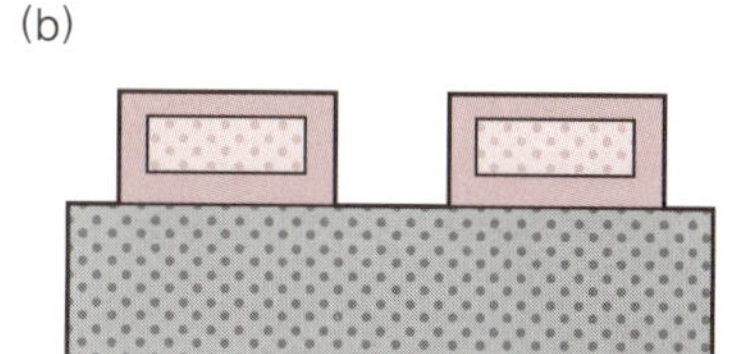

(c)
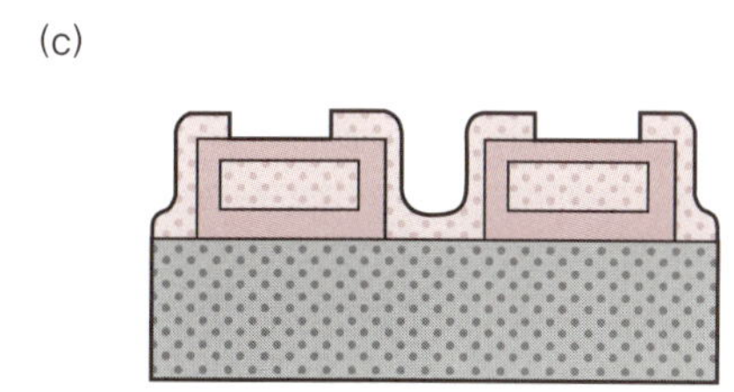

(d)
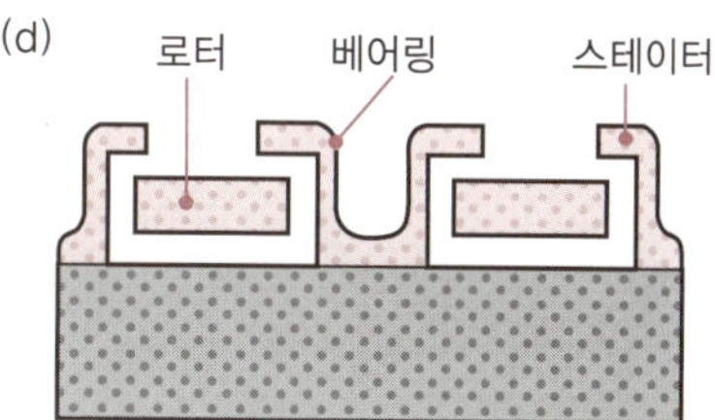

14 DNA 칩

　최근의 인간 게놈 프로젝트의 진전으로 유전자상의 염기배열을 간편하고 신속하게 조사할 수 있는 방법 개발이 시급하게 되었다. DNA 칩이란 기판상에 DNA를 집적화함으로써 표지(標識)한 DNA나 RNA를 하이브리다이제이션(2중 사슬 형성)시켜 유전자의 발현이나 변이를 동시에 대량으로 조사하는 것이다.

　기판상에 DNA를 나열하는 데에는 2가지 정도의 방법이 제안되어 있다. 하나는 스탠포드대학에서 개발된 방법으로 cDNA(상보적 DNA)를 슬라이드 글라스 위에 고밀도로 나열하는 방법이다. cDNA란 메신저 RNA로부터 역전사(逆轉寫) 효소라는 효소를 이용하여 만들어진 DNA를 말한다. 현시점에서 $3.6[cm^2]$ 칩에 10,000개 정도 붙일 수 있다. DNA 마이크로어레이라 불리는 일도 있다.

　한편, 아피메트릭스회사에서 개발된 방법은 올리고 합성형의 칩으로(올리고란 소수라는 뜻), 포토리소그래피 기술로 20~30염기의 DNA단편을 만들어낸다. 길이가 짧은 만큼 고(高)집적도를 자랑하고 있으며, 65,000개에서 40만개의 DNA단편을 $1.6[cm^2]$의 칩으로 형성한다. 특정의 뉴클레오티드 반응액을 사용하여 DNA를 신장시키는 데 목적한 위치에 올려놓고 뉴클레오티드에 광펄스를 준 후 광활성화하여 그곳에 뉴클레오티드를 부가해 가면 칩 위에서 각종 DNA단편을 얻을 수 있다.

　DNA 칩으로 세포의 유전자 발현상태를 알 수 있다. 먼저 세포의 메신저 RNA로부터 cDNA를 만든다. 이를 형광물질로 표식하고 DNA 칩에 그 용액을 가함으로써 칩 위의 DNA와의 하이브리다이제이션 상황을 2차원적으로 한 번에 파악할 수 있는 것이다.

　예를 들어 효모의 유전자는 6,000개인데 효모의 전 유전자를 검색할 수 있는 DNA 칩이 개발되고 있다. 또한 유전자 속의 1개소만으로 염기가 정상과 다른 다형성(polymorphism), 유전자의 변이해석도 할 수 있다. 이와 같은 다형해석은 유선사질환 지료에 기내가 모아지고 있다. 이제 유전자를 개인 레벨에서 해석하고 치료에 도움을 주는 시대로 접어들었다.

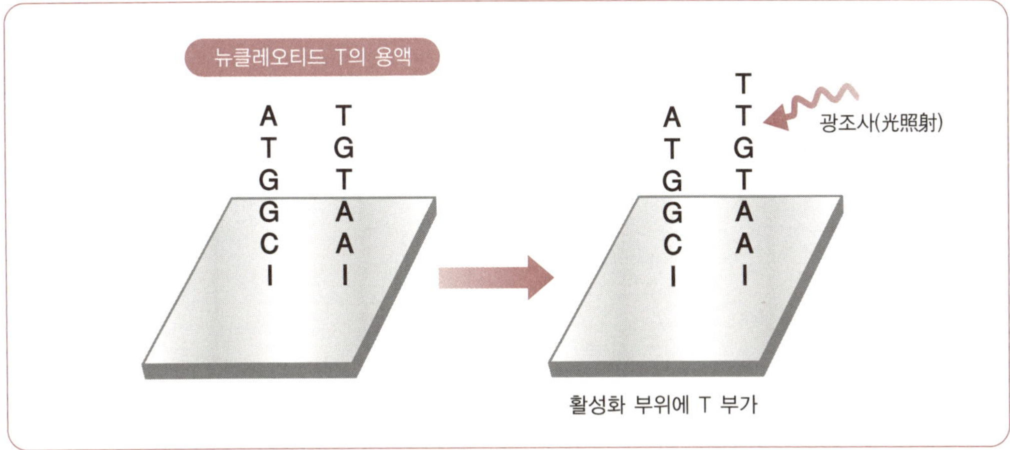
뉴클레오티드 T의 용액
A
T
G
G
C
I
T
G
T
A
A
I
T
T
G
T
A
A
I
A
T
G
G
C
I
광조사(光照射)
활성화 부위에 T 부가

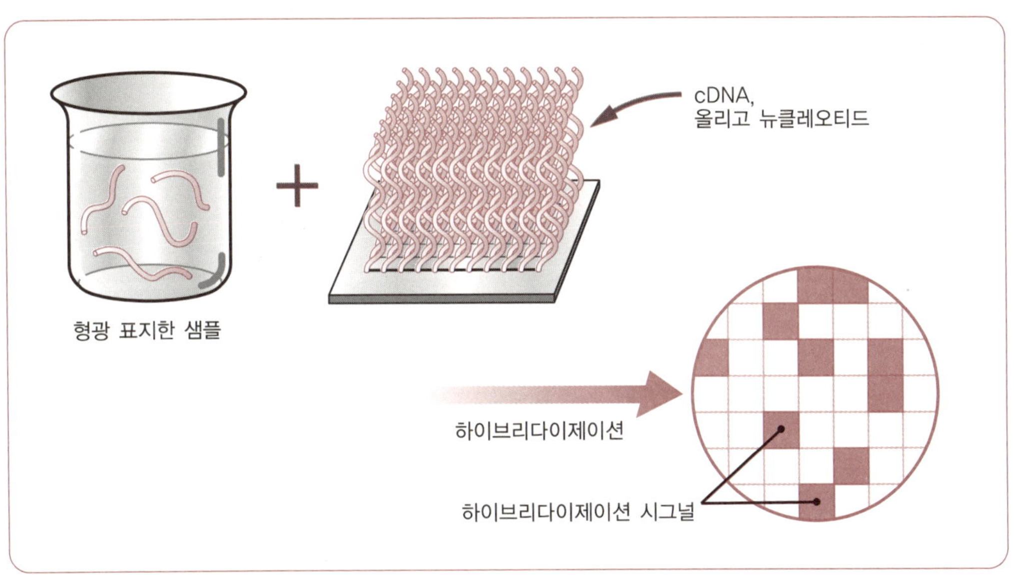
cDNA,
올리고 뉴클레오티드
형광 표지한 샘플
하이브리다이제이션
하이브리다이제이션 시그널

쉬어
가기

제7장
후각 센서

01 냄새 물질

냄새를 나게 하는 물질은 수십만 종류가 있을 것으로 알려져 있다. 이 다종다양한 냄새 물질의 분류에 관해서는 오래 전부터 몇 가지의 설이 제안되어 있다. 영국의 아무어는 1962년 냄새 분자를 그 외형과 전하로부터 7종류의 기본냄새로 나누었다. 기본냄새는 장뇌냄새, 에테르 냄새, 박하 냄새, 사향 냄새, 꽃향기, 자극 냄새 그리고 부패 냄새이다. 그의 설은 뒷부분의 2가지를 제외하고 냄새 분자가 후(嗅)세포 수용기의 특수하게 패인 부분에 끼워 들어간다는 주장에 기초하고 있다. 그러나 현실적으로 기본 냄새는 7종류만의 단순한 것이 아니다. 다른 연구자에 의하면 냄새는 38종류로 분류되며, 또한 실제로는 기본 냄새가 존재하지 않는다고도 알려져 있다.

냄새 분자는 일반적으로 저분자이며 휘발성이 높고, 전하나 극성을 가지지 않은 종류가 많으며 소수성(疎水性)이다. 따라서 지질(脂質) 등의 기름에 녹기 쉬운 성질을 가지고 있다.

냄새 분자는 비강(鼻腔) 속에서 일단 점액층으로 녹아들어, 후세포에 흡착된다. 상피(上皮)세포가 변화한 미(味)세포와는 달리 후세포는 신경세포가 변화해서 만들어진 세포이므로 직접적으로 임펄스(일과성의 흥분성 전위변화)를 발할 수 있다. 임펄스 열(列)은 후구(嗅球)에 가서 전리상(前梨狀) 피질과 편도핵(扁桃核)을 거쳐 전두엽의 안와(眼窩)에 도달하여 냄새의 식별이 이루어진다.

최근 분자생물학의 발전으로 냄새 분자를 수용하는 메커니즘이 점차 명확하게 밝혀지고 있다. 냄새 분자 수용체는 많은 신경전달물질 수용체나 호르몬 수용체와 동일한 구조를 지니며, 세포막을 7회 관통하고 G단백질이라는 시그널 단백질을 활성화시키는 막(膜)단백질로 추정되고 있다. 또한 개개의 후세포는 하나의 신경섬유 축색(軸索)을 후구로 늘이고 있는데, 후구표면에 있는 약 2,000개의 사구체(絲球體)에서 정보의 집약이 이루어진다. 즉, 예를 들어 토끼의 경우 약 5,000만 개의 후세포가 있는데, 같은 종류의 냄새에 대한 응답은 2,000개 중의 1~3개의 사구체에만 연결되어 있다.

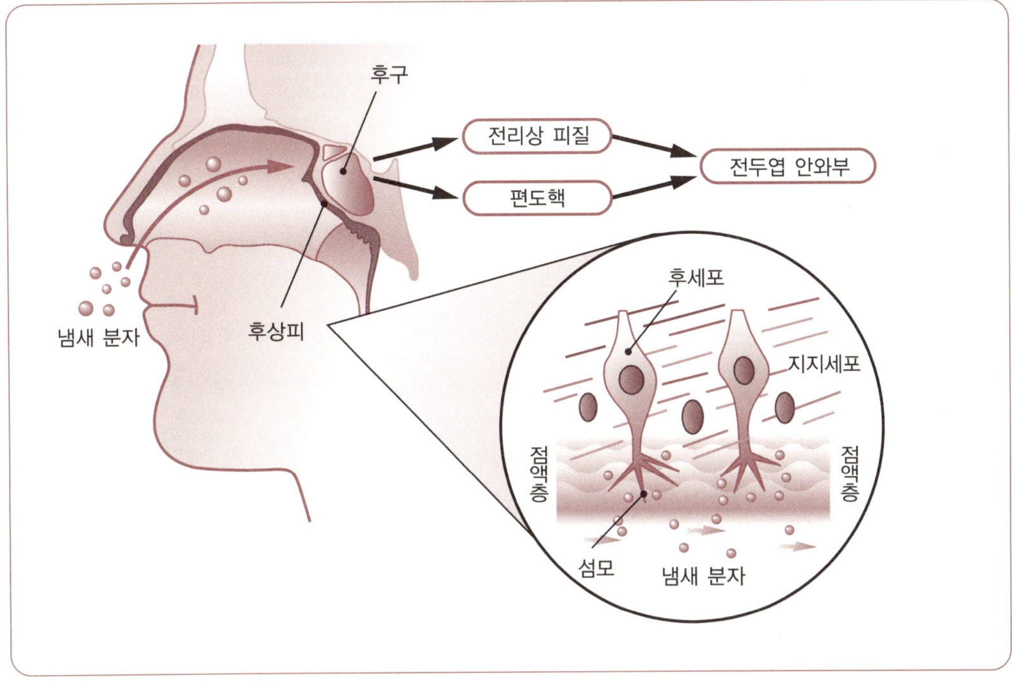

냄새 물질	물 1[mℓ] 속의 최소 분자수	
	개	사 람
초산	5.0×10^5	5.0×10^{13}
프로피온산	2.5×10^5	4.2×10^{11}
펜탄산	3.5×10^4	6.0×10^{10}
낙산(酪酸)	9.0×10^3	7.0×10^9
카프론산	4.0×10^4	2.0×10^{11}
카프릴산	4.5×10^4	2.0×10^{11}

＊高木 : 「화학총설, 맛과 냄새의 화학」(일본화학회편, 학회출판센터, 1976) p.48에서.

02 산화물반도체 후각 센서

후각 센서는 일반적으로 공기 중의 가스나 냄새를 측정하는 센서이다. 구미에서는 elec-tronic nose라 말한다. 엄밀하게 말하면 가스를 측정하는 것과 냄새를 측정하는 것은 다르다. 한 종류의 가스 분자가 우리들에게는 하나의 냄새가 되는 일도 있고, 산소나 이산화탄소는 우리들에게 있어서 무취(無臭), 즉 냄새가 없다. 또한 커피의 향기, 와인의 향기 등을 말할 때, 향에 기여하고 있는 분자는 복수 종의 가스 분자로 구성되어 있다고 생각된다.

많은 후각 센서가 가스 센서의 발전을 기초로 하고 있다. 특히 산화물반도체를 사용한 후각 센서가 그렇다. 산화물반도체 가스 센서는 지금까지도 다수가 사용되고 있으며 그 안정성에는 정평이 나 있다. 그러나 특정 가스에 선택성이 있는 것은 아니다. 따라서 현재 후각 센서의 많은 수가 복수종의 시판 가스 센서를 조합시켜 그들로부터의 출력을 처리하여 냄새를 분류하는 이른바 멀티어레이, 멀티채널 방식을 취하고 있다.

몇 가지 적용 예를 보자. 일산화탄소, 수소, 담배 냄새, 알코올에 응답하는 가스 센서, 수소에 응답하는 센서, 메탄이나 가연성 가스에 응답하는 센서, 황화수소용 센서 등을 조합시켜 커피의 식별에 대한 시험이 진행되었다 그 결과, 커피 브랜드의 차이, 조리(調理)의 차이에 대한 식별에 성공하였다.

또한 알루미늄을 도프 처리한 ZnO계 가스 센서를 사용하여 생선의 선도저하 냄새 주성분인 트리메틸아민(TMA)과 메틸아민(DMA)에 높은 감도와 뛰어난 선택성을 지닌 센서 소자가 만들어졌다. 그 결과, 센서의 과도응답특성을 특징짓는 파라미터를 사용하여 뉴럴에 의해 인간의 코로는 식별이 불가능한 TMA와 DMA의 식별에 성공하였다. TiO_2계 가스 센서 어레이를 사용하여 동일 포도종의 동일 브랜드의 와인 식별도 보고되고 있다.

이것들은 후각 센서를 식품에 응용한 예인데, 후각 센서는 환경계측에서도 사용할 수가 있다. 예를 들어 노인이 홀로 거주하는 주택 혹은 일반가정에 후각 센서를 설치함으로써 방재, 복지보호(福祉保護), 실내분위기 제어에 도움이 되도록 하는 시도도 시작되었다.

제조원	센 서	대상 및 특징
Seiko EG & E	QCM & 효소 바이오센서	의료(당 등)
아라바스터社	반도체 가스 센서	냄새(커피 등)
相互藥工	QCM	냄새(과자, 낫토, 커피, 식용유, 차 등)
프라임텍	반도체 · 도전성 폴리머	냄새(18개의 센서, 데이터 처리)
橫河電機	QCM	냄새(핸디타입 QS81형)
新코스모스電機	산화물반도체	냄새(포터블 XP-329 시리즈)
쿠보타 · 靜岡精機	근적외선	과실의 당, 쌀
島津製作所	근적외선	쌀(라이스 애널라이저 RQ1)
키엔즈	반도체 가스 센서	냄새(2종의 센서)
理硏計器	반도체 가스 센서	냄새(알코올 분석)
Aroma Scan社	도전성 폴리머	냄새(Electronic Nose-아로마 스캐너)
Alpha M.O.S.	산화물반도체, 도전성 폴리머 SAW	냄새(식품 기타)
NTT	QCM	냄새
Neotronics Sci.社	도전성 폴리머	냄새(e-NOSE4000, 12개의 센서)
Lennartz Elec.社	MOS/QCM	냄새(Noses Ⅱ)
HKR Sen. Sys.	QCM	냄새(Olfactometer, 6개의 센서)
Mastiff Elec. Sys.	도전성 폴리머	냄새(Scentinel, 16개의 센서)
Arrat Tec.社	QCM	냄새(ScanMaster Ⅱ, 8개의 센서)
三菱電機	화합물반도체 가스 센서	냄새(알코올, 신문발표)

＊南戸 :「食と 感性」(都甲 편저, 光琳, 1999) p.236에서.

QCM 후각 센서

수정(crystal)은 석영, 즉 이산화규소(SiO_2)의 매우 아름다운 6각 주상 결정이다. 짙은 자색의 경우 자수정이라 불리는 보석이 된다. 이와 같은 형태의 방향성은 결정 내에서 원자가 규칙적으로 늘어서 있기 때문에 생긴다. SiO_2는 O의 방향으로 Si 전자가 약간 치우친 이른바 이온성 결정이다.

그래서 외부에 발진전기회로를 접촉하면 수정 무게의 평방근에 반비례하는 고유의 발진 주파수(공진주파수)로 매우 안정된 발진이 계속된다. 이것을 수정진동수라 하며, 보통 주파수는 [MHz]이다.

흡착막과 수정진동수를 조합한 후각 센서가 제안되고 있다. 흡착막은 지질과 고분자로 만들어져 있다. 이것을 QCM(Quartz Crystal Microbalance) 후각 센서라 말한다.

원리는 냄새 분자가 막에 흡착됨에 따라 생기는 질량변화에 의한 QCM 센서의 주파수변화를 측정하는 것이다.

실제로는 다른 복수 종의 흡착막을 준비하여 그 수 만큼의 수정진동자를 사용하여 그 출력으로부터 냄새 분자의 종류를 식별하는 방법을 취하고 있다. 즉, 멀티채널 방식이다. 그 결과, 위스키, 브랜디, 와인, 청주 등을 구별하게 되었다.

또한 어느 향 속에 미량의 이물이 포함된 샘플의 식별도 시험되고 있다. 오렌지향 속에 2-부틸리덴시클로헥사논이 0, 0.1, 0.2, 0.5, 1.0[%] 혼입된 다섯 가지 샘플의 식별 시험을 한 결과, 0.5[%]와 1.0[%]의 샘플에 대해서는 식별에 성공하여 사람과 거의 동등한 정도의 능력을 지니고 있음이 증명되었다. 단, 일반적으로는 후각 센서 전부에 대하여 그렇기는 하지만, 감도가 낮고 좀처럼 만족할 만한 레벨에는 도달하지 않았다(물론, 센서의 종류와 측정대상에 따라서는 사람과 동등하든가, 그 이상의 감도도 보고되고 있다). 또한 일단 흡착한 물질을 어떻게 하면 재현성이 높으며 동시에 빨리 탈착시킬 수 있을까 하는 점도 개선해야 할 향후 과제이다.

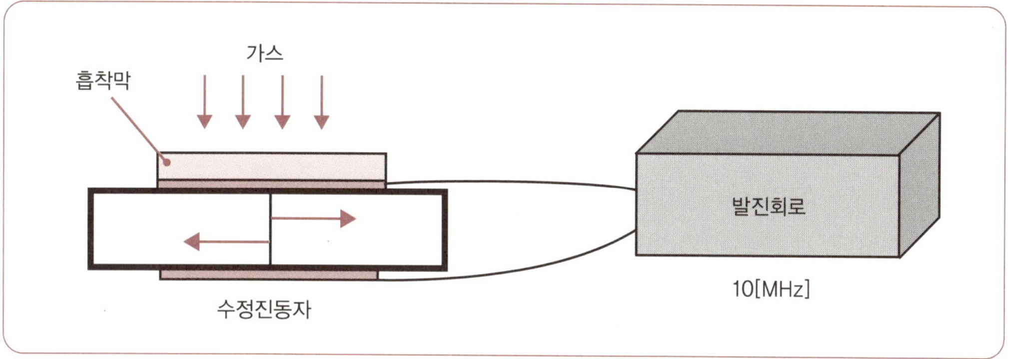

▼ 그림 7-3 멀티어레이 후각 센서

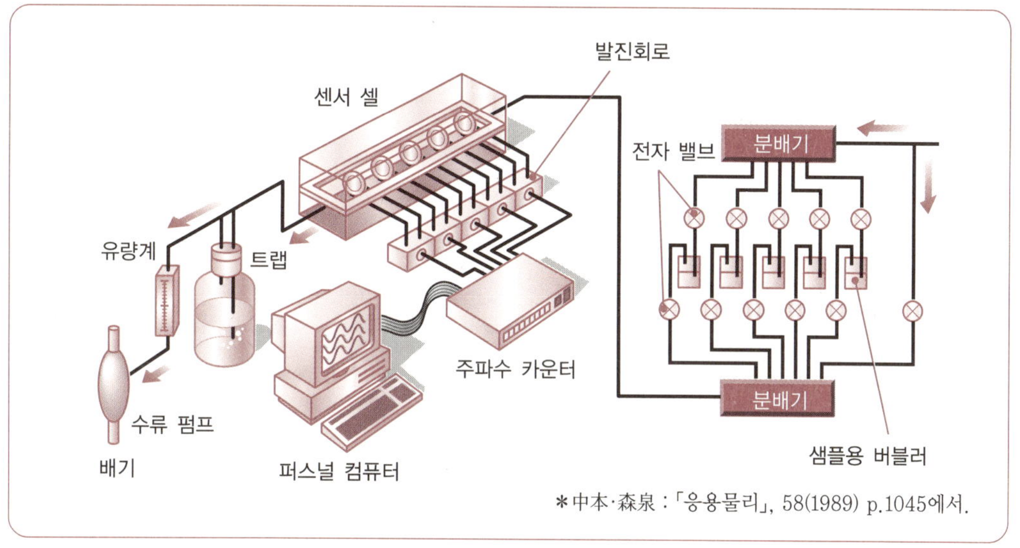

*中本·森泉 :「응용물리」, 58(1989) p.1045에서.

# 04 도전성(導電性) 폴리머를 사용한 후각 센서

도전성 폴리머(고분자)란 전기를 통할 수 있는 고분자인데 가스의 흡착으로 전기저항이 변화한다. 전기를 통한다 하면 우리들은 동이나 철 등의 금속을 바로 연상하지만, 유기재료일지라도 전기를 통하는 물질이 있다. 폴리피롤(polypyrrole)은 자주 사용되는 도전성 폴리머로 1968년에 전기화학적으로 만들어졌다. 폴리피롤막은 피롤의 양이온성 폴리머 사슬로 구성되며, 용액 중의 음이온으로 전기적으로 중화한다. 또한 1970년대 초반에 첨가물을 가한 폴리아세틸렌이 전기가 통한다는 것을 세상에서 처음으로 발견한 것이 2000년 노벨 화학상에 빛난 시라카와 히데키(白川英樹) 박사이다.

도전성 고분자는 메탄올, 에탄올, 에틸아세테이트 등과 같은 화학물질의 흡착으로 전기저항이 변화하는데 그 메커니즘은 아직까지 알려져 있지 않다. 또한 특정 가스에 선택성이 있는 것도 아니다. 이 부분의 사정은 산화물 반도체와 많이 비슷하다. 응답특성의 경우, 예를 들어 메탄올의 0부터 15[mg/l] 까지의 변화에 대하여 선형으로 응답하는 것으로, 전기저항변화를 앎으로써 메탄올 농도를 추정할 수 있다.

후각 센서로 보고된 예는 산화물반도체에 비해 그다지 많지 않은 실정이나, 20종류의 도전성 폴리머를 사용한 측정결과가 보고되었다. 그림 7-5는 2종류의 향수 머스크(musk)와 일랑일랑(ylang-ylang)에 대한 응답 패턴을 나타내고 있다. 패턴은 규격화함으로써 각각의 향에 대하여 특유의 패턴을 얻을 수 있다. 사람의 지문과 같은 것이다. 각 센서의 특이성이 그다지 높지 않은 것은 분명하나(즉, 향수의 어느 쪽인가에 특정 센서 소자가 특히 커다란 응답을 나타내는 것은 아님), 우선은 식별이 잘 된다. 뉴럴을 적용함으로써 더욱 식별능력이 향상된다.

도전성 폴리머는 유기재료이므로 경량이며 플렉시블하며, 이 장점을 살리면 용도가 확대될 것이라 생각된다. 센서 퓨전(210쪽)에서 와인 플레이버를 도전성 폴리머형 후각 센서와 미각 센서를 사용하여 측정한 예를 소개한다.

(a) 폴리아세틸렌

(b) 폴리아닐린

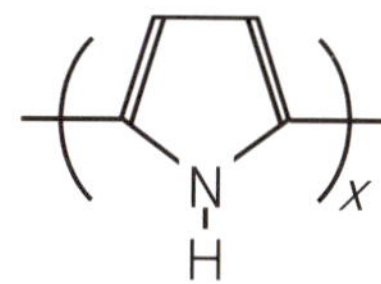

(c) 폴리피롤

(d) 폴리파라페니렌

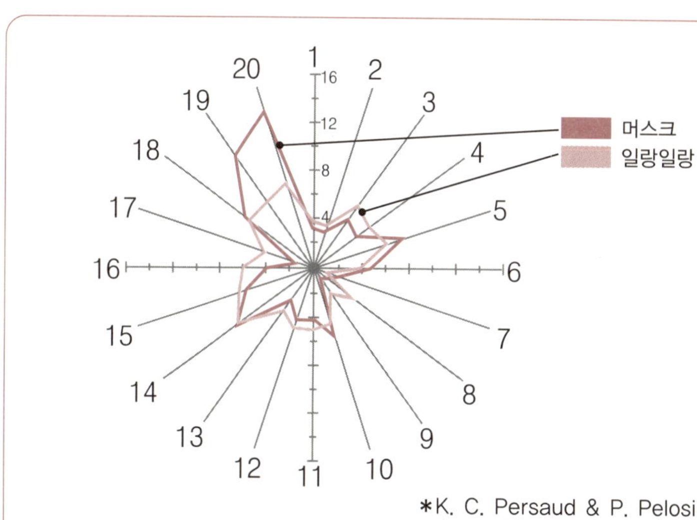

*K. C. Persaud & P. Pelosi : *Sensors and Sensory Systems for an Electronic Nose* (J. W. Gardner & P. N. Bartlett, eds., Kluwer Academic, 1992) p.237 데이터에서.

05 포집관을 사용한 냄새 센싱 시스템

유기막을 피막한 수정진동자(QCM)나 도전성 고분자를 이용한 후각 센서가 있으나, 그들 대부분은 센서의 수명이 짧다든지, 감도가 충분하지 않다든지, 습도의 영향을 받아 재현성이 떨어진다든지 하는 등의 결점이 있었다. 또한 산화물반도체를 사용한 후각 센서는 수명이라는 점에서는 가스 경보기에서의 실적도 있으며 실용화할 만한 것이었으나, 감도와 습도의 영향이라는 점에서는 불충분했다. 그래서 가스 크로마토그래프 분석법(GCMS)에서 사용되고 있는 포집관을 산화물반도체 센서의 앞부분에 설치함으로써 사람의 후각과 동등 이상의 감도를 얻는 데 성공한 센싱 시스템에 대하여 소개하도록 한다.

본 시스템에서는 퍼지 & 트랩법에서 샘플 가스를 농축하고 있다. 퍼지 & 트랩법이란 휘발성분을 활성탄, 실리카 겔, 다공질 폴리머 등의 흡착제가 충전된 포집관에 포집시키는 방법을 말한다. 그 결과, 가스가 농축되기 때문에 감도가 향상될 뿐 아니라, 샘플링 후의 건조공정에서 수분을 제거할 수 있으므로 재현성이 높은 측정이 가능하게 되었다. 측정순서는 샘플흡인, 포집관에 축적, 포집관 건조, 포집관의 가열에 의한 냄새 가스 방출, 센서에 의한 측정, 포집관의 승온(昇溫)에 의한 클리닝이다.

센서는 6개의 산화물반도체 센서로 구성된다. 데이터 처리에는 주성분분석을 사용하여 냄새를 3차원공간에 나타내는 외에 클러스터 분석이나 중회귀분석, 뉴럴 네트워크 등으로 해석할 수 있다. 현시점에서는 다양한 냄새에 적용되고 있으나, 예를 들어 블랙 캔 커피의 식별, 식품포장재의 양부판정 등이 이루어지고 있다. 미량의 향료수용액 측정에서는 트리메틸피라진, 페네틸 알코올, 초산, 페놀, 프로피온산, 몰톨, 다이메톡시페놀의 식별에 성공하였으며, 코의 검지한계 레벨인 곰팡이 냄새까지도 측정할 수 있었다.

또한 포집관의 동작조건을 변경함으로써 향기성분 중 톱 노트(top note)나 디프 노트(deep note)에만 초점을 맞출 수도 있다. 예를 들어 오렌지 주스를 마신 경우 마시기 전에 코로 맡은 냄새가 톱 노트 성분이며, 마신 후에 목에 남는 향이 디프 노트 성분이다. 이것은 포집관을 사용함으로써 처음으로 식별에 성공했다.

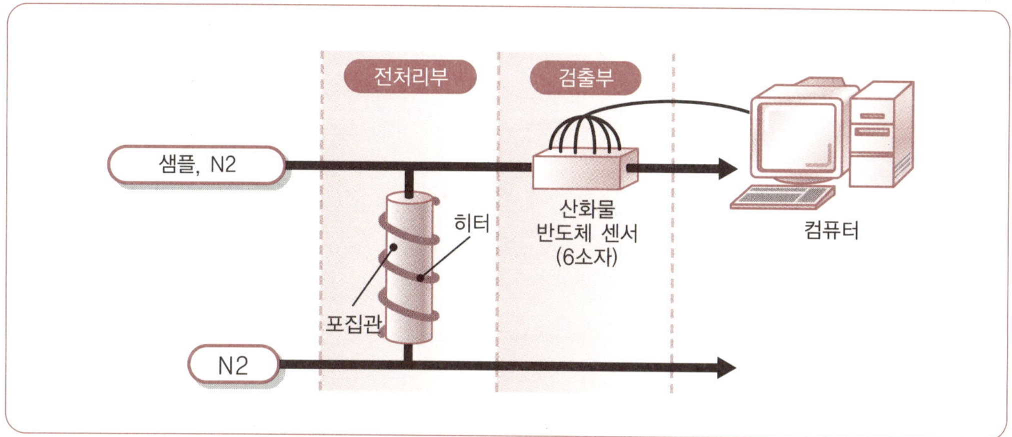

▼ 그림 7-7 냄새 센싱 시스템

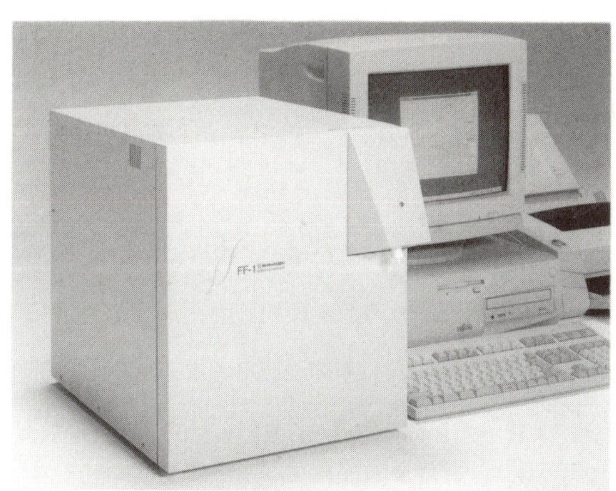

＊사진제공 : (주)島津製作所

06 데이터의 가시화(주성분 분석)

보통 우리들이 계측하는 이유는 목적으로 하는 어느 양을 수치로 표현하고 싶기 때문이다. 직접측정과 같이 알고자 하는 양이 그대로 측정량일 때는 간단하지만, 간접측정의 경우는 목적의 양(목적변수)을 측정량(설명변수)으로 나타내야 한다. 설명하고 싶은 사항을 측정량을 사용하여 정식화하기 위해서는 어떻게 해야 할까?

10명의 그룹에 있어서 국어와 수학 점수에 대해 생각해 보기로 하자. "클래스의 A군이 이과계열이다. 혹은 문과계열이다."라는 논의가 시작되었다고 하자. 이것을 수치를 사용하여 객관적으로 표현하는 방법이 있을까? 즉, 설명변수를 국어점수 X_1과 수학점수 X_2, 목적변수를 이과계열도(理科系列度)라 하여 그들 사이를 정식화하고자 하는 것이다. 다만, 이 경우 주의해야 할 것은 원래 2가지 변수(국어와 수학)였던 것을 하나의 변수(이과계열도)로 설명하고자 하는 셈이므로 정보량의 감소가 반드시 일어난다. 정보량의 손실을 가능한 한 적게 하며 변수를 줄이는 일반적 방법이 주성분 분석이라는 것이다.

센서 기술의 궁극적 목표는 사람의 감각을 흉내내거나 혹은 뛰어넘는 것이다. 각종 센서를 조합하여 정보를 얻을 때 중요한 것은 각 센서로부터의 정보를 잃지 않고 목적으로 하는 양에 반영시키는 것인데, 이를 위한 수법의 하나로서 주성분 분석이 대단히 유효하다.

후각이나 미각 센서에서는 냄새물질이나 맛(味)물질을 단지 측정만 해서는 아무것도 말할 수 없는 경우가 많다. 예를 들어 8 채널의 후각 센서에서는 하나의 샘플에 대한 측정 데이터가 8차원 공간의 1점으로 나타나게 된다. 주성분 분석을 하면 정보량이 많은 순으로부터 축이 PC1, PC2, ……, PC8로 결정된다. 대략 PC1과 PC2의 2가지로 냄새에 관한 정보가 2차원 공간(평면상)에 표지된다. 즉, 냄새를 눈으로 볼 수 있는 것이다.

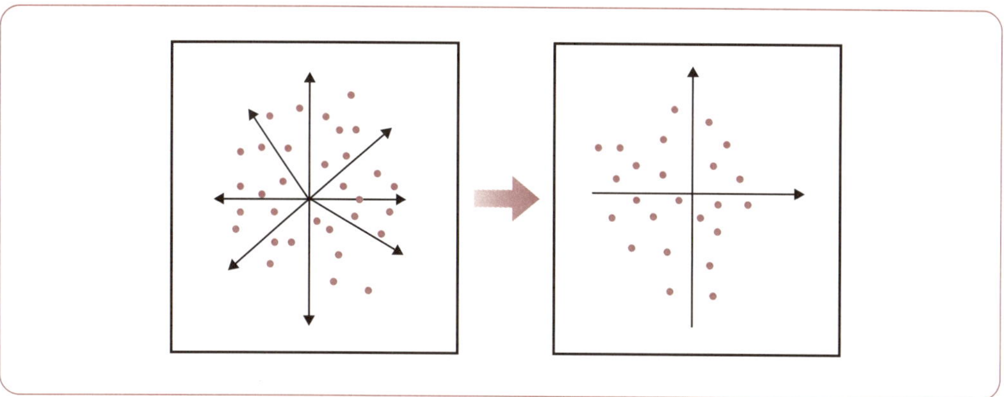

구분	A	B	C	D	E	F	G	H	I	J
국어점수	75	65	90	62	79	72	56	75	85	70
수학점수	74	75	57	86	73	78	92	65	62	65
이과계열도	−0.8	6.7	−23.5	16.8	−4.3	4.1	28.8	−7.4	−16.4	−4.0

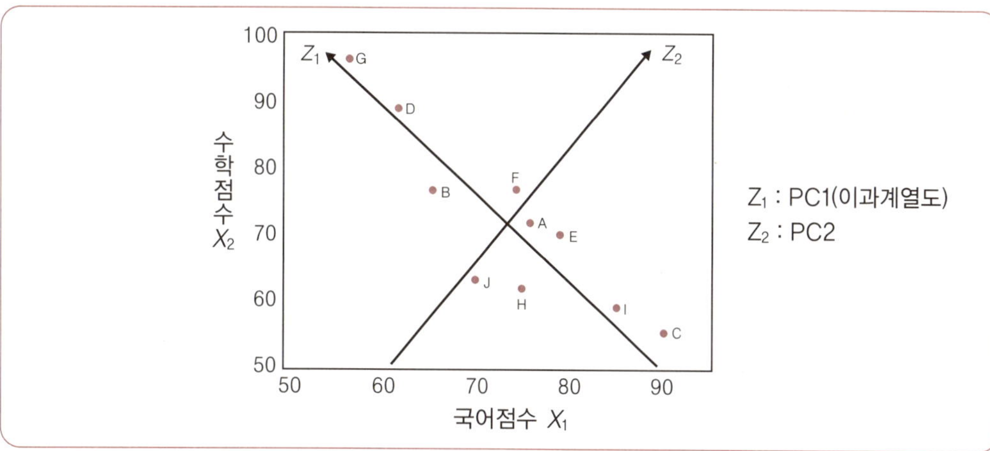

 07 생태 모니터링용 가스 센서

후각 센서의 목적 중 하나로 환경계측이 있다. 여기에서는 고체전해질을 사용한 가스 센서에 대하여 이야기한다. 이미 지르코니아 센서의 설명은 5장에서 했으므로 여기에서는 Na^+ 도전체인 NASICON($Na_3Zr_2Si_2PO_{12}$)을 사용한 센서에 대하여 서술한다.

근년의 온실효과 가스에 의한 지구온난화와 오존층 파괴라는 지구규모에서의 환경오염은 21세기의 인류존속에 영향을 미치는 중대한 문제이다. 생물과 환경과의 관계를 연구하는 학문인 생태학(ecology)과 각종 과학기술이 합체된 에코테크놀로지라는 기술개발이 필요하게 된 까닭이다. 자동차나 연소로에서 배출되는 NO_x(NO, NO_2)는 대기오염물질의 하나이다.

종래에는 살츠먼(Saltzman) 시약과 흡광광도법을 조합시킨 분석장치로 NO_2 농도의 모니터링이 이루어졌으나 대형에다 고가이므로 콤팩트하고 간편·신속한 측정이 가능하며 동시에 저렴한 센서의 등장이 기대되어 왔다.

그래서 NASICON을 사용한 에코모니터링용 가스 센서가 개발되고 있다. 구조는 NASICON 소결체인 소형 플레이트에 전압인가용과 전류측정용의 3가지 전극(하나는 공통)을 붙인 것이다. 대극상(對極上)에는 $NaNO_2$를 물로 페이스트상(狀)으로 한 것이 도포되어 있다. 이 센서는 대기 중의 수증기나 CO_2의 영향을 거의 받지 않고 [ppb] 레벨의 NO_2 검지가 가능함을 알게 되었다. 환경기준인 40~60[ppb]를 만족시키고 고감도·고선택성을 실현하고 있는 것이다. 응답속도도 20[ppb]의 NO_2에 대하여 약 60초로 충분히 사용이 가능하다. 향후 이곳저곳에 이와 같은 센서가 설치되어 용이하게 환경 모니터링을 할 수 있는 시대가 올 것으로 기대된다.

▼ 그림 7-10 NASICON을 사용한 센서

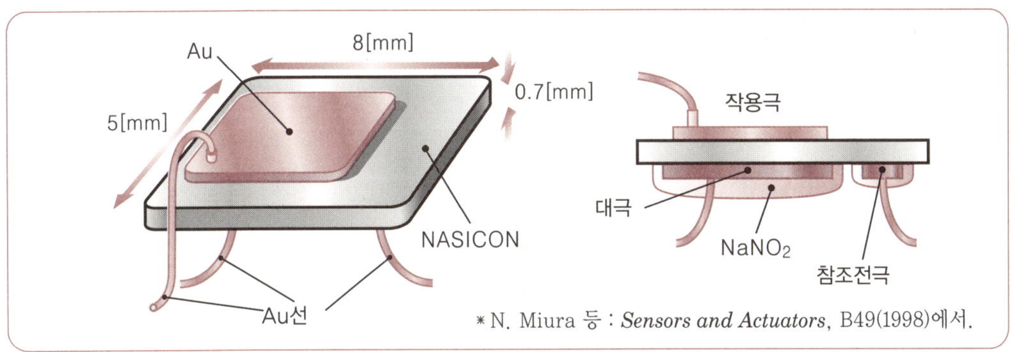
Au
8[mm]
0.7[mm]
5[mm]
작용극
NASICON
대극
NaNO₂
참조전극
Au선
* N. Miura 등 : Sensors and Actuators, B49(1998)에서.

▼ 그림 7-11 전류 값과 NO₂ 농도

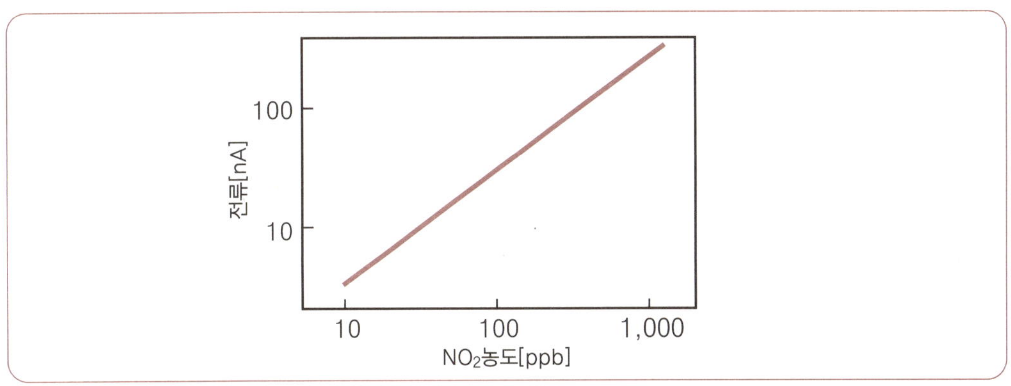
100
10
전류[nA]
10
100
1,000
NO₂농도[ppb]

▼ 그림 7-12 NASICON을 사용한 에코모니터링용 가스 센서

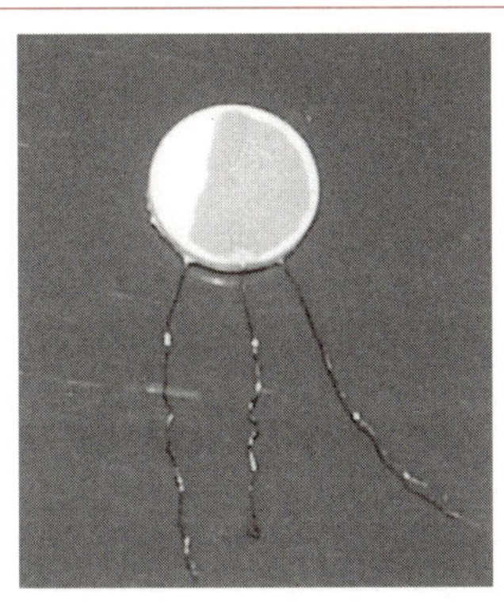
* 사진제공 : 九州大學·三浦 교수

 08 계면(界面) 전위제어형 후각 센서

지금까지의 후각 센서, 미각센서에서는 다른 특성의 수용부를 여러 곳 잡아 그들로부터의 출력을 종합하여 주성분 분석 등으로 처리한 후, 목적하는 양을 얻는 방법이 취해지고 있다. 이른바 멀티채널, 혹은 멀티어레이 시스템이다. 그래서 하나의 소자로 그 계면분극 상태를 바꿔 등가적으로 많은 정보를 얻는다는 개념하에 개발된 센서가 계면전위제어형 후각 센서이다. 현재 반도체 전극에 빛을 조사하여 광기전력 또는 광전류를 측정함으로써 계면과 화학물질과의 상호작용을 측정하는 방법과 금속전극의 전극전위를 바꿔 계면분극을 제어하고 임피던스법으로 화학물질의 영향을 검출하는 방법 등 2가지가 있다.

즉, 우리가 냄새를 느낄 때에는 콧구멍의 점막에 일단 냄새물질이 녹아드는 것처럼 여기에서도 전극표면에 얇은 물의 층을 만들고 있다. 후각 센서 중에서 물에 녹은 냄새 물질을 측정하는 유일한 방법이다. 산화물반도체 후각 센서가 고온상태에서 사용되는 데 비해, 상당히 생체와 가까운 상황에서 측정한다고 말할 수 있을 것이다. 물론 냄새 물질의 수용분자는 단백질이라 불리고 있으므로 그 의미에서는 결코 생체계에 가깝다고 할 수 없으며, 사람의 후각을 센서를 사용하여 표현하는 데에는 이들 원리와 다른 센서를 조합시키는 것이 중요할 지도 모른다.

그런데 계면분극을 바꿈으로써 정하전(正荷電) 물질, 중성 물질, 부하전(負荷電) 물질과의 상호작용을 바꿀 수 있다. 일반적으로는 광제어형보다도 전극전위제어형 쪽이 안정성이 뛰어나다. 알코올류로의 응답에서는 유사한 패턴을 나타내며 아세톤 등의 다른 물질과의 식별이 용이하다. 단지, 현시점에서는 아직 감도가 부족하며 더욱더 개량이 필요할 것이다.

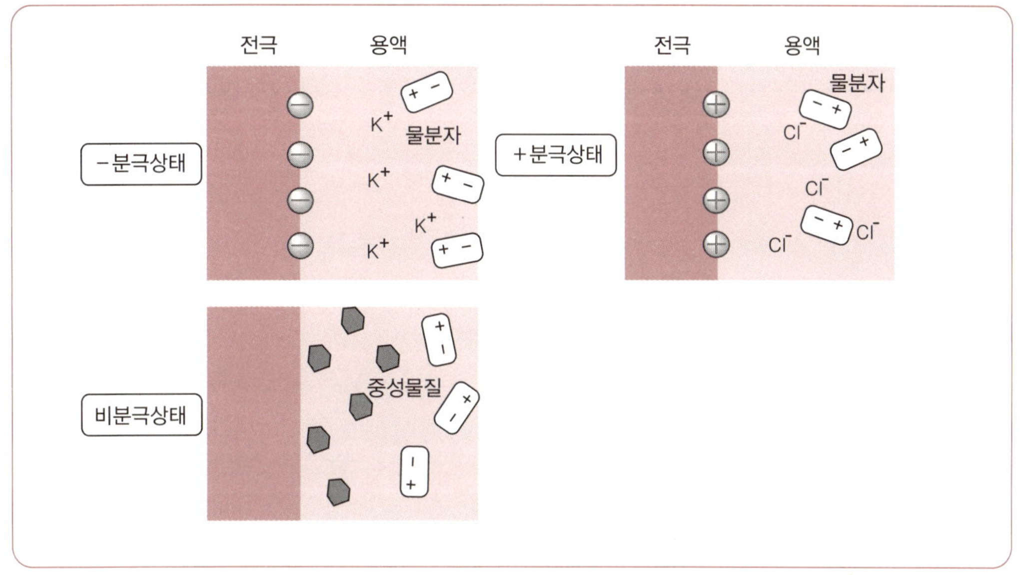

전극
용액
전극
용액
－분극상태
K⁺
물분자
K⁺
K⁺
K⁺
＋분극상태
물분자
Cl⁻
Cl⁻
Cl⁻
Cl⁻
비분극상태
중성물질

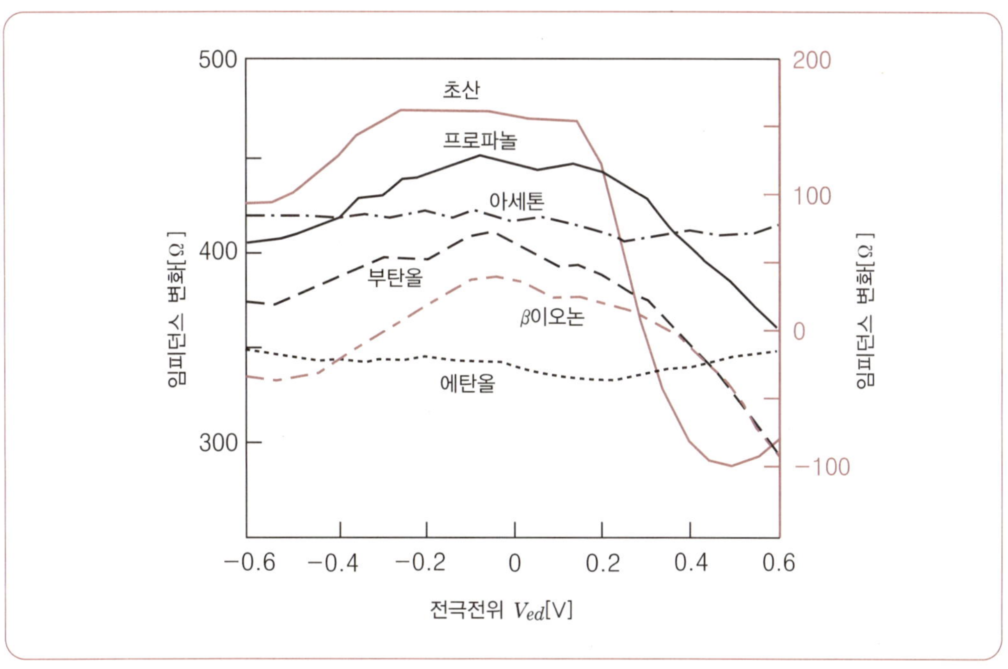

500
200
초산
프로파놀
아세톤
400
100
부탄올
β이오논
에탄올
300
−100
임피던스 변화[Ω]
임피던스 변화[Ω]
−0.6 −0.4 −0.2 0 0.2 0.4 0.6
전극전위 V_{ed}[V]

09 능동형 냄새 센싱 시스템

지금까지의 센서의 대부분은 외계정보를 수용, 인식할 뿐으로 정보의 흐름이 한 방향이었다. 여기서 얻어진 정보에 기초하여 센싱 시스템이 스스로 움직이는 경우나 센서 소자에 피드백을 걸어 센싱 파라미터를 자기조정하는 것 같은 "능동형" 센서를 생각해보자. 실제로 우리들은 물체가 잘 보이지 않으면 눈을 찡그린다든지, 조금 눈을 가까이한다든지(혹은 멀리한다든지) 하여 센서 자체를 조정한다.

냄새 센서는 종래에는 설치장소를 고정하여 센서로 오는 냄새나 가스를 검지했다. 이에 비해 능동 센싱에서는 센서에 피드백을 걸어 자립적으로 움직인다. 최근, 냄새원 탐지 로봇이 제안되고 있다. 악취원, 위험물, 가스 누출, 유독 가스 발생장소 탐지나 재해구조 시 인간의 위치탐색 등에 활약하는 미래 로봇으로서 크게 기대되고 있다.

이 로봇은 DC 모터로 구동하는 두 개의 차륜을 지니며 68HC11 보드, A/D, FPGA(주파수 카운터, AD 인터페이스, 시리얼 통신 인터페이스 내장) 보드 위에 각각 4종류의 풍속 센서와 QCM 후각 센서(또는 반도체 가스 센서), 그리고 외부와 통신하기 위한 안테나가 탑재되어 있다. 풍속 센서는 바람이 불어오는 쪽을 향하며, 후각 센서는 냄새 농도가 높은 방향을 향하도록 프로그램되었다. 그 결과, 클린 룸 내에서 에탄올 냄새를 맡아 냄새원을 탐지하는데 성공하였다.

또한 이와 같은 냄새의 흐름을 가시화하는 것도 시험되고 있다. 25개의 QCM 후각 센서를 설치하여 모니터상으로 냄새(가스)의 움직임을 리얼 타임으로 볼 수 있다.

혼합 냄새의 각 성분을 단시간에 높은 정밀도로 정량화하는 것도 시험되고 있다. 이 방법에서는 대상냄새를 측정하고 나아가 복수의 요소 냄새를 혼합하여 얻은 복합 냄새를 측정한다. 이것들을 비교하여 대상 냄새 성분을 평가한다. 2개의 반도체 가스 센서와 4개의 QCM 후각 센서를 사용하여 80[ppm]의 헥사놀과 120[ppm]의 2-헥사논 혼합 냄새 정량을 30초라는 단시간에 성공하였다. 향수를 자동조합하는 날도 그리 멀지 않았는지도 모른다.

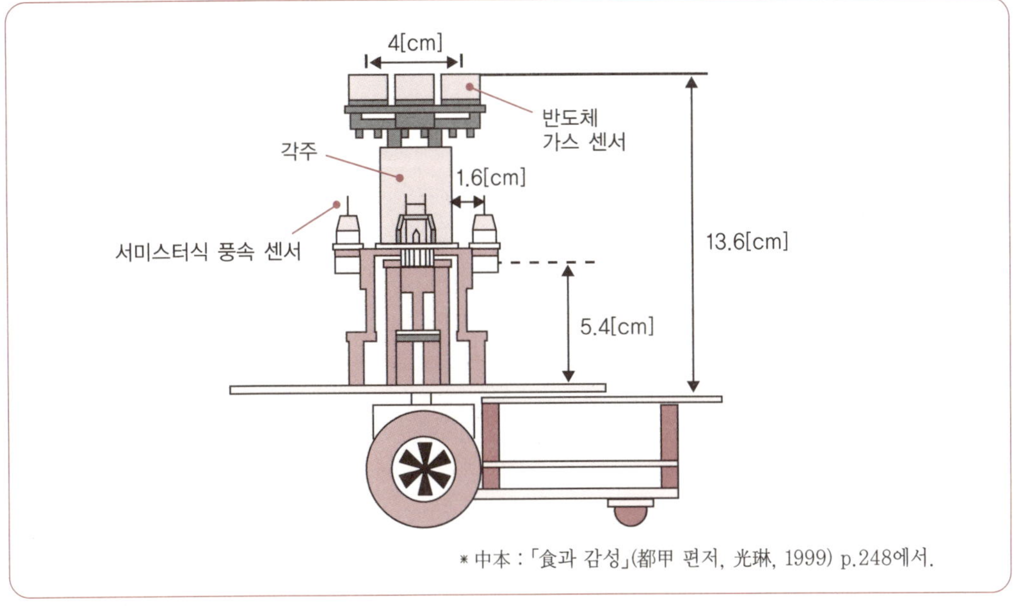

＊中本 :「食과 감성」(都甲 편저, 光琳, 1999) p.248에서.

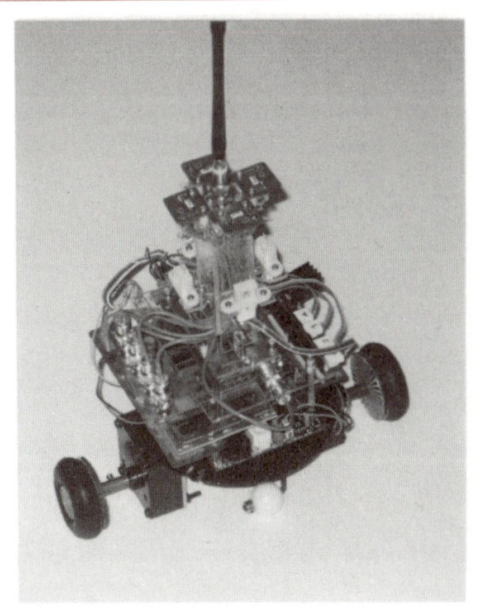

＊사진제공 : 동경공업대학·中本 조교수

제7장 후각 센서

＊사진제공 : 동경공업대학·中本 조교수

# 맛(味)물질의 수용에서 뇌로…

혓바닥에는 오돌토돌 튀어나온 것들이 많이 존재한다. 이것을 유두(乳頭)라 하며, 사상(絲狀)유두, 용상(茸狀)유두, 유곽(有郭)유두, 엽상(葉狀)유두 등 4종류가 있다. 사상유두 이외의 유두는 미뢰(味雷)라는 기관을 갖고 있다. 사람의 경우 1개의 용상유두에 여러 개의 미뢰가 있고 유곽유두에는 약 250개의 미뢰가 포함되어 있으며, 성인의 경우 전부 약 9,000개의 미뢰를 갖고 있다. 미뢰는 길이가 60에서 80[μm], 직경이 최대 40[μm] 정도의 크기이며 여러 개의 미세포(味細胞)로 구성되어 있다. 미뢰의 개수는 동물의 종류에 따라 천차만별이며, 메기는 몸 표면에도 존재하므로 전부 약 10만개, 소는 약 25,000개, 토끼는 약 17,000개 지니고 있다고 한다.

맛의 수용은 미세포의 생체막(세포막)으로 이루어진다. 생체막은 지질 2분자막에 단백질이 몰입된 구조를 하고 있다.

맛을 나타내는 물질이 미세포의 생체막에 흡착되면 세포 속의 전압(막전위)이 변화하고 미세포에 인접한 신경섬유가 흥분한다. 이와 같은 세포와 신경과의 정보의 접속, 그리고 도중의 신경끼리의 정보의 접속도 시냅스를 통해 이루어진다. 시냅스란 2종류의 세포를 연결하는 부역(部域)을 말한다. 시냅스 전막이 탈분극(전압이 0에 근접하는 것)하면 전달물질이라 불리는 물질이 방출되어 시냅스 후막 상의 수용단백질과 결합한다. 그 결과 시냅스 후막은 탈분극하고 임펄스열(列)의 발생을 재촉한다. 신경섬유를 달리는 임펄스열의 주파수는 전위변화에 비례하여 증가한다. 즉, 맛물질이 생체막에 흡착함으로써 야기되는 막전위 변화라는 맛에 관한 아날로그 정보는 시냅스를 통해 신경의 임펄스열에서 주파수 변화라는 디지털량으로 변환되어 뇌로 전달되는 것이다.

맛의 지각은 뇌에서 이루어지지만 미세포로부터의 신경섬유에 맛의 정보가 모두 포함되어 있기 때문에, 뇌는 오히려 향이나 혀에 의한 느낌, 이에 의한 느낌 등의 모든 정보를 종합하여 맛있다는 넓은 의미에서의 맛을 인식하고 있다.

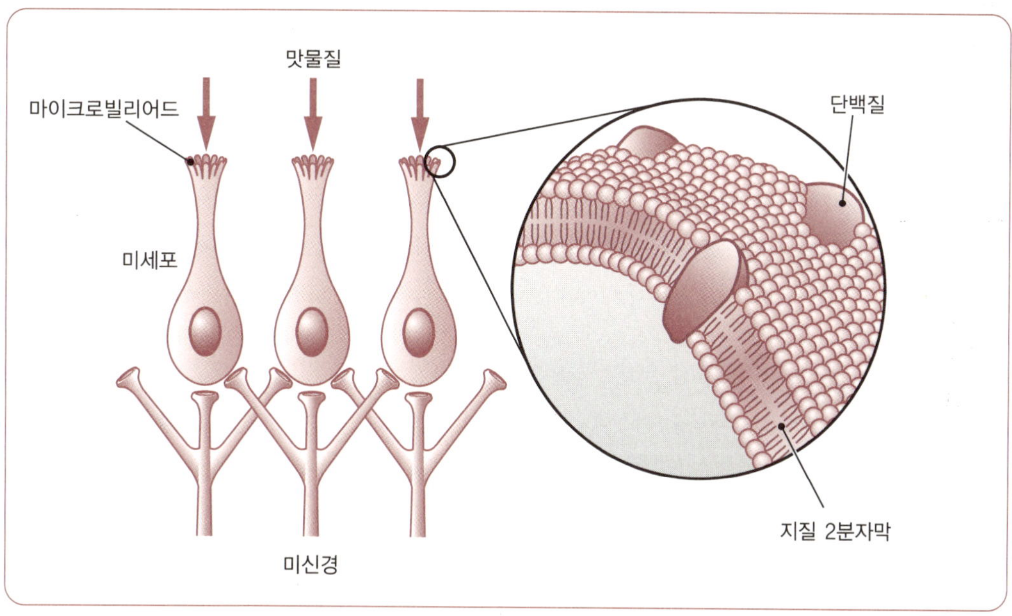
마이크로빌리어드
맛물질
단백질
미세포
지질 2분자막
미신경

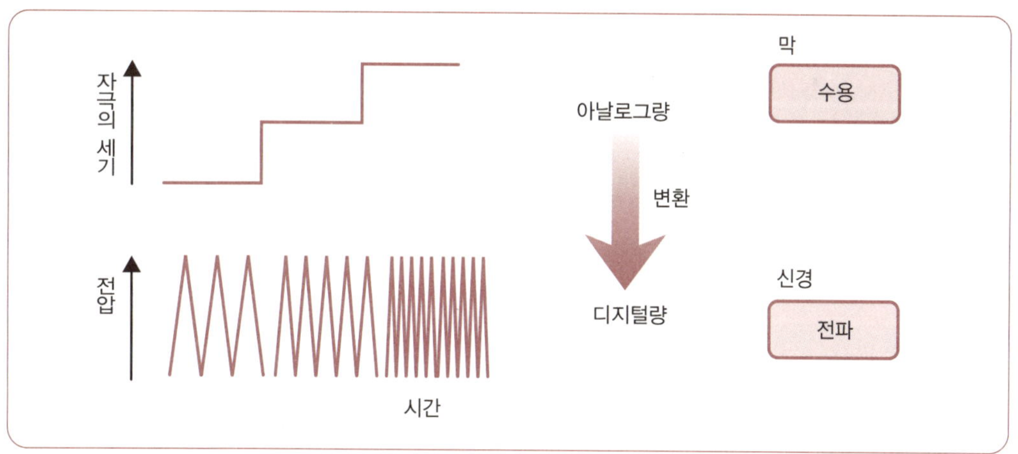
자극의 세기
전압
시간
아날로그량
변환
디지털량
막
수용
신경
전파

02 5가지 맛

맛의 질을 몇 가지의 기본적인 성분(기본맛)으로 분해하고자 하는 시도는 오랜 전부터 이루어져 왔다. 기본 맛을 몇 종류로 분류할 것인가 하는 것은 그 문화권에 따라 달라지는데, 신맛, 짠맛, 쓴맛, 단맛의 4가지가 보편적이며 일반적으로 널리 받아들여지고 있다.

신맛은 산이 분리되어 발생한 수소 이온에 의해 일어나는 맛이다. 짠맛은 Na^+ 이온으로 대표되는 금속계 양이온으로 생기는 맛으로 식염의 주성분이 염화나트륨인 것은 널리 알려져 있다. 단, 음이온도 짠맛에 영향을 미치므로 반드시 양이온만으로 맛이 결정되는 것은 아니다. 쓴맛을 만드는 것에는 식물에서 얻어지는 알칼로이드계의 물질이 많으며 카페인이나 키니네가 많이 알려져 있다. 단맛에는 자당(사탕)이나 포도당 혹은 사카린 등이 있다.

일본인이 발견한 맛에 "우마미(맛이 좋은 느낌)"가 있으며, 지금은 세계적으로 인지되어, umami taste라 불리고 있다. 우마미를 나타내는 물질로서 가장 많이 알려져 있는 것은 다시마에 함유된 글루타민산나트륨(MSG)이다. 또한 가츠오부시 속의 이노신산나트륨(IMP), 버섯에 함유된 구아닐산나트륨(GMP)도 우마미를 제공한다. 우마미에는 MSG에 소량의 IMP나 GMP를 첨가하면 우마미가 비약적으로 증가된다는 상승효과가 알려져 있다.

일반적으로 짠맛, 단맛, 우마미는 선호하는 맛이며, 쓴맛과 신맛은 꺼려지는 맛이다. 이것은 짠맛, 단맛, 우마미를 제공하는 물질은 에너지원이나 미네랄원이 되기 때문이며, 쓴 물질이나 신 것은 때로 독이 되기 때문이다. 어른이 되면 쓴 식품(맥주나 커피)을 좋아하게 되는 이유는 아직 규명되지 않았다.

또한 떫은맛과 매운맛은 혀를 물리적으로 자극하는 형태의 맛이라 생각되고 있다. 고추 진액을 피부에 대면 통증을 느끼는 것으로부터 알 수 있듯이 고추는 통각을 자극한다. 그러나 떫은맛은 미세포에서도 수용되는 맛으로 쓴맛의 일종으로 생각되고 있다. 매운 것을 먹으면 덥다고 느끼며 땀이 나는 것도 과학적으로 증명되어 있다.

미물질	냄새물질
혀(미뢰)로 감지됨.	코(후상피)로 감지됨.
비휘발성이 많음.	휘발성
일반적으로 극성이 높고, 물에 녹기 쉬움.	일반적으로 극성이 낮고, 유지(油脂)에 녹기 쉬우며, 물에 잘 녹지 않음.
5가지 기본맛이 있음.	다종다양한 냄새의 질

 ▼ 표 8-2 5가지 기본맛

맛	무엇에서 생기는가	의미하는 것
단맛	자당(사탕), 포도당(글루코오스), 인공 감미료(아스파르테임 등)	에너지원
짠맛	나트륨 이온으로 대표되는 금속계 양이온	체액 밸런스에 필요한 미네랄 공급
신맛	초산, 염산, 구연산 등, 산이 분리되어 발생한 수소 이온	신진대사촉진, 부패의 시그널
쓴맛	카페인, 키니네 등 알칼로이드계 물질	독성 경고
우마미	• 글루타민산나트륨(MSG) • 이노신산나트륨(IMP) • 구아닐산나트륨(GMP)	생물에 불가결한 아미노산, 뉴클레오티드류(핵산유래)의 공급

03 미각 센서

　일본에서 미각 센서라 하면 수용부에 지질/고분자막을 사용한 멀티채널막 전위계측형 센서를 가리킨다. 막은 데실알코올, 올레인산, 디옥틸포스페이트, TOMAC(trioctyl-methylammonium chloride)라는 지질을 고분자(폴리염화비닐), 가소제와 함께 혼합하여 만들 수 있다. 이들 서로 다른 지질은 성막화(成膜化)한 8개의 전극을 준비하여 멀티채널 구조를 취하고 있으며, 8개의 전극(수용부)을 로봇팔로 움직인다. 맛을 제공하는 화학물질과 막과의 상호작용이 막을 통하여 발생하는 전압(막전위)의 변화로 나타나며, 다른 막은 각 미질에 다른 응답을 한다. 이 장치는 이미 시판되고 있으며 몇 개의 회사와 연구소에서 사용되고 있다.

　미각 센서로부터의 출력은 컴퓨터로 데이터 처리되어 맛의 식별은 물론 맛의 수치화까지 가능하게 되었다. 우선 5가지 기본 맛에의 응답 패턴은 크게 다르며 명료하게 식별할 수 있다. 주목해야 할 것은 비슷한 맛을 생기게 하는 화학물질에 대해서는 비슷한 응답 패턴을 나타내는 것이다. 예를 들어 신맛을 제공하는 염산, 초산, 구연산에서는 비슷한 패턴을 나타내며, 우마미를 제공하는 MSG, IMP, GMP에서도 비슷한 패턴을 나타낸다. 이 사실은 미각 센서가 맛 그 자체에 응답하고 있는 것을 의미한다.

　종래의 화학분석기기는 주로 화학구조 차이의 고감도 검출을 추구해 왔다. 미각 센서는 이것과는 다른 입장에 서 있다. 즉, 세포를 감싼 생체막과 화학물질과의 상호작용을 측정한다는 것이다. 사실 우리들은 MSG(아미노산 계열)와 IMP(유전자를 만드는 뉴클레오티드 계열)의 커다란 구조의 차이에도 불구하고 같은 "우마미"를 느낀다. 자당(蔗糖)과 사카린은 전혀 구조가 다르나 역시 달게 느껴진다. 지질/고분자막을 사용하는 미각 센서는 생체막과 화학물질과의 상호작용을 상당히 재현하고 있는 것으로 생각된다.

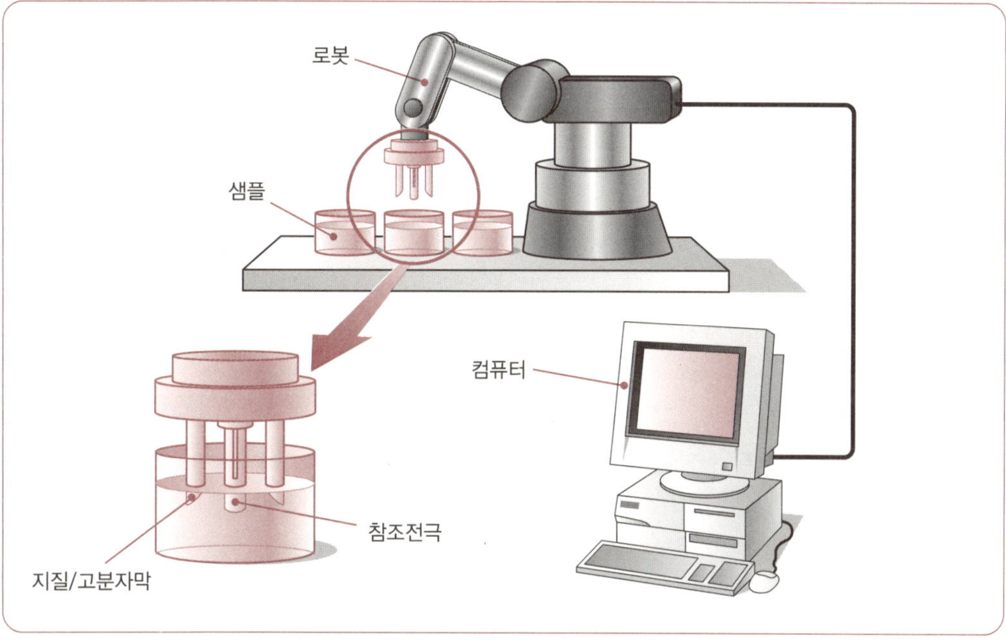

▼ 그림 8-4 맛 인식장치 SA402

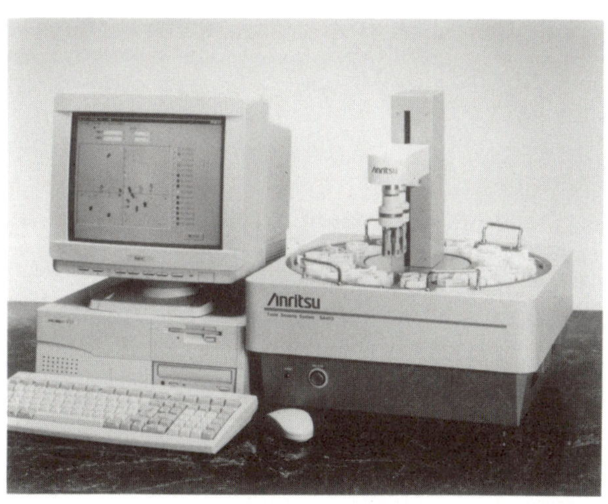

＊사진제공: Anritsu(주)

04 테이스트 맵

미각 센서는 5개의 맛에 대해서는 다른 응답 패턴을 나타내는데 비해 비슷한 맛에서는 비슷한 패턴을 나타낸다. 예를 들어 신맛을 제공하는 염산, 초산, 구연산에서는 비슷한 패턴을, 우마미를 제공하는 MSG, IMP, GMP에서도 동일하게 비슷한 패턴을 나타낸다. 이 사실은 센서가 개개의 맛 물질이 아닌 맛 그 자체에 응답하고 있는 것을 의미한다.

미각 센서의 응답감도는 키니네(쓴맛)로 수 [μM], HCl(신맛)로 약 10[μM], NaCl(짠맛)로 수 [mM], MSG(우마미)로는 약 0.1[mM], 자당(단맛)으로 약 100[mM]이며, 사람의 검지감도와 비교하여 비슷하거나 1/10 정도 낮은 것을 알 수 있다. 또한 키니네나 HCl에 대해서는 사람과 미각 센서 모두 동일하게 높은 감도를 나타낸다는 것은 주목할 만한 사실이다. 이런 현상은 매우 합리적 현상으로, 쓴맛을 생기게 하는 물질은 본래 독으로 피해야 할 것이며 신맛도 보통은 부패의 신호이기 때문이다.

단백질을 구성하는 아미노산은 약 20종류가 있으며, 아미노산은 아미노기($-NH_2$)와 카르복실기($-COOH$)를 공통으로 가지고 있으나 R기 부분의 구조는 다종다양하다.

$$RH_2 - \overset{\displaystyle R}{\underset{\displaystyle H}{\overset{|}{\underset{|}{C}}}} - COOH$$

이 R기(基)의 차이로 다른 맛을 제공한다는 사실이 알려져 있다. 아미노산은 식품의 맛을 형성하고 규정짓는 일에 관여되어 있으며, 특히 해산물에서는 아미노산 성분의 차이로 그 맛이 특징지어진다. 예를 들어 성게에서는 글리신, 알라닌, 발린, 메티오닌이 주이며, 가리비의 맛은 글리신, 알라닌, 아르기닌으로 결정된다. 종래의 화학분석기기를 사용하여 아미노산의 상세한 구조해석을 하는 것도 가능하다. 그러나 사람이 느끼는 맛을 이들 기기로서는 재현할 수 없다.

▼ 그림 8-5 신맛과 우마미에 대한 응답

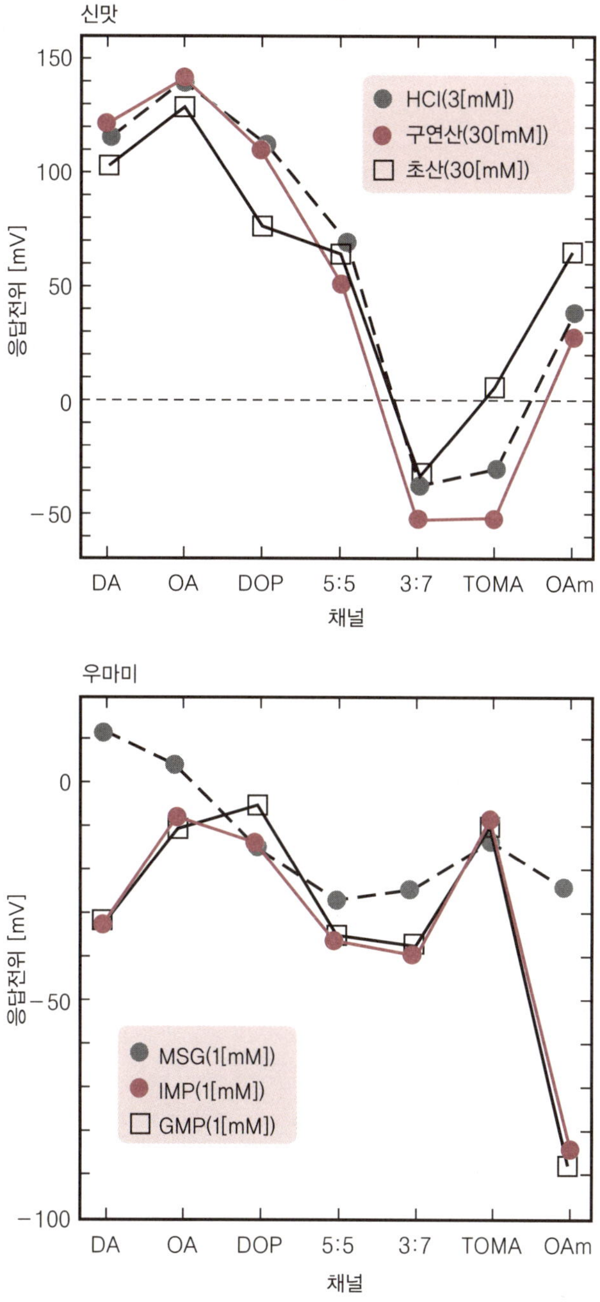

신맛
150
100
50
0
-50
응답전위 [mV]
HCl(3[mM])
구연산(30[mM])
초산(30[mM])
DA
OA
DOP
5:5
3:7
TOMA
OAm
채널
우마미
0
-50
-100
응답전위 [mV]
MSG(1[mM])
IMP(1[mM])
GMP(1[mM])
DA
OA
DOP
5:5
3:7
TOMA
OAm
채널

쓴맛 아미노산의 트립토판은 3가지 다른 농도에 대하여 규격화된 패턴을 나타낸다. 규격화된 패턴이란 출력 패턴이 둘러싼 면적이 1이 되도록 패턴을 규격화한 것이다. 그 결과 농도에 관계없이 거의 동일한 패턴을 얻을 수 있었다. 즉, DA, OA, DOP의 3가지 막이 커다란 값을 나타내고 있으며, 다른 막에서는 거의 0의 값을 나타냈다. HCl(신맛), MSG(우마미) 그리고 키니네(쓴맛)에서도 농도에 상관없이 각 미질이 특징적 패턴을 지녔다.

그래서 트립토판 패턴과 키니네 패턴을 비교한 결과, 이 2가지의 패턴은 극히 서로 통하고 있는 것을 알 수 있었다. 트립토판과 이들 맛 물질의 패턴 사이의 상관관계를 보면, 키니네, MSG, NaCl, HCl, 자당의 순으로 0.903, 0.577, 0.276, 0.792, 0.515가 되어, 트립토판은 확실히 키니네와 높은 상관관계를 갖는다. 즉, 쓴맛을 제공하는 트립토판은 키니네 등의 쓴맛 물질에 특유의 패턴을 하고 있으며, 미각 센서가 아미노산의 맛을 캐치하고 있는 것을 알 수 있다. 또한 맛을 정량화하는 것도 가능하다. 이것은 쓴맛 체커 부분에서 소개한다.

다음으로 펩티드의 맛을 측정하는 시도에 대해 소개한다. 펩티드란 각종 아미노산이 아미노기와 카르복실기와의 사이에서 탈수 축합하여 펩티드 결합(–CONH–)을 형성하여 생성되는 물질로, 분자론적으로는 아미노산과 단백질의 중간물질이다. 신맛을 제공하는 디펩티드에는 글리실-아스파라긴산(Gly-Asp), 세리닐-글루타민(Ser-Glu), 알라닐-글루타민(Ala-Glu), 글리실-글루타민(Gly-Glu), 또한 쓴맛을 제공하는 디펩티드에는 글리실-류신(Gly-Leu), 글리실-페닐알라닌(Gly-Phe), 류실-글리신(Leu-Gly) 등이 있다.

미각 센서로 측정한 바, 신맛 펩티드는 신맛 물질 특유의 패턴, 쓴맛 펩티드는 쓴맛 물질 특유의 패턴을 나타냈다. 이들 물질은 100[mV] 정도의 응답 패턴을 나타내며 패턴은 농도와 함께 단조롭게 커졌다. 그리고 신맛 펩티드는 오른쪽 위로 밀고 올라와 변형된 형의 패턴, 쓴맛 펩티드는 오른쪽 위를 향한 거북등 모양의 패턴을 나타냈다.

규격화된 응답 패턴에 주성분분석을 적용함으로써 테이스트 맵(맛의 지도)을 얻을 수 있다. NaCl이나 키니네 등의 기본 맛 물질과 아미노산도 포함되어 있다. 예를 들어 염산, 초산, 구연산, 글루타민산, Gly-Asp, Ser-Glu, Ala-Glu, Gly-Glu는 테이스트 맵 상에서 신맛의 그룹을 형성하고 있다. 이와 다른 쓴맛, 우마미, 짠맛, 단맛에 대해서도 그룹화할 수 있다. 우마미 그룹은 MSG, IMP, GMP, 호박산나트륨, 아스파라긴산나트륨(L-Asp)으로 구성되어 있으며, 아미노산 계열인 MSG와 L-Asp가 뉴클레오티드 계열인 IMP나

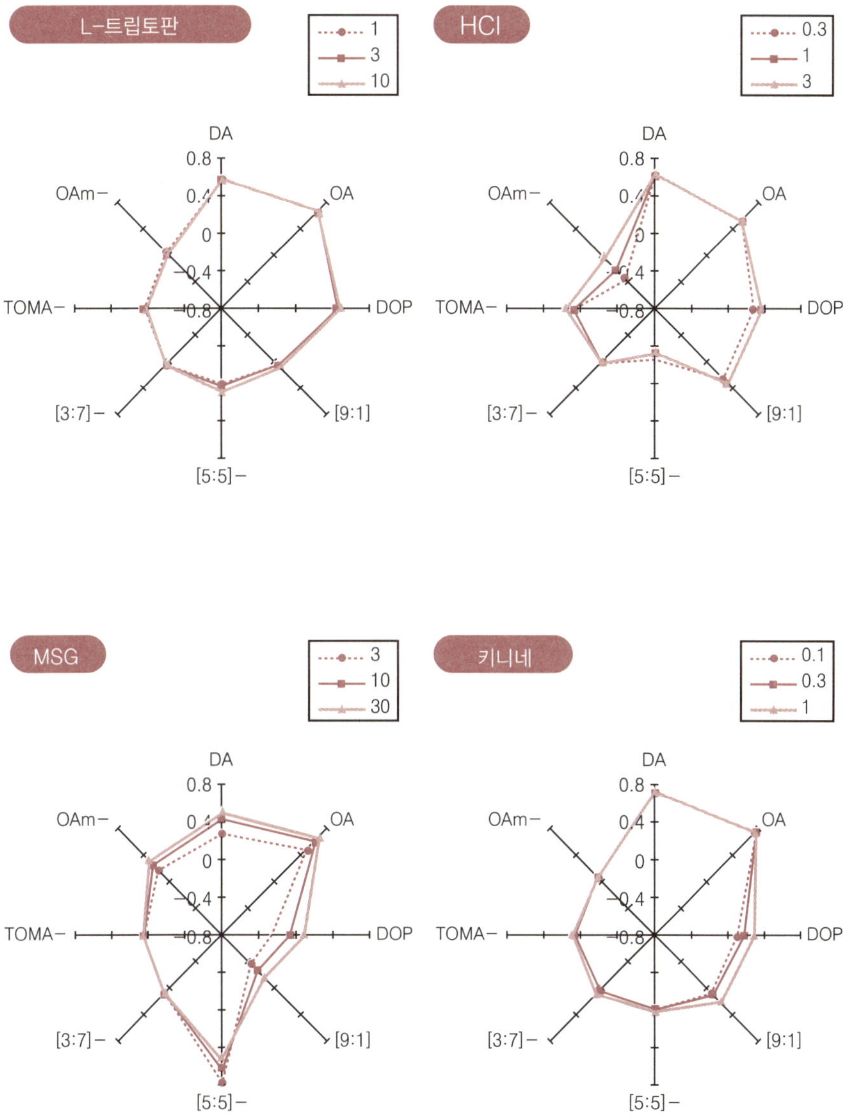

※각 그림 오른쪽 위의 3가지 수치는 농도[mM]임.
＊K. Toko & T. Nagamori : Trans. IEE Japan, 119-E(1999) p.528에서.

GMP와 닮은 패턴을 나타내고 있는 것은 주목할 만하다. 테이스트 맵은 혀로 맛보는 미각 정보를 눈으로 볼 수 있는 형태로 만드는 맛의 지도인 것이다.

식품의 맛을 비교할 때 테이스트 맵은 한눈에 맛을 비교할 수 있어 대단히 효과적이다. 정량적으로 그리고 객관적으로 맛에 대하여 의논할 수 있다. 맛의 디지털화 시대가 도래한 것이다.

▼ 그림 8-7 5가지 맛 테이스트맵

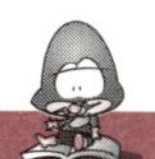

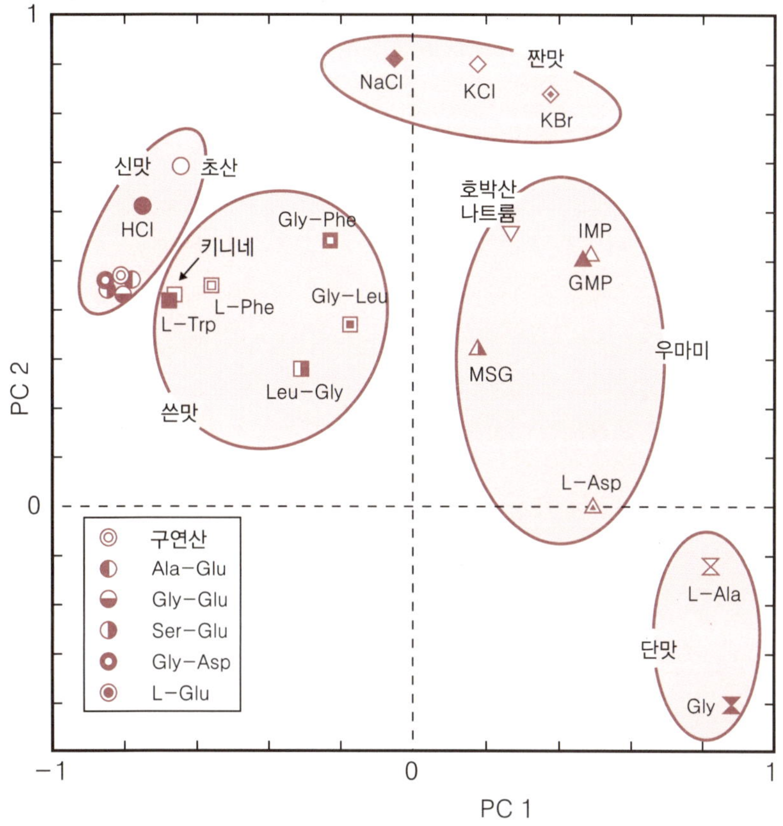

*K. Toko : *Biomimetic Sensor Technology*(Cambridge University Press, 2000) p.206에서.

05 맥주 센서

맥주에 대해서는 미각 센서 개발 당초부터 브랜드 식별을 비롯, 센서 출력과 관능(官能)과의 대응 및 화학성분과의 관계가 활발하게 조사되었으며, 테이스트 맵으로 그 해의 맥주 맛의 경향을 분석할 목적으로 몇 번이나 게시되었다. 일본에서 생산되는 맥주는 유럽에 비해 비슷비슷한 맛으로 알려져 왔으나 근래 수년 다양한 제법과 원료가 사용되어 많은 종류의 맥주가 생산되고 있다. 더욱이 외국산 맥주도 많이 수입되어 다종다양한 맥주가 판매되고 있다. 이 같은 상황 속에서 맥주제조 메이커에 있어서 인기상품이나 자사제품의 미각적 위치를 아는 것은 판매 전략면에서도 필요하다.

그림 8-8은 40종류의 맥주에 대한 테이스트 맵이다. 축의 의미로는 PC1축은 맛의 기조(基調)를 결정하고 있으며, (+)값일수록 리치(농후)하며 (−)값일수록 라이트(깨끗)하다. PC2는 보조적인 미각으로 (+)값일수록 샤프(목으로 잘 넘어감)하며, (−)값일수록 마일드(스무스)하다고 할 수 있다.

각 샘플의 분포상황은 각 카테고리마다 특징적인 분포를 하고 있다는 사실을 알 수 있다. 유럽 맥아 100[%] 맥주(그룹 b)는 일본 맥아 100[%] 맥주인 그룹 a에 비해 다양하게 변동하며 넓은 범위에 걸쳐 분포하고 있다. b1, b2는 둘 다 구(舊)체코슬로바키아산으로 극히 리치하며 샤프, b11은 프랑스산으로 극히 라이트, 기타 독일, 네덜란드, 덴마크산으로 PC1축 상의 좁은 범위에 분포하고 있다.

지역 맥주(그룹 c)는 샘플 수는 4가지로 적지만, 전체적으로 리치한 경향이 있으며 넓은 범위에 걸쳐 분포하고 있다. 제법이 상면발효방식이므로 맥주의 맛을 만드는 성분이 보다 많이 포함되어 있기 때문일 것이다. 일본의 부원료가 들어간 맥주(그룹 d)에는 종래부터의 일본 맥주 메이커 주력제품이 많고, 샤프한 맛을 제공하는 위치에 밀집되어 분포하고 있다. 남북아메리카대륙산 부원료가 들어간 맥주(그룹 e)는 라이트하며 부드러워 마시기 좋은 것을 특징으로 하는 위치에 있다.

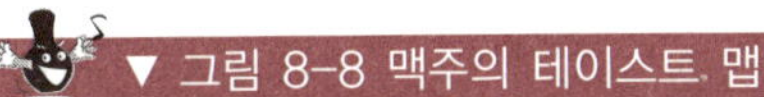

▲ 그림 8-8 맥주의 테이스트 맵

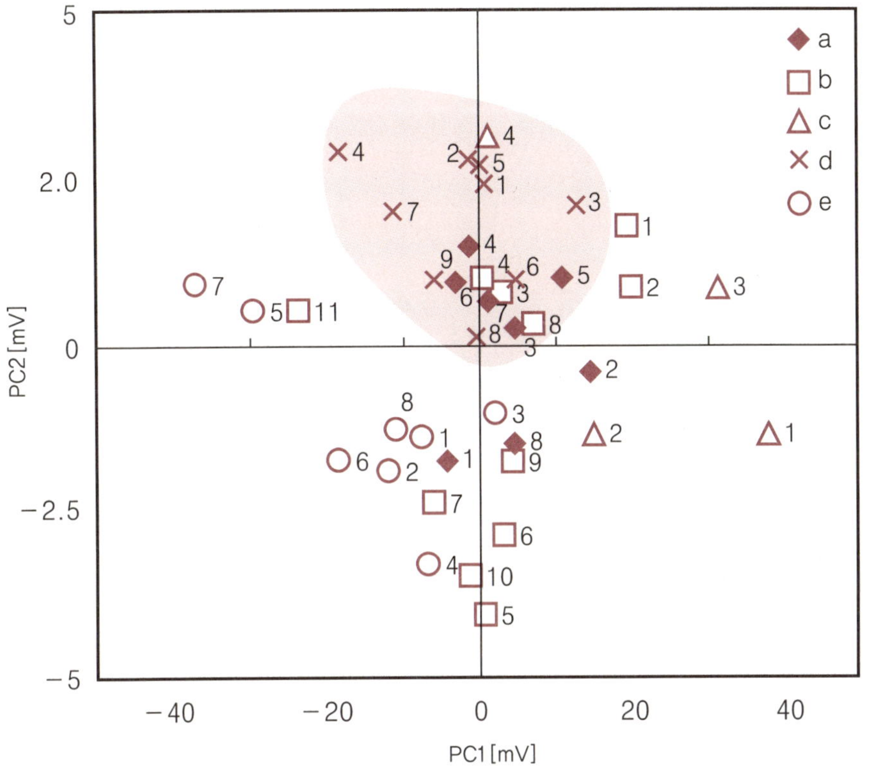

또한 미각 센서는 맥주의 로트(제조연월일, 공장) 간의 식별도 수행한다. 보다 고도의 품질관리가 가능하게 되는 것이다.

06 프리콘 측정과 CPA 측정

여기서는 미각 센서의 2가지 측정방법에 대하여 서술하고자 한다. 하나는 프리콘(preconditioning) 측정이라 불리는 방법이며, 또다른 하나는 CPA(Change in membrane Potential caused by Adsorption) 측정이라 불리는 것이다.

프리콘 측정은 미리 센서막을 측정 샘플과 가깝게 화학조성된 액에 며칠간 담가두고, 기준으로 하는 용액 또한 샘플에 가능한 한 가깝게 조성된 액으로 하는 측정방법이다. 예를 들어 맥주 계측이라면 표준으로 하는 맥주를 정해 그것에 막을 담그고, 측정할 때의 기준용액도 동일하게 한다. 이 방법의 최대 장점은 미리 흡착성이 강한 물질을 막에 흡착시키기 때문에 측정할 때의 막과 용액 속의 화학물질과의 상호작용을 부드럽고 작은 형태로 끝낼 수 있다는 점이다. 그 결과 맥주의 로트(제조공장, 제조일) 등 사람으로서는 알 수 없을 정도의 미묘한 맛의 차이를 알아낼 수 있다. 산에 걸린 2개의 깃발을 보는데 산의 정상까지 올라가 2개의 깃발을 견학하는 것과 같은 것이다.

한편, CPA 측정은 이것과는 발상이 전혀 다르다. 프리콘 측정은 분명히 정밀·고감도 측정을 가능하게 한다. 그러나 막에 미리 물질을 흡착시키기 때문에 각 막의 개성이 균일화되어 버린다. 즉, 정보량이 감소되는 것이다. 그래서 새롭게 개발된 방법이 CPA 측정이다. CPA 측정에서는 막은 싱싱한 채 그대로 사용하고, 샘플을 측정한 후 막을 그다지 세정하지 않고 기준액에 재차 담가 기준액에서의 전위를 측정하는데(CPA값이라 함), 이 CPA값은 샘플측정 전의 최초 값과는 다른 값을 나타낸다. 이는 샘플 측정 후 막에 흡착물질이 달라붙어있기 때문이다. CPA값이란 말하자면 뒷맛을 반영하고 있다는 사실을 알 수 있다. 물론 뒷맛을 측정한 후는 막을 깨끗하게 세정하고 기준으로 돌이킨다. CPA 측정을 사용함으로써 막은 각각 독립정보를 가지며, 통상의 응답전위와 합쳐서 결과적으로 5차원 정도의 독립정보를 출력할 수 있다는 사실이 밝혀졌다. 즉, 사람의 5가지 기본 맛을 측정할 수 있는 것이다. 정보량이 많다는 의미에서는 앞서 산의 예에서 산을 기슭에서 바라보고 깃발을 포함한 산 전체의 경치를 감상하는 것 같은 느낌일까?

▼ 그림 8-9 프리콘 측정과 CPA 측정

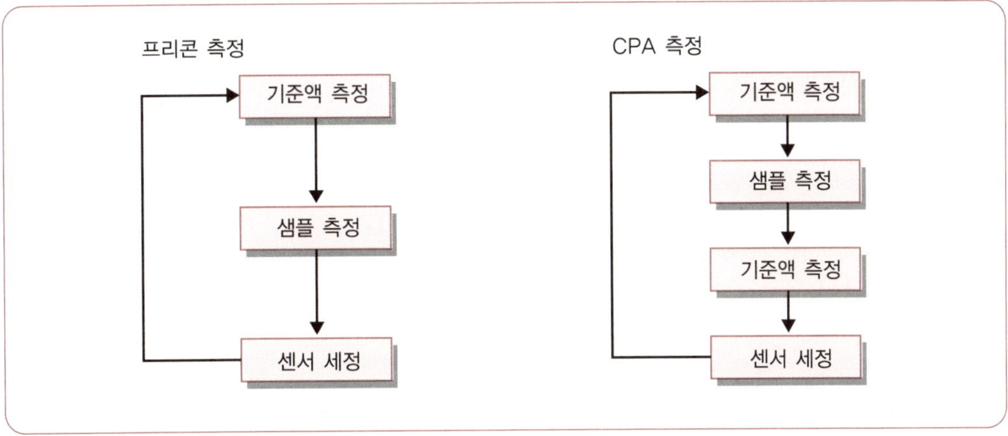

프리콘 측정
기준액 측정
샘플 측정
센서 세정
CPA 측정
기준액 측정
샘플 측정
기준액 측정
센서 세정

▼ 그림 8-10 일본 맥주의 테이스트 맵(a)과 공장의 차이에 의한 로토 간 차(b)

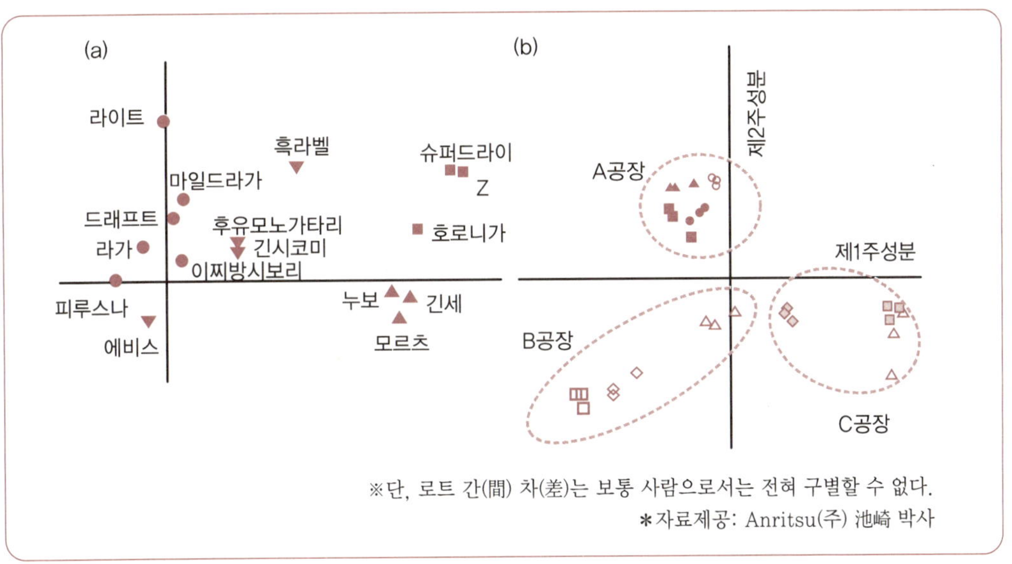

(a)
라이트
흑라벨
슈퍼드라이
Z
마일드라가
드래프트
라가
후유모노가타리
긴시코미
호로니가
이찌방시보리
피루스나
누보
긴세
에비스
모르츠
(b)
제2주성분
제1주성분
A공장
B공장
C공장

※단, 로트 간(間) 차(差)는 보통 사람으로서는 전혀 구별할 수 없다.
＊자료제공: Anritsu(주) 池崎 박사

07 물맛 센서

"물맛이 좋다."는 것은 어떤 것일까? 일반적으로 많이 논의되고 있는 것은 우선 냄새가 없는 것이 중요하다는 사실이다. 다음으로 칼슘, 마그네슘 등의 미네랄 성분이 너무 적거나 많아도 안 된다는 것이다. pH도 거의 중성이 좋을 것이다. 또한 오래 살아 익숙한 고향의 물맛이 좋다고도 한다. 이와 같은 물의 맛을 한눈에 볼 수 있는 테이스트 맵을 만들 수는 없을까? 미각 센서를 사용하면 가능하다. 그림 8-11은 미네랄 워터의 응답 패턴이다. 연수(軟水)계일수록 패턴이 작고 경수(硬水)일수록 커진다. 연수란 칼슘, 마그네슘 등의 2가 이온이 적은 물, 경수란 거꾸로 많은 물을 말한다.

그림 8-12는 41종류의 미네랄 워터를 미각 센서로 측정하여 주성분 분석으로 얻어진 테이스트 맵이다. 수치는 경도를 나타내고 있다. 제1 주성분(가로축)은 거의 경도를 반영하고 있는 것을 알 수 있다. 또한 그림 위로 갈수록 1가 이온 농도가 높고, 아래로 가면 2가 이온 농도가 높아진다. 따라서 그림의 위쪽이 설티(짬), 아래쪽이 비터(씀)가 된다. 동시에 관능 검사도 시험해 보았는데, 경도가 낮은 좌측 반평면에서는 재현성 있는 맛의 표현이 불가능하며, 그림 8-12의 오른쪽과 왼쪽의 떨어진 위치에 있는 미네랄 워터들의 식별이 간신히 가능한 정도였다. 이것은 실제로 물맛의 대부분이 물에 포함된 염소 등에서 나는 이취(異臭)에 의해 결정된다는 보고와도 일치하는 것이다. 미각 센서는 사람이 제대로 재현할 수 없는 맛을 정량화할 수 있으며, 이미 사람 혀의 감도를 넘어섰다.

이 결과는 미각 센서를 수질 모니터용 센서로 사용할 수 있음을 시사하고 있다. 실제로 미각이라는 감각은 입에 넣는 것이 안전한지 독인지를 신속하게 판단하기 위한 감각이므로, 그런 의미에서도 미각 센서를 수질을 체크하는 센서로 사용하는 것은 이치에 맞는 것이다.

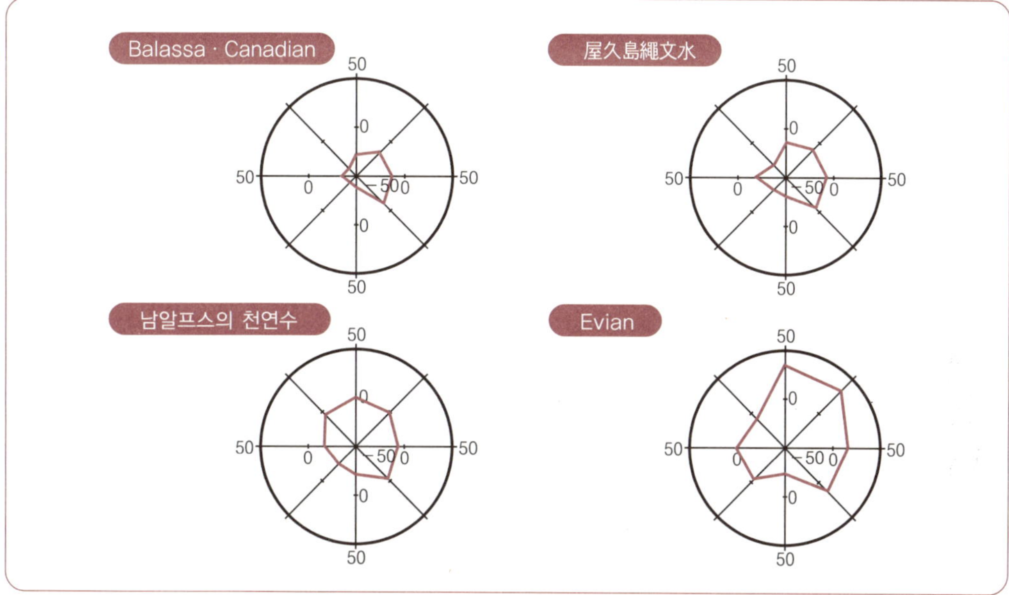

▼ 그림 8-12 미네랄 워터의 테이스트 맵

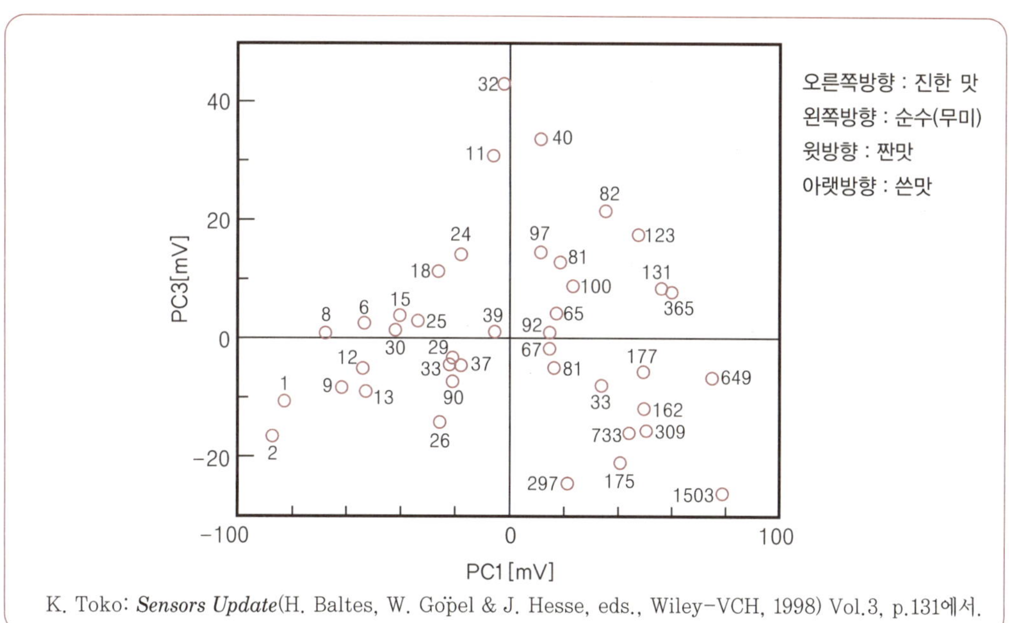

K. Toko: *Sensors Update*(H. Baltes, W. Göpel & J. Hesse, eds., Wiley-VCH, 1998) Vol.3, p.131에서.

08 수질 센서

공장배수나 논밭에서 나오는 농약에 의한 오염, 나아가 생활배수에 의한 부영양화 등의 수질오탁(汚濁)은 심각하며, 이에 대한 환경면에서의 관심이 높아져가고 있다. 또한 음료수인 수돗물에 관해서도 맛이나 냄새의 이상이 문제가 되고 있다. 이들 오염을 방지하기 위해서는 오염원의 수질을 항시 감시하고, 그 자리에서 재빠르게 대처할 필요가 있다. 그러나 이들 오염물질의 종류는 매우 많으며, 모든 물질을 동시에 조기 검출하는 것은 큰 어려움을 동반한다. 물속의 오염물질을 분석하는 종래의 방법은 대상물질을 선택적으로 [ppb] 이하의 오더까지 높은 정밀도로 측정할 수 있는 한편, 방해요소를 제거하기 위한 사전처리 등의 손이 많이 가며 작업에 있어서도 숙련이 필요하다. 때문에 측정에 시간이 걸리지 않고 간편한 측정기기에 의한 리얼 타임의 측정방법이 필요한 상황이다.

그래서 미각 센서를 수질 센서로 사용하여 하천수, 수돗물, 공장배수에 대해 금속 이온, 시안화물의 검출 가능성 및 수돗물에 대해서는 맛의 이상 검치 가능성을 조사하고 있다.

하천수, 수돗물을 미각 센서를 사용하여 감시할 것을 목적으로 하천의 독물 이상물질에 시안을, 수돗물의 맛 이상물질로 PAC(폴리염화알루미늄)를 예로 하여 자동수질감시 시스템에의 응용이 검토되었다. PAC는 수도정수장에서 사용되며 하천 속의 잘 가라앉지 않는 미립자를 커다란 입자로 침전시키는 응집제이다. 특히 큰 비가 내린 후에 투입된다. 그러나 투입량의 조정이 어려운 면이 있으며, 때로 과잉 투입되어 정수한 수돗물에 떫은맛을 동반한 맛의 변화를 가져오게 된다. 그런데 우선 시안에 대해서는 하천수에 있어서 농도 1[ppm] 이상에서 유리(遊離)시안, 시아노 착체(錯體)의 식별이 가능하다는 사실이 명백하다. 측정시간도 1건당 5분 이내이므로 간편한 수질 모니터링으로 미생물과 물고기를 사용한 bioassay의 대체수법으로 유용하다고 생각된다. 수돗물 속의 PAC 검출에서는 농도 10[ppm]에서부터의 검출이 가능하며, 인간의 관능치와 같은 레벨인 50[ppm]을 충분히 식별할 수 있음이 확인되었다. 그림 8-13은 보통 수돗물에 PAC가 첨가됨으로써 미질(味質)이 변화하고 음료의 허용범위에서 벗어나는 것을 나타내고 있다. 주성분 분석의 산포도 상의 이 대략적인 영역구분은 수질이상의 간이 신속검출을 가능하게 하는 것이다.

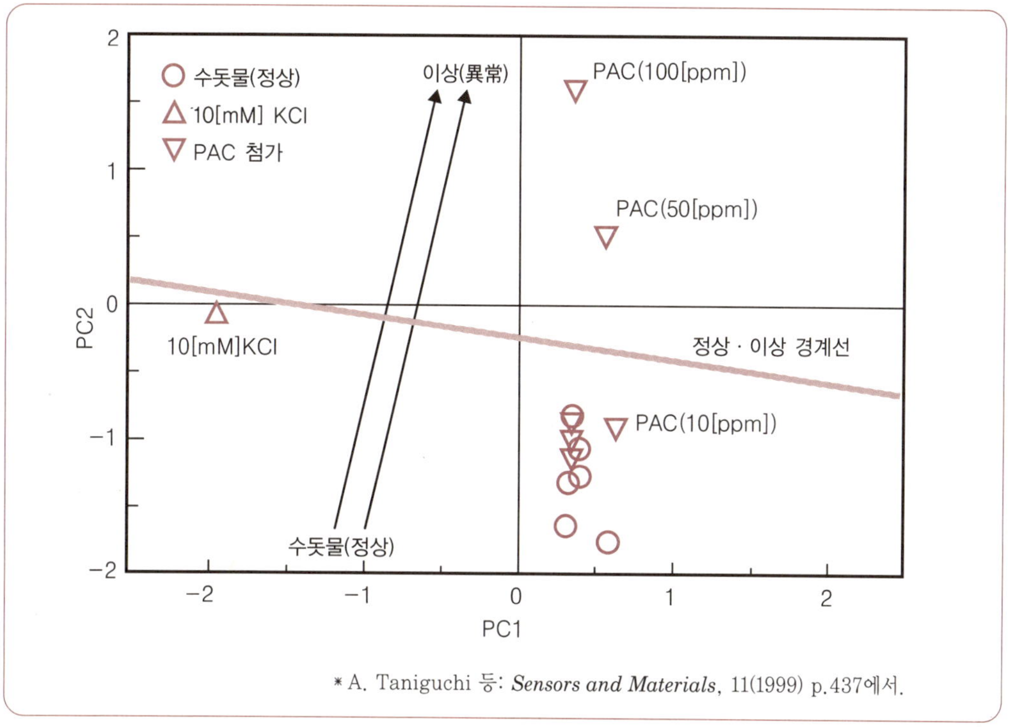

* A. Taniguchi 등: *Sensors and Materials*, 11(1999) p.437에서.

　또한 하천수보다도 오염물질(방해물질)이 많은 공장배수의 수질 이상(異常)을 검지할 수 있는 가능성이 조사되었다. 그 결과 종래의 복잡한 공정을 거치지 않아도 간단하게 시안화물 혼입, 동(銅) 이온 혼입, 알칼리성, 산성의 식별이 가능하다는 사실이 확인되었다.

09 양조(釀造) 모니터링 센서

미각 센서로 청주(淸酒) 모로미(諸味, 거르지 않은 술)를 온라인 측정용 센서로 사용할 수 있는 가능성이 일본의 나가노(長野)현 식품공업시험장에서 조사되었다. 약 1개월간의 양조과정에서 산도는 단조롭게 증가하고 센서출력과 높은 상관(0.99)을 나타냈다. 청주의 경우, 적정산도는 10[ml]의 술을 pH 7.2까지 상승시키는 데 요구되는 100[mM]의 NaOH 양으로 나타낸다. 술에 포함되는 성분(아미노산, 유기산 등)에 의한 완충효과가 있기 때문에 반드시 초기 pH가 낮다고 해서 적정산도가 높다고는 할 수 없다. 적정산도는 청주제조에 있어서 발효관리, 브랜드, 성분지표로서 중요한 양이다.

나가노 현의 품평회에 출품된 大吟釀酒(대음양주) 40병을 미각 센서로 측정하여 주성분 분석을 한 결과, 깨끗함(PC1)과 맛의 농담(PC2)에서 각각 맛의 특징을 나타내는 것이 가능했다.

맛을 정량화하고자 할 경우, 안정된 기준액, 표준액이 반드시 필요하게 된다. 日本酒(일본주)의 맛을 측정하는 데 어느 한 일본주를 기준으로 한다면, 언제나 신뢰할 수 있는 맛의 잣대를 제공할 수 있다고는 반드시 말할 수 없다. 그래서 표준이 되는 기준액도 제안되고 있다.

또한 일본주 속의 에탄올 농도에도 응답하는 간편한 에탄올 센서로 사용하는 것도 가능하다. 미각 센서의 최대의 장점은 여과 등의 조작 없이 샘플을 측정할 수 있다는 점에 있다. 이와 같은 포터블(portable) 센서의 보급에는 지금의 복수 채널로 구성되는 로봇 암 구동의 고정형 센서 시스템을 2채널 정도의 콤팩트한 형태로 만들어낼 필요가 있으며, 현재 이 라인을 검토 중이다. 시작기(試作器)는 에탄올과 Cl⁻이온에 응답하는 2개의 지질막 전극과 1개의 참조 전극으로 구성된다. 미리 시료(試料)에 염화칼륨을 적량 첨가하여 측정함으로써 공존물질의 영향을 제거하고 있다. 에탄올 측정 정밀도는 약 0.2[%]이며 실용 레벨까지 한 발짝 남아 있는 상황이다.

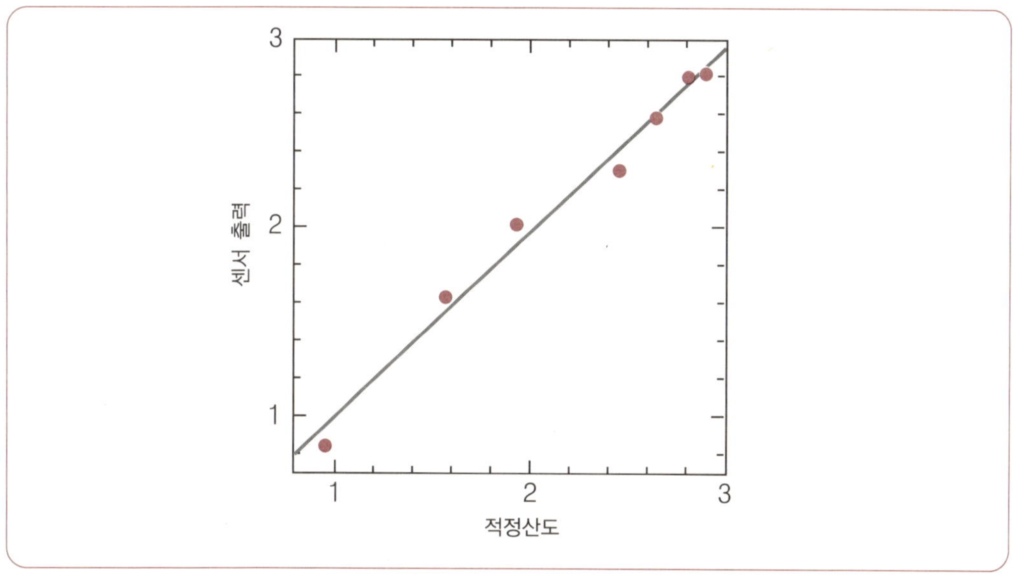

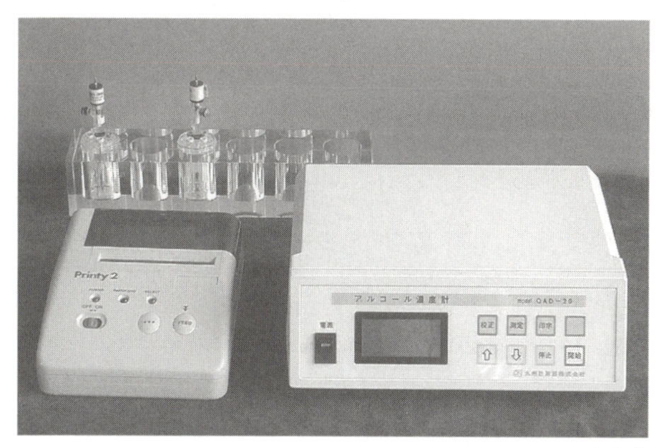

※ 사진제공: 九州계측기(주)

　　나아가 맛을 측정하는 기능을 가진 멀티채널 미각 센서와 상술한 것 같은 에탄올 계측용 센서 및 글루코오스 센서를 시스템화 및 콤팩트화한 하이브리드형 바이오센서를 구축함으로써 일본주의 품질평가도 가능하게 될 것으로 기대된다.

10 쓴맛 체커

의약품업계에서는 쓴맛을 어떻게 줄이는가가 중대한 과제이며, 몇 가지 방법이 시험되고 있다. 가장 일반적인 방법은 감미물질을 혼입시키는 것이며, 소아용 시럽이 가장 적절한 예이다. 쓴맛을 간단하게 체크할 수 있다면, 신약(新藥)개발을 위하여 쓴맛 보는 사람들의 노력도 줄어들 것이다.

미각 센서의 키니네(전형적인 쓴맛 물질)에 대한 주성분 분석을 실시, PC1을 키니네 농도에 대해 그리면 그림 8-16이 된다. PC1에의 기여율은 95.4[%]이며, 응답 패턴의 특징은 PC1에 거의 모두 집약되어 있다. 즉, PC1의 변화는 키니네 증가에 따르는 쓴맛의 증가를 반영하고 있다고 생각된다. 이것을 사람이 느끼는 쓴맛 강도와 대응시킴으로써 센서 출력으로 쓴맛을 수치화할 수 있다.

일반적으로 감미물질은 쓴맛을 억제하는데, 이 방법으로 실제로 쓴맛이 억제된다는 사실을 알 수 있다. 또한 이 방법을 시판되는 의약품에 적용한 바, 의약품이 발생시키는 쓴맛을 자당으로 억제하는 효과를 수치화할 수 있었다.

다음으로 또 하나의 쓴맛 억제현상을 소개한다. 포스파티딘산(PA)은 다른 맛물질에 영향을 주지 않고 쓴맛만을 억제한다는 사실이 알려져 있다. 1[%] PA를 키니네 용액에 첨가함으로써 사람이 거의 쓴맛을 느끼지 않을 정도까지 쓴맛이 감소한다. 이 효과는 의약품이나 식품 등의 쓴맛을 억제하는 것으로 주목받고 있으며 지금은 인지질(燐脂質)로 구성된 쓴맛 마스킹제가 시판되기에 이르렀다.

미각 센서를 사용하여 0.1[mM] 키니네에 1[%] 인지질을 첨가하면 등가적 키니네 농도가 2[μM] 정도까지 감소하는 것을 나타낼 수 있다. 즉, 사람이 느낄 수 없는 강도까지 감소한 셈이다.

또한 $MgCl_2$ 등의 전해질에서 유래하는 쓴맛에 대해서는 미각 센서를 사용하여 억제효과를 검출할 수 없었다. 이에 더불어 신맛이나 짠맛 등의 다른 맛물질에도 인지질에 의한 억제효과는 전혀 인정되지 않았다.

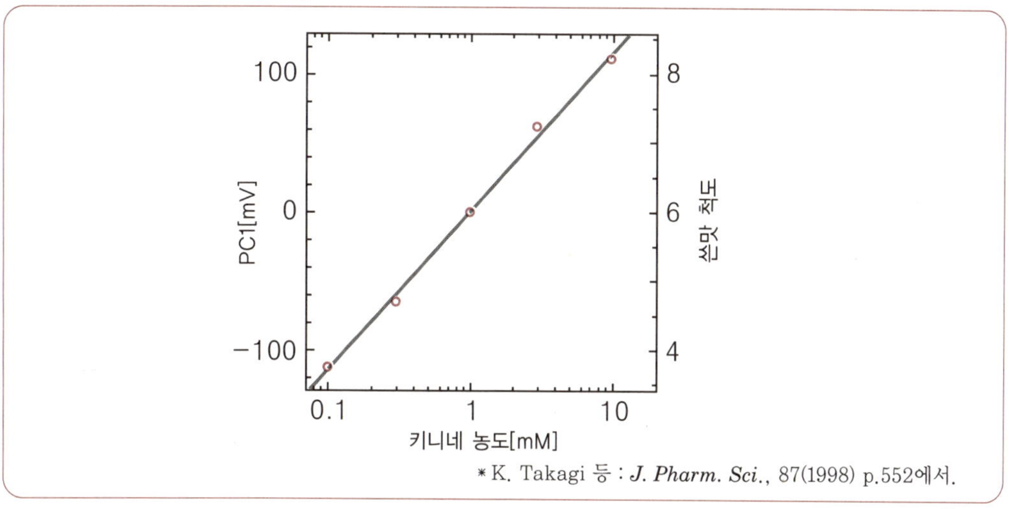

＊K. Takagi 등 : *J. Pharm. Sci.*, 87(1998) p.552에서.

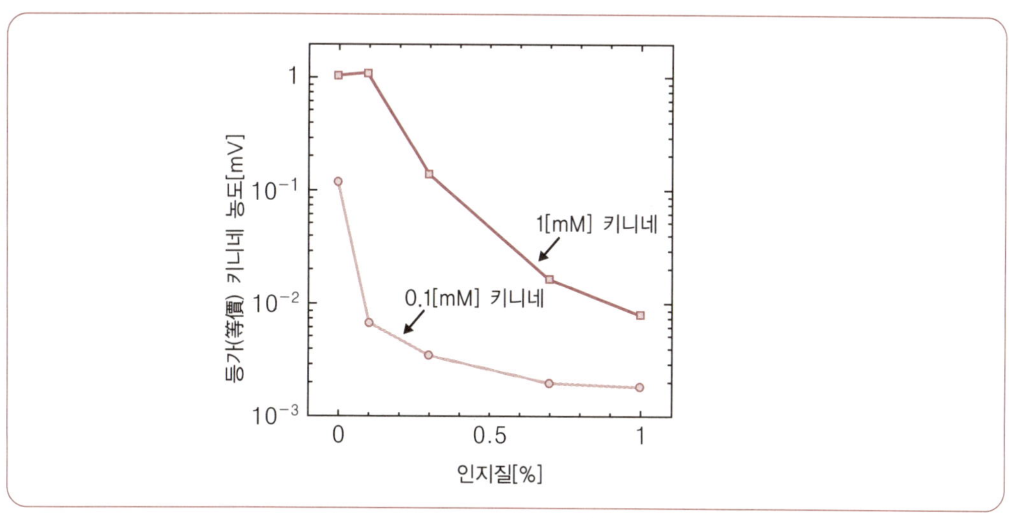

   이상의 결과는 모두 관능검사와 일치하는 것으로 지질막을 사용한 미각 센서는 생체에 있어서의 쓴맛 수용기구를 상당한 수준까지 잘 재현하며 쓴맛 체커로서 유용하다는 사실을 알 수 있다.

11 쌀맛 평가용 센서

쌀의 맛있는 정도는 외관, 향, 차짐, 굳기, 맛, 종합평가의 6항목으로 평가되고 있다. 이 중에서도 맛은 정량적인 평가가 가장 어려운 부류에 속한다. 맛의 항목을 제외한 5항목에 대해서는 측색색차계, 가스 크로마토그래피, 텍스튜로미터(texturometer), 근적외 분광 분석법 등에 의한 방법이 있다.

그러나 "쌀맛" 그 자체를 직접적이고 정량적으로 측정하는 수단은 거의 없기에 미각 센서를 적용하는 것은 쌀의 맛있는 정도에 대한 지식이 더욱 깊어질 것으로 기대된다. 실제로 쌀을 맛보면 맛의 식별이 좀처럼 쉽지 않다. 오히려 쌀의 형상(길다, 짧다)이나 텍스쳐(혀의 감촉, 이의 감촉) 쪽에서 구별이 된다.

쌀을 죽으로 만들어 미각 센서로 측정하고 데이터를 해석한 결과, 일본쌀(고시히카리)과 수입쌀이 각각 클러스터링되어 있는 가운데 오스트레일리아쌀은 일본쌀에 비교적 가까운 위치에 있음을 알 수 있었다.

또한 일본쌀(宮崎, 고시히카리)을 1개월 동안 햇볕에 내버려두어 오래 묵힌 쌀처럼 인위적으로 만들어 측정한 결과(보존쌀)는 상술한 일본쌀, 수입쌀과 다른 미질의 점(点)에 위치했다. 이것은 쌀 품질의 열화를 반영하고 있는 것으로 생각되며, 쌀의 품질보증에 미각 센서를 사용할 수 있음을 나타내고 있다.

최근 연구에서는 미각 센서 출력이 쌀의 짠맛, 신맛, 우마미와 높은 상관을 지닌 것으로 나타나고 있다. 더불어 단백질 함량이나 쌀밥의 차짐, 아밀로오스 함량 등에 관해서도 정량화의 가능성이 얻어지고 있다.

근적외 분광분석법을 사용한 쌀의 식미계(食味計)도 시판되고 있다. 이 방법에서는 쌀을 분쇄하지 않고 그대로 측정할 수 있다는 점이 뛰어나다

구분	측정내용	수단 · 측정장치
인간	외관, 향, 차짐, 굳기, 맛, 종합평가	관능검사
	외관	측색색차계
기계	향	가스 크로마토그래피
	차짐	texturometer
	굳기	레오미터
	종합평가	근적외 분광분석법, 전자파
	맛	미각 센서

 ▼ 그림 8-18 쌀의 테이스트 맵

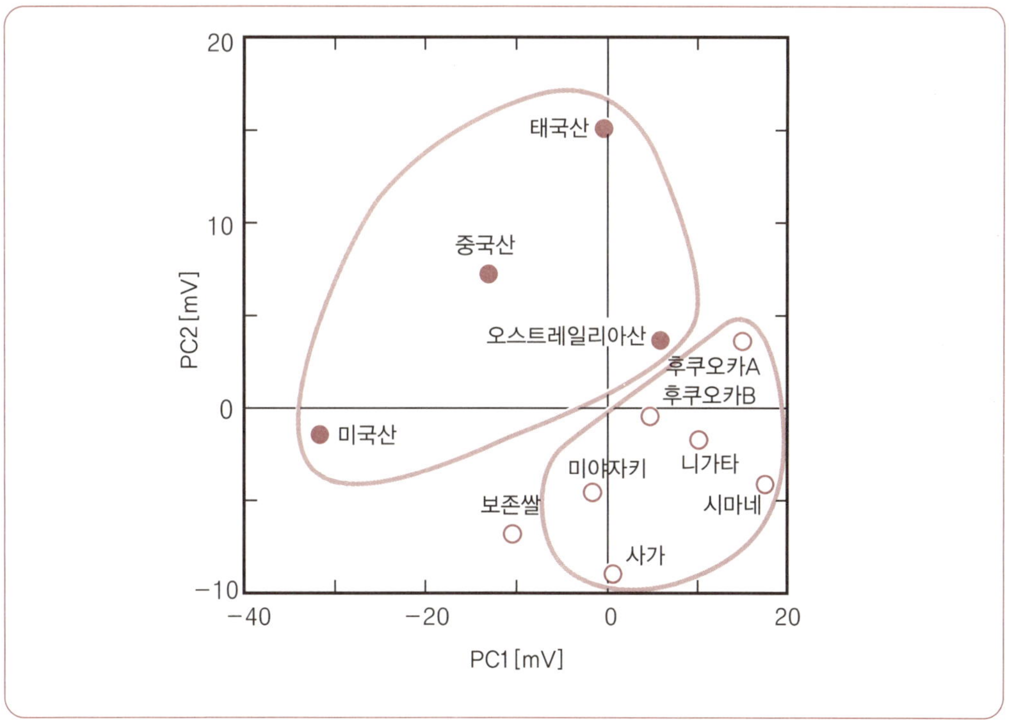

12 우유맛 평가

우유는 가열처리에 의해 감균 처리된다. 우리들은 저온살균유가 맛있다든지 고온살균유가 맛있다든지 말하는데 사실은 어떨까? 시판하는 우유의 서로 다른 브랜드의 경우, 일반적으로 원유(原乳)가 다르기 때문에 원유에 의한 맛의 차이가 현저하게 나타날 가능성이 있다. 앞선 의문에 답하기 위해서는 원유를 같은 것으로 하여 가열처리한 후 그에 대한 맛의 차이를 논할 필요가 있다.

표 8-4와 같이 처리온도와 처리시간이 다른 7종류의 샘플을 준비했다. 그에 대해 "진함", "가열냄새", "맛있는 정도"의 3가지 양을 관능검사하는 동시에 유청(乳淸)단백질 질소지표(WPNI)라는 양을 계측하였다. WPNI가 작을수록 가열에 의한 단백질의 변성이 커진다. 표 8-4에서 65[℃] 0[min]은 단백질의 변성이 가장 적고, 100[℃] 15[min]은 가장 많은 것을 알 수 있다. 또한 마찬가지로 진함과 가열 냄새가 가장 강한 것도 100[℃] 15[min]의 우유이다. 즉, WPNI라는 양은 진하면 높은 상관(−0.82)을 지닌다. 한편, 맛있는 정도는 이들 양과 상관이 높지 않았다.

이들 샘플을 미각 센서로 측정한 결과, 65[℃] 0[min]의 가열처리 우유는 다른 샘플과 크게 다르다는 사실을 알 수 있다. 이것은 WPNI값이 다른 샘플보다 큰 것과 관련있는 것으로 생각된다.

센서의 응답 패턴에 주성분 분석을 한 결과, 80[℃]나 100[℃] 처리 우유와 65[℃] 처리 우유와는 질적으로 상당히 다르다는 사실이 시사되었다. 실제로 76~78[℃]를 경계로 하여 단백질의 술프히드릴기(SH기)가 노출된다는 사실이 알려져 있으며, 미각 센서는 이 변화를 검출하고 있는 것으로 추측된다. 이 SH기에서 황화수소(H_2S)가 생성되어 가열 냄새의 원인이 되는 것으로 알려져 있다.

센서 출력과 관능표현 "진함"과의 상관은 −0.88이었다. 또한 물리화학량 WPNI와도 0.95라는 높은 상관을 나타냈다. 보통 WPNI를 측정하는 데는 샘플에 포화 NaCl을 넣어 변성유청(變性乳淸) 단백질을 침전시켜 여액의 투과도를 광도계로 측정하는 분광학적 방법

구분	65[℃] 0[min]	65[℃] 30[min]	80[℃] 0[min]	80[℃] 15[min]	100[℃] 0[min]	100[℃] 15[min]	110[℃] 3[sec]
진함	−0.33	−0.67	−0.07	0.20	0.40	0.47	0.00
가열 냄새	−0.33	−0.47	0.33	−0.07	−0.07	0.53	0.00
맛있는 정도	−0.27	−0.13	−0.20	0.00	0.60	−0.13	0.07
WPNI	0.82	0.48	0.28	0.02	0.03	0.00	0.22

▼ 그림 8-19 가열처리 우유의 테이스트 맵

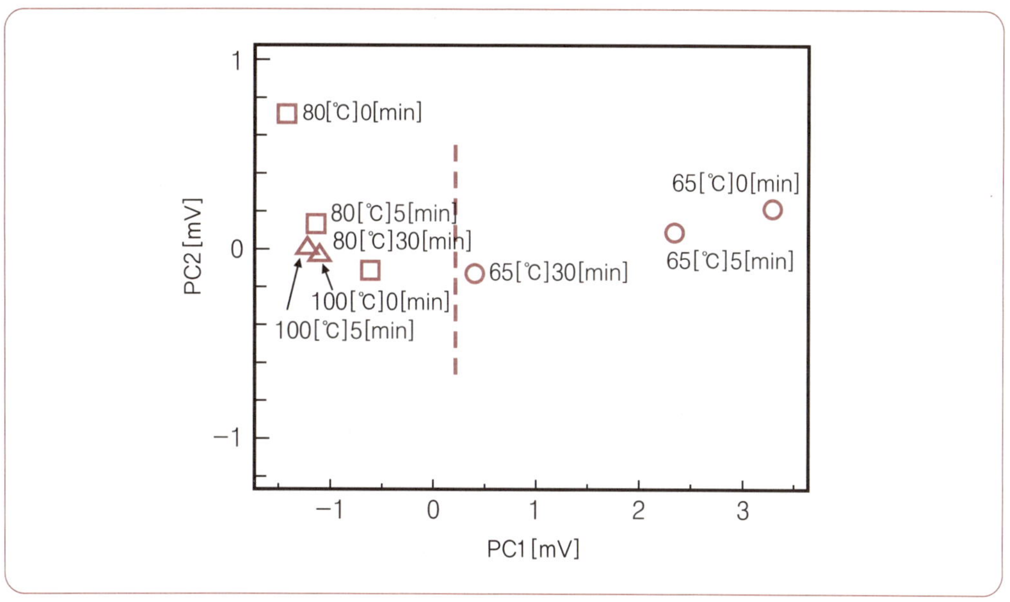

을 취한다. 미각 센서는 전극을 샘플에 담그는 것만으로 몇 초 만에 측정이 완료된다. 이 간이신속계측이 미각 센서의 가장 큰 특징이다.

 13 과즙의 열화(劣化) 측정

식품열화의 조기검출은 안전성 면에서 대단히 중요한 것이다. 그래서 포도과즙의 열화검출을 시도했다. 포도 주스는 나가노(信州)산 포도를 병에 넣은 것으로 실온에서 1주간[w], 2[w], 3[w], 4[w], 35[℃] 및 45[℃]에서 2일간[d], 4[d], 1[w], 2[w], 3[w] 보존한 것을 사용했다.

우선 주스의 관능검사를 하였다. 실제로 입으로 맛보아 열화의 정도를 평가한 바, 다음 순서로 되었다. 실온3[w], 실온1[w], 실온4[w], 45[℃] 2[d], 35[℃] 1[w], 35[℃] 3[w], 35[℃] 2[d], 45[℃] 1[w], 45[℃] 2[w], 45[℃] 3[w]. 이 결과 중에서는 35[℃] 2[d] 쪽이 35[℃] 3[w]보다 열화가 크다는 기이한 경우도 있다(실온3[w], 실온1[w]의 경우도 같음). 즉, 사람에 의한 관능으로는 반드시 바른 판단이 내려지지 않은 셈이다. 화학분석도 하였는데 유기산, 당 어느 쪽에도 변화가 보이지 않았다. 초산에틸은 열화와 함께 감소하고 이소프로필알코올과 에탄올에는 증가의 경향이 보였다.

미각 센서 출력에 주성분분석을 하여 제1주성분(PC1)과 관능검사의 열화에 관한 순위합계와의 사이의 상관을 본 결과, 상관계수 0.91이라는 높은 상관이 얻어졌다. 또한 관능검사에서는 35[℃] 2[d] 쪽이 35[℃] 3[w]보다 열화, 또한 실온1[w] 쪽이 실온3[w]보다 열화되어 있다고 판단되었으나 미각 센서에서는 바르게 판단되어 있다.

또한 산화물반도체를 사용한 후각 센서에서도 관능과의 상관을 조사하였는데, 35[℃] 2[w]나 45[℃] 1[w] 등의 상당히 열화가 진행된 샘플에 대해서만 의미 있는 상관($R=0.71$)을 볼 수 있었다. 즉, 현존하는 후각 센서로는 과즙의 열화를 파악하는 것이 쉽지 않고, 미각 센서 쪽이 압도적으로 우수하다고 말할 수 있다.

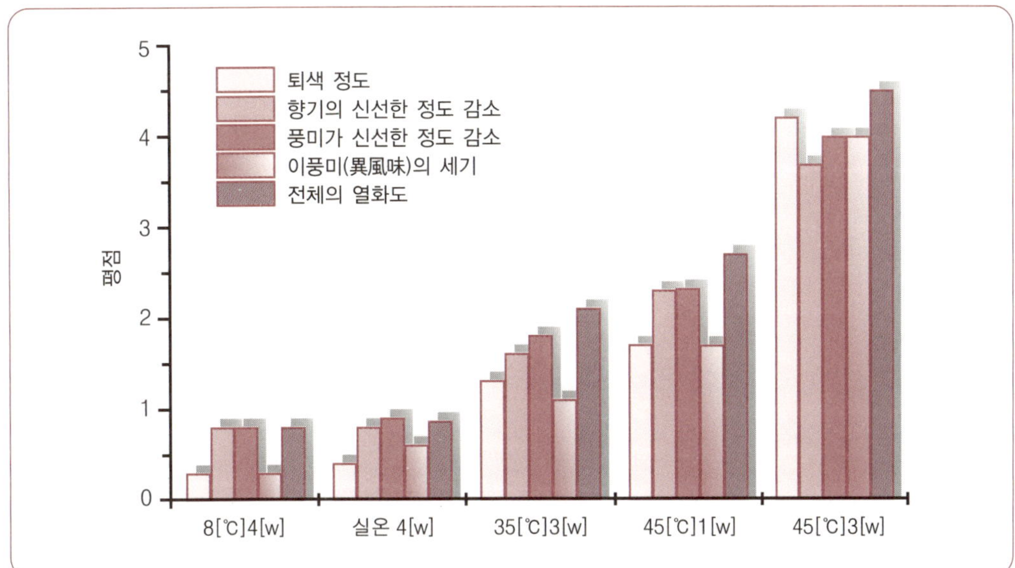

▼ 그림 8-21 미각 센서 출력과 주스열화의 관능검사와의 상관

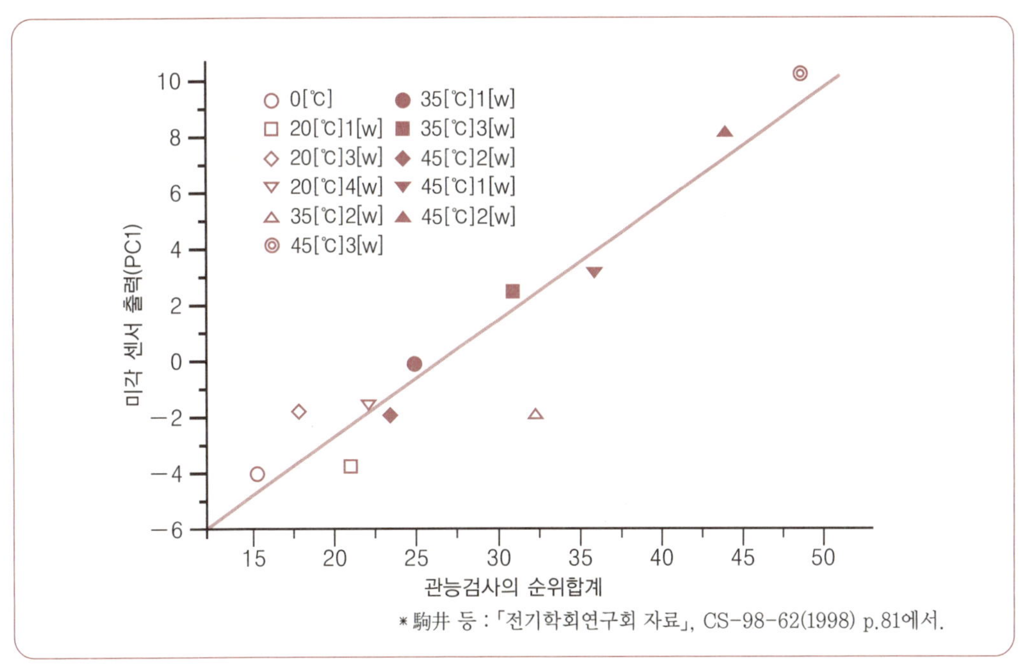

＊駒井 등 :「전기학회연구회 자료」, CS-98-62(1998) p.81에서.

막(膜)임피던스 계측법

지질막을 사용한 멀티채널막 전위계측형 미각 센서는 이미 많은 식품에 적용되어 맛의 정량화에 성공해 왔다. 그러나 미각 센서는 자당 등의 환상(環狀) 당류(감미)에 대한 응답이 다른 미질(味質)에 비해 낮다는 결점을 지니고 있다. 이것은 미각 센서가 막전위계측이기 때문에 전하를 가지지 않는 물질(비전해질)에는 응답이 별로 크게 나오지 않기 때문이다. 한편, 신맛 물질이나 짠맛 물질은 수용액 속에서 이온화하는 전해질이기 때문에 큰 응답이 나온다. 또한 같은 감미라도 인공감미료나 아미노산에는 응답한다.

막임피던스법이란 막에 교류전압을 흘려 출력되는 전류를 측정하는 것으로, 막의 임피던스(전기저항과 전기용량)를 측정하는 방법이다. 측정에는 2종류의 막이 선택되었다. 하나는 랭뮤어–블로젯(LB)막이라는 지질분자를 깨끗하게 적층(積層)한 막이다. 지질 LB막을 사용함으로써 키니네, 피크르산, 니코틴, $MgSO_4$, 카페인 등의 쓴맛에 공통적인 전기저항 변화를 얻을 수 있었다. 즉, 막임피던스법에서 쓴맛의 특징을 캐치할 수 있었던 것이다. 그러나 현재로서는 LB막은 안정성이 떨어지고 1회용이기 때문에 그다지 실용적이지 않다.

그래서 미각 센서와 동일한 지질/고분자막을 수용부로 함으로써 안정성 개선을 시도하였다. 그 결과 5가지 기본 맛에 다른 응답을 얻을 수 있었다. 다만, 8매의 다른 막을 사용해도 비교적 비슷한 응답이 많았고, 막의 특징을 충분히 살리지 못했다는 문제점이 있다. 어쨌든 막임피던스 계측이 막전위계측과는 또 다른 정보를 지니는 것은 사실이다. 우마미의 상승효과 검출도 막전위계측보다 막임피던스 계측 편이 뛰어난 것 같다.

차세대의 미각 센서는 이들 서로 다른 방법을 유기적으로 조합시킨 하이브리드형 미각 센서라는 시스템으로 성장할 것이 기대된다. 이와 같은 수법으로 인간의 미각수용부에서 일어날 수 있는 갖가지 정미(呈味)효과를 망라할 수 있다면, 인간감각에 매우 가까운 응답 특성을 지닌 미각 센서 시스템이 실현되는 것도 꿈은 아닐 것이다.

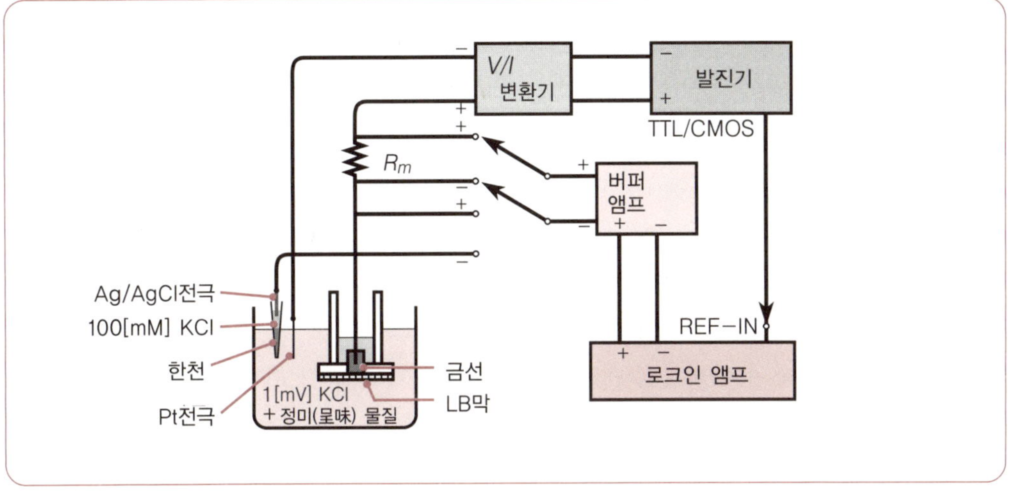

▼ 그림 8-23 막임피던스 특성

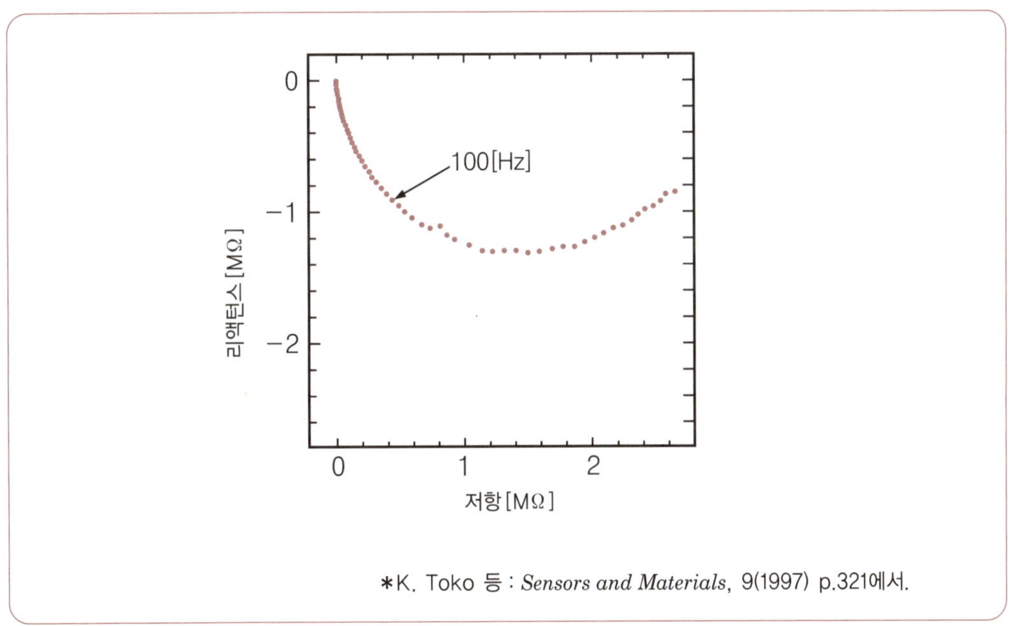

＊K. Toko 등 : *Sensors and Materials*, 9(1997) p.321에서.

15 표면 플라스몬 공명법

표면 플라스몬(SPR)이란, 금속과 유전체(誘電體)와의 경계면에 전파되는 전자 소밀파를 말한다. 표면 플라스몬은 빛에 의해 여기(勵起)되며, 입사광 에너지는 여기(勵起)에 사용되어 반사광이 감소된다. 이 공명현상을 이용하면 센서 수용부의 표면부근(1[μm] 이내)의 굴절률 변화를 검출할 수 있다. 어피니티 센서의 절(130쪽)에서도 소개한 바와 같이 SPR법은 화학물질의 결합량을 고감도로 검출할 수 있다. 반사광의 강도가 가장 약해졌을 때의 입사각을 공진각(共振角)이라 한다.

그런데 계면 가까이의 굴절률 변화를 광강도 변화나 공진각 변화로 검출할 수 있으므로 맛을 생기게 하는 물질과 수용막과의 상호작용을 파악할 가능성이 있다. 그래서 랭뮤어-블로젯(LB)막을 금증착 유리기판 위에 접착시켰다. S(sample)측에는 LB막을, R(reference)측에는 금박막의 구성으로 레이저광(파장 670[nm])에 의한 S측의 공진각과 R측의 공진각을 비교하였다. 양자에 차가 있다면 지질 LB막은 미물질과 상호작용하고 있는 것이 된다.

일반적으로 LB막을 접착시킨다든지 미물질을 첨가함으로써 S측의 공진각이 증가하였다. 이것은 굴절률의 증가에서 유래한다. S측과 R측의 공진각 변화의 차로 5가지 기본 맛 물질의 효과를 평가한 결과, 특이하게 쓴맛을 캐치할 수 있다는 사실을 알게 되었다. 이것은 쓴맛 물질(키니네)이 지질막의 소수성 부위에 강하게 흡착하기 때문에 커다란 굴절률 변화가 생긴 것으로 풀이된다.

또한 사용한 지질막은 (−)로 하전(荷電)한 막이므로 떫은맛 물질인 탄닌산이 용액 속에서는 (−)로 하전하는 것을 생각하면 탄닌산은 막에서 튀기는 것으로 상정된다. 실제로 S측과 R측의 공진각 변화의 차는 (−)값이 되었다. 이것은 탄닌산이 금박막(R) 근방에 존재하며 굴절률을 높이는 데 비해 지질 LB막(S)에서는 튀겨져 굴절률이 증가하지 않는 것에 기인한다. 종래부터 막전위계측형 미각 센서로 시사되어 있던 것이 확인된 것이다.

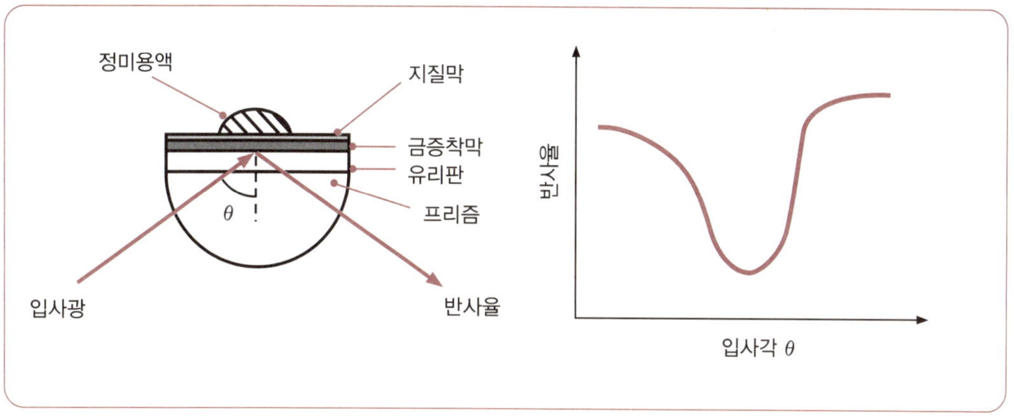

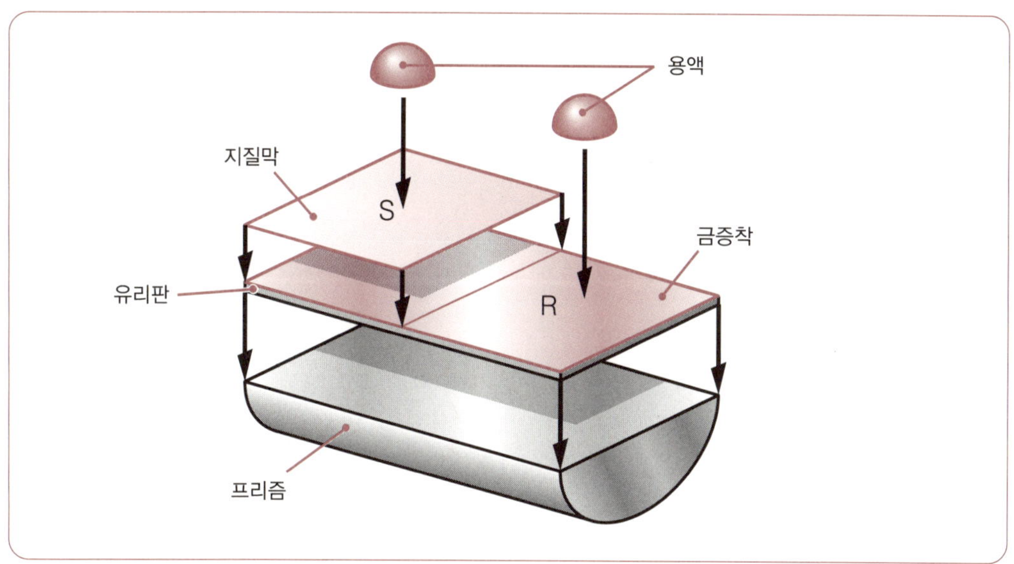

또한 NaCl은 쓴맛을 억제하는 사실이 알려져 있으나, 이것도 SPR법으로 확인할 수 있다. 수용막에 단백질을 혼입시킴으로써 다른 특성을 내는 것도 가능하다.

16 계면(界面) 전위제어형 미각 센서

이미 7장의 후각 센서 부분에서 설명한 계면 전위제어를 이용한 맛센서이다. 그림 8-26에 백금의 전극전위를 바꿨을 때의 임피던스 변화를 나타낸다. 임피던스를 측정하는데 50[Hz]의 미소진폭 sine파가 인가되어 있다. 자당(단맛), NaCl(짠맛), HCl(신맛), 키니네(쓴맛), MSG(우마미)에 대하여 전혀 다른 패턴이 얻어진 것을 알 수 있다. 특히 키니네 등 흡착성 물질에서는 0.3[V] 부근에서 현저한 피크가 나타나 있다.

이 응답 패턴에 주성분 분석을 하면 물질이 달라도 맛이 비슷하다면 같은 그룹으로 분류할 수 있다. 또한 맛의 강도도 추정할 수 있다. 전극전위 패턴의 각 전위에 있어서 임피던스값의 3차까지 다항식을 사용하여 맛의 강도를 목적변수로 한 중회귀분석을 적용하였다. 키니네에 가장 낮은 농도로, 자당에 높은 농도로 응답하고, 사람의 관능에 가까운 결과를 얻을 수 있었다.

즉, 전극전위를 제어함으로써 맛에 관한 정보를 포함한 응답 패턴을 얻을 수 있는 것이다. 금속전극은 취급이 간단하며 전극의 열화도 보이지 않으므로 유기재료를 사용한 센서보다 유리한 점도 있으며, 측정대상과 목적에 따라 나눠 사용하면 보다 편리한 미각 센싱이 가능하게 될 것이다.

또한 아주 최근에 이 방법의 내분비 교란물질(환경 호르몬)에의 적용이 시도되었다. 그것은 이 방법의 특정물질에 국한되지 않고 공통의 특징을 가지는 물질을 종합하여 검출하는 이른바 광역선택성이라는 성질을 이용한 것이다. 비스페놀A에 대한 감도도 5[ppb]가 얻어졌으며, 간편하고 신속하며 고감도여서 환경 호르몬을 검출하는 방법으로 기대되고 있다.

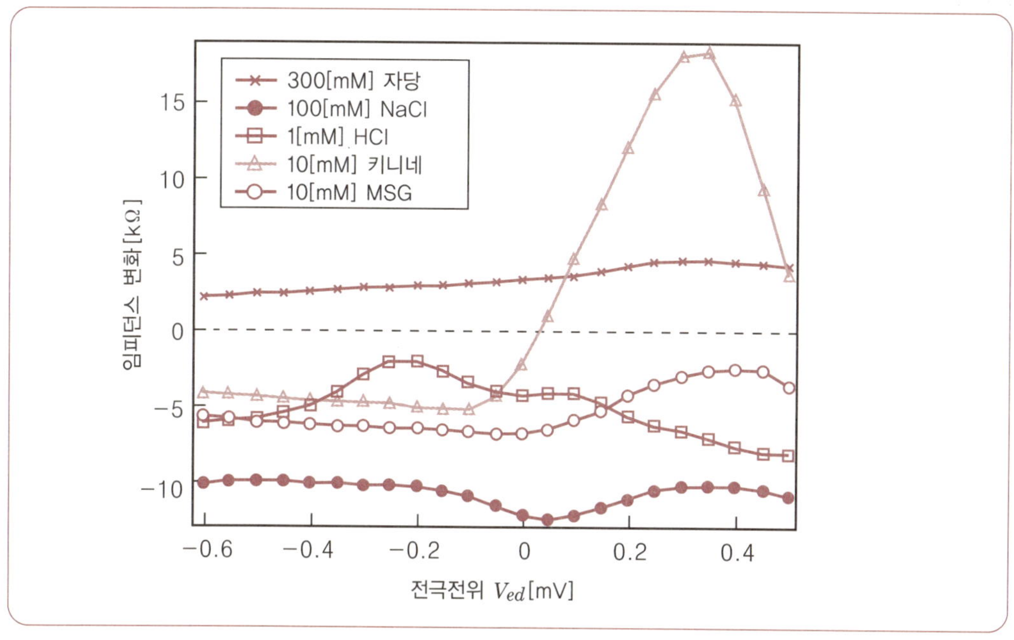

▼ 그림 8-27 측정장치(a)와 작용전극(b)

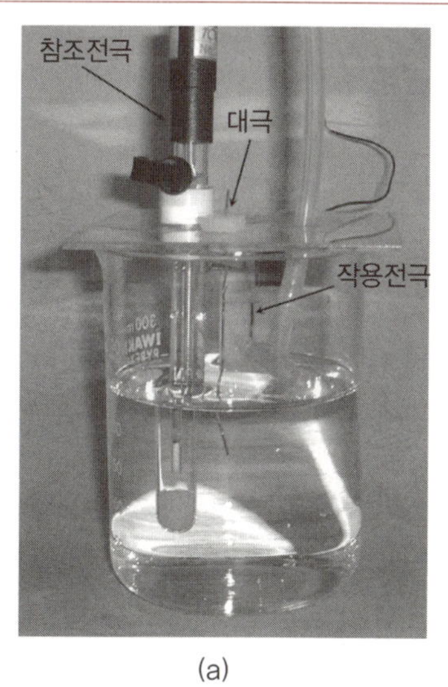

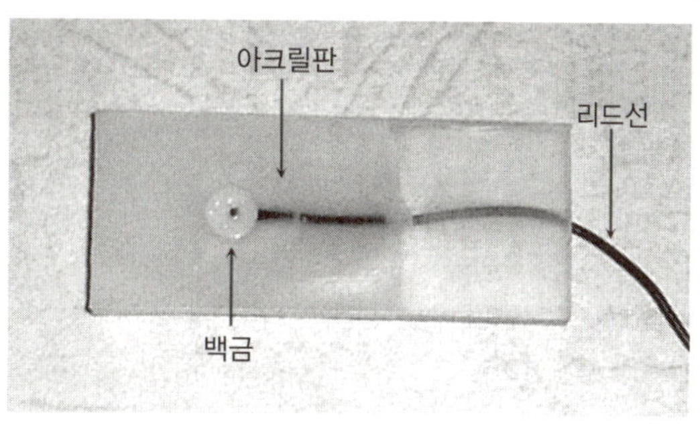

17 SAW 액체 센서

1장의 힘센서 부분에서 소개한 탄성표면파(SAW)를 이용한 액체식별 목적의 센서에 대하여 서술한다. 탄성표면파란 표면이나 계면을 전파하는 음파를 뜻했다. 힘센서에서는 횡파를 이용했다. 그러나 액체계측의 경우, 액체에 에너지를 산일(散逸)해 버려 전파되지 않는다. 그래서 여기에서는 미끄럼 모드에 의한 이른바 미끄럼 탄성표면파(SH-SAW)를 이용하고 있다.

SH-SAW는 액체와 상호작용하여 전파특성이 변화한다. 그 변화는 용액의 전기적 특성, 즉 복소유전율을 반영하고 있다. 전파특성변화를 2가지 양, $\Delta V/V$와 $\Delta a/k$로 표시한다. $\Delta V/V$는 전파속도의 변화, $\Delta a/k$는 진폭변화이다.

수정진동자와 마찬가지로 외부회로에서 SAW를 여진하는 것인데, 다른 여진주파수의 SH-SAW를 사용함으로써 정보량을 늘릴 수 있다. 이것이 등가적 멀티채널화이다. 30[MHz], 50[MHz], 100[MHz]의 3가지 주파수로 위스키의 식별이 시험되었다. 하나의 주파수로 상기 2가지 양을 얻을 수 있으므로 하나의 샘플에 대하여 6가지의 값을 얻을 수 있다. 이 6차원 공간의 정보를 2차원으로 나타낸 것이 그림 8-28이다. 13종류의 위스키가 멋지게 분류되어 있다.

또한 토마토 주스의 식별도 시험되었다. 무염(無鹽) 토마토 주스 3종류, 염분이 포함된 토마토 주스 3종류이다. 그림 8-29에 결과를 나타낸 것과 같이 무염과 함염(含鹽) 주스의 그루핑화가 이루어져 있다. 또한 측정은 50[MHz]에서 진행되어 $\Delta V/V$와 $\Delta a/k$ 공간에서 그려졌다. 도전율과 비유전율의 등고선도 나타나 있다. 좌측하단으로 갈수록 도전율이 높은 셈인데 실제로 무염 토마토 주스는 NaCl을 첨가함으로써 좌측하단으로 체계적으로 이동한다.

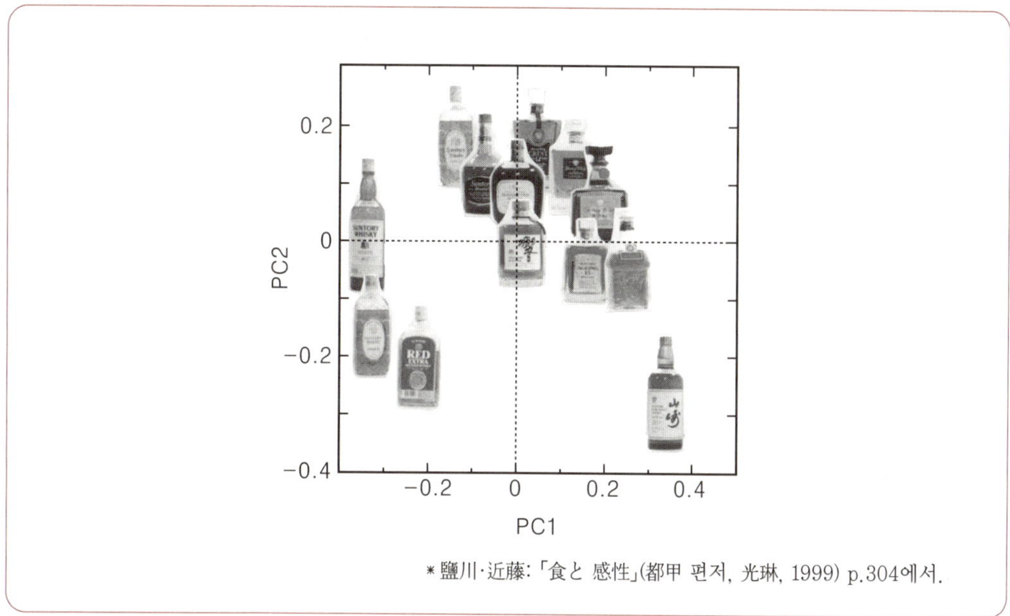

* 鹽川·近藤：「食と 感性」(都甲 편저, 光琳, 1999) p.304에서.

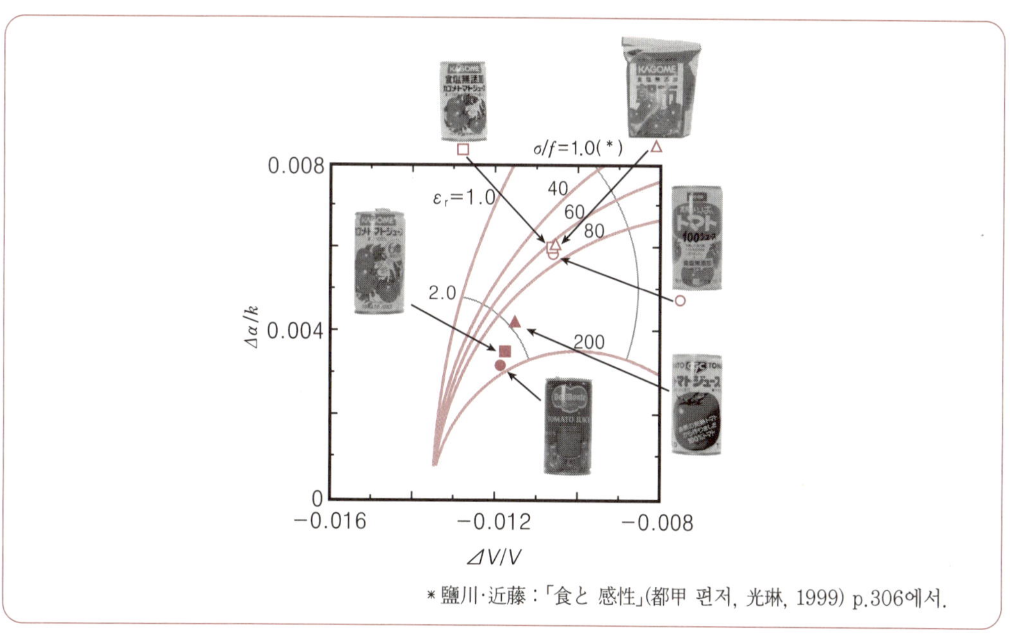

* 鹽川·近藤：「食と 感性」(都甲 편저, 光琳, 1999) p.306에서.

18 집적화 SPV 미각 센서

표면광전압(SPV)법은 광빔을 사용하여 반도체표면의 전위변화를 읽어들이는 방법이다. 이 방법에서는 실리콘을 사용하고 있기 때문에 집적화가 가능하다. 전극구조는 참조전극, 샘플 용액, 지질막, 실리콘 산화막이다. 맛물질에 의한 반도체 표면의 전위변화가 광전류 변화로 검출된다. 지질막은 실리콘 표면에 코팅한 폴리비닐부티랄(PVB)막 속에 지질을 고정화함으로써 형성된다. 동일기판의 반도체 표면에 지질을 포함하지 않은 PVB막 부위(비교전극), 다른 지질 4종류로 구성되는 4가지 부위로 구성되어 있다.

5개의 LED로 광빔을 바깥 쪽에서 집광·조사하여, 광전류를 포텐시오스타트로 검출하고 록인 앰프로 증폭시킨다. 또한, 측정회로의 임피던스 조건에 의해 전류 모드 측정과 전압모드 측정이 있다. 단맛물질과 같은 전하를 가지지 않는 물질의 경우는 고감도가 요구되므로 전류모드측정 쪽이 적합하다.

또한 위상이 반주기 차이가 나는 교류 광빔을 사용하여 반도체 표면 2개소의 응답차를 취함으로써 잡음이나 드리프트를 상쇄하고 있다. 그 결과 SN비가 10^2 이상 향상되어 감미물질의 측정에 성공하였다. 자당, 맥아당, 유당, 과당 등 사람도 좀처럼 식별하기 어려운 감미료를 식별할 수 있다. 또한 시판되는 사탕도 식별가능하게 되었다.

이 방법은 차나 와인의 식별에도 사용되어 그 미묘한 맛 차이의 가시화에 성공하고 있다. 만약, 지질막을 4개소 등 디지털적이 아니라 연속적으로 그 성분이 다르도록 반도체상에 고정화하여 맛물질과의 상호작용을 추출하면 반도체상에서 맛의 정보를 눈으로 볼 수 있는 것이다. 예를 들어 신맛이라면 붉게, 짠맛이라면 파랗게, 우마미라면 핑크 등 눈에 보이는 형태로 출력할 수 있다면 우리들은 말 그대로 미각의 시각화에 성공한 것이 된다. 본 방법은 장기사용을 위한 지질막의 고정화법 개량이라는 과제를 남기고 있으나, 21세기의 새로운 이미지 센서의 응용예 중 하나로 앞으로 발전이 기대된다.

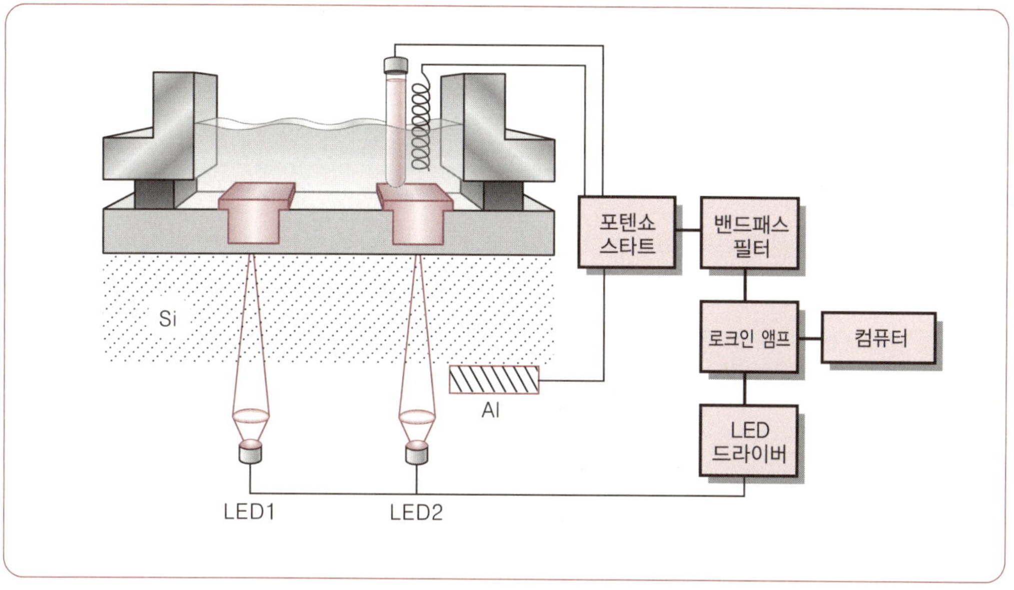

▼ 그림 8-31 감미물질에 대한 응답 패턴

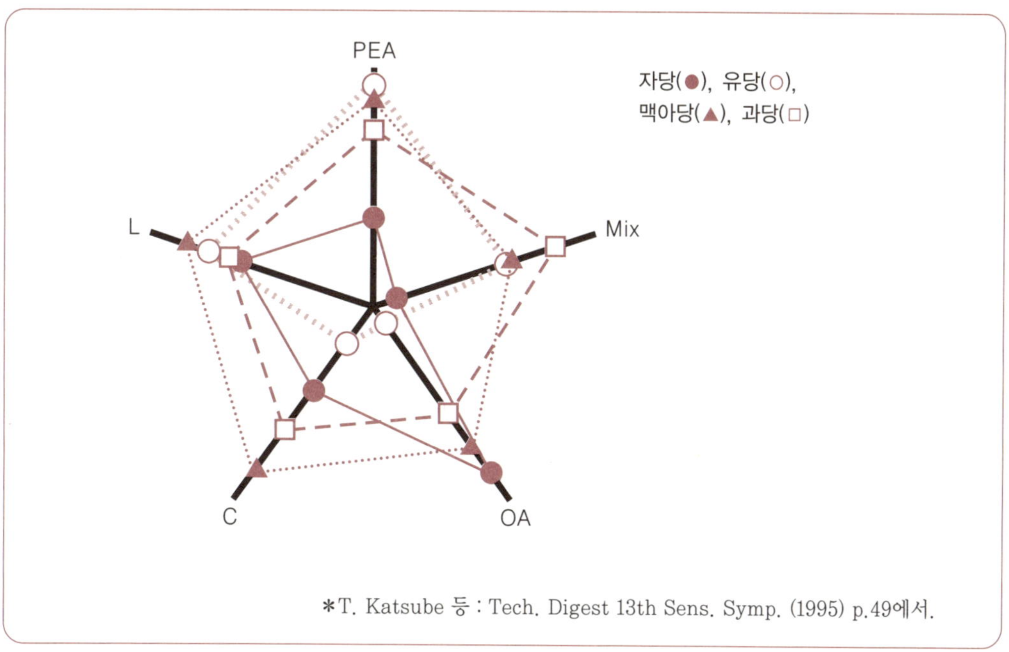

*T. Katsube 등 : Tech. Digest 13th Sens. Symp. (1995) p.49에서.

18. 집적화 SPV 미각 센서

19 근적외 분광분석법

근적외 분광분석법은 가시광선과 적외선 사이에 있는 파장 800~2,500[nm]의 근적외역 대상물에 포함되는 화학성분의 분자진동으로 인한 빛의 흡수현상을 이용하여 식품성분 등을 측정하는 방법이다. 근적외로 보이는 흡수는 주로 적외역 분자의 기준진동 배음(倍音) 혹은 결합음에 의한 진동으로 생긴다. 특히 수소원자가 관여하는 O-H, N-H, C-H의 관능기(官能基)에 의한 흡수가 주이다. 배음은 기준진동의 약 정수배이며, 결합음은 몇 가지 분자의 기준진동의 합으로 주어진다. 이들 흡수강도는 적외흡수에 비해 약하기 때문에 지금까지 별로 이용되지 않았지만, 유럽에서는 1970년경부터 일본에서는 1980년경부터 이 방법이 급속히 확대되어 왔다.

분석방법은 근적외 영역에 있어서의 식품성분의 특징적인 복수 파장에서의 흡수강도를 설명변수로 하여 목적으로 하는 양(아미노산, 단백질, 알코올, 당, 물 등)을 중회귀식으로 나타낸다. 중회귀식의 의미부여나 교정에 아직 숙련과 시간을 요하는 부분도 있으나, 이미 청과공장의 제조 라인 등에 설치되어 활약하고 있다. 측정 모드에는 반사법, 투과법, 투과반사법의 3종류가 있다.

우선 곡물로의 적용의 경우, 쌀 식미계(食味計) 등의 콤팩트한 장치가 수백만 원에 판매되고 있다. 이 장치는 쌀을 거의 분쇄하지 않고 전립(全粒)으로 측정할 수 있다. 사람의 관능과 상관 0.8 정도를 얻고 있으며 상당히 양호하다. 또한 녹차에 포함되어 있는 카페인 량은 CH_3에 귀속되는 1,690[nm]와 2,240[nm]에 있어서의 흡수로 구할 수 있다.

낙농제품에도 적용되어 생유(生乳)의 단백질, 지질, 유당의 분석이 가능하다. 또한 잘 다진 소고기의 지방계(脂肪計)도 개발되고 있다. 937[nm]와 943[nm] 파장에서의 흡수를 이용한 것이다. 간장의 경우, 1993년에 JAS(일본농림규격협회)인증검사분석법으로 채용하였다.

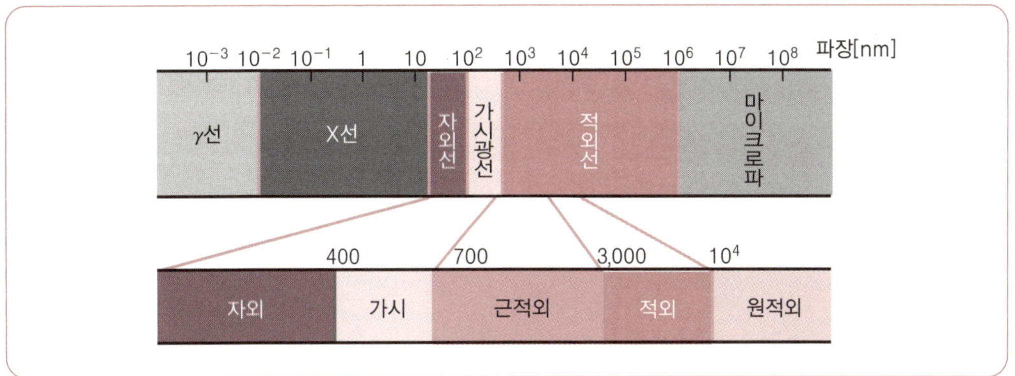

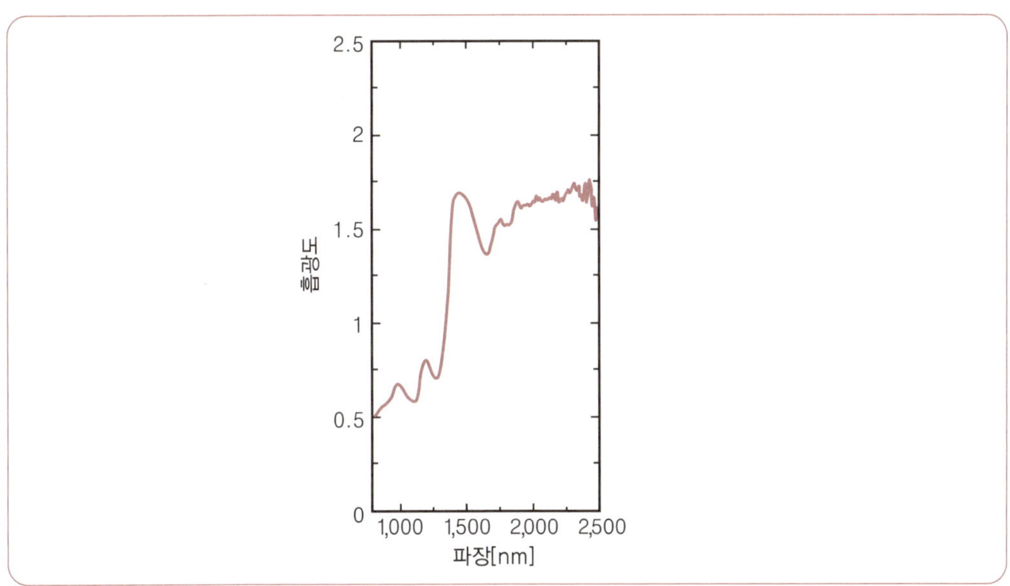

온주(溫州)귤의 당도분석에서는 스펙트럼을 2회 미분한 값을 사용하여 4파장을 설명변수로 한 중회귀식으로 양호한 결과를 얻고 있다. 최근의 투과광식 온라인 근적외 분석장치에서는 3과실/초의 속도로 복숭아, 사과, 감, 일본배, 감귤류의 당도와 산도 계측이 가능하게 되었다.

20 센서 퓨전

　서로 다른 원리에 기초한 센서를 조합시킴으로써 단일종류의 센서로는 얻을 수 없는 정보를 얻을 수가 있다. 물론 많은 미각 센서나 후각 센서들이 멀티어레이, 멀티채널화되어 복수의 센서 소자를 사용하고 있으나, 각 센서 소자는 지질막이나 산화물반도체 등과 동일한 원리에 기초한 소자이다. 여기에서는 전혀 다른 원리, 측정방법에 의한 센서를 조합시킨 이른바 센서 퓨전에 대하여 이야기하고자 한다. 퓨전(fusion)이란 융합이란 뜻이다.

　와인 플레이버(flavor)를 예로 들어보겠다. 와인은 향, 맛 모두 중요하다. 후각 센서와 미각 센서의 2가지를 사용하여 와인 플레이버를 측정하였다. 후각 센서는 도전성 고분자를 이용하여 4종류로 구성된 센서 어레이이며, 미각 센서는 지질막을 이용한 8채널 타입이다. 후각 센서로는 와인에서 휘발되는 기체를 전기저항변화로 검출하고, 미각 센서로는 용액 중의 맛성분을 막전위변화로 검출한다. 2가지 센서의 출력형태가 전압과 저항, 2가지가 서로 다르므로 응답을 규격화하였다.

　미각 센서는 8채널로 8차원, 후각 센서는 4채널로 출력이 4차원으로 구성되므로 합해서 12차원이다. 이것으로 한 번에 주성분 분석하였다. 그 결과, PC1과 PC2가 각각 후각 센서출력과 미각 센서 출력이 되어 서로 다른 정보를 반영할 수 있다는 사실을 알 수 있었다. 즉, 주성분 분석에 의한 그림은 향과 맛을 나타내는 플레이버의 지도인 것이다.

　또한 뚜껑을 연 후의 플레이버 변화도 조사하였다. 그 결과, 미각 센서에서는 연 후의 1일, 3일, 1주간, 2주간 후 등 체계적으로 응답이 변화한 데 비해, 후각 센서에서는 그 같은 변화가 나타나지 않았다. 이것은 미각 센서가 와인의 열화를 그대로 캐치하고 있는 데 비해 후각 센서에서는 우선 개봉 직후의 기체상태의 향을, 그 후에는 와인에서 천천히 휘발되는 향을 캐치했기 때문으로 이해된다.

　이상과 같이 서로 다른 원리에 기초한 센서들의 정보를 유기적으로 정리·통합하여 인식·판단기능을 가능하게 하는 시도는 향후 점차 활발해져 갈 것으로 기대된다. 특히 향후 사람의 감성을 재현하는 일은 여러 경우에서 요구되겠지만, 이를 위한 수단으로 센서 퓨전이

▼ 그림 8-34 맛있는 정도 측정

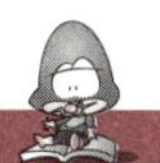

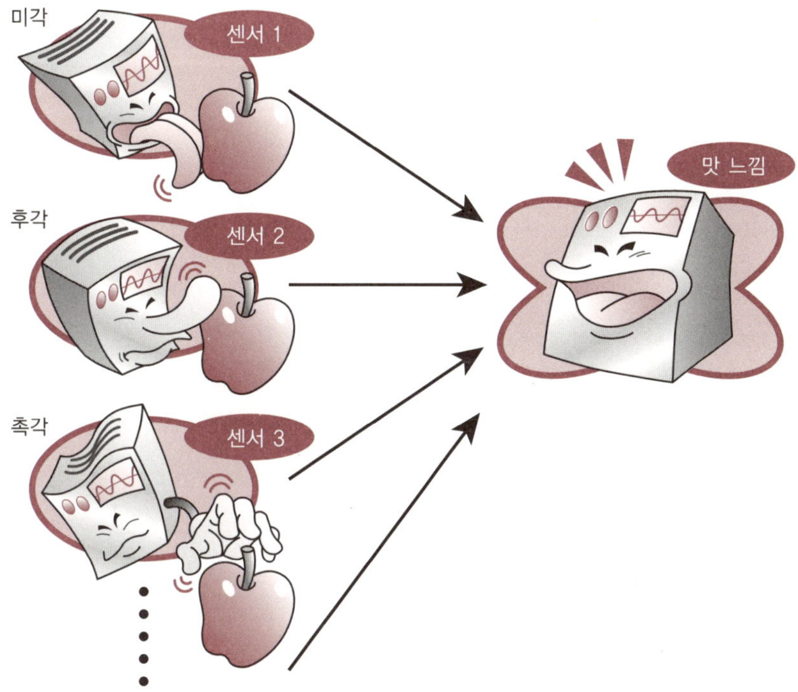

꼭 필요하며 당연하게 보급되어 갈 것이다. 실제로 우리들은 사과를 먹을 때 눈으로 보면서 손으로 잡고 코로 냄새를 맡으며, 귀로 아삭아삭 소리를 듣고 혀로 맛보는 등 총체적으로 맛을 판단하고 있는 것이다.

쉬어
가기

찾아보기

■ 저자 약력

都甲 潔 (도코 기요시)

· 1953년 福岡 출생
· 1975년 九州대학 공학부 전자공학과 졸업
· 1980년 九州대학 대학원 박사과정수료
· 현) 九州대학 대학원 시스템 정보과학연구원 교수

〈주요 저서〉
· 맛있는 밥에는 이유가 있다 (角川서점)
· 자기조직화란 무엇인가 (講談社, 블루박스)
· 감성 바이오센서 (朝倉서점)
· 미각 센서 (朝倉서점)
· 자기조직화 (朝倉서점)
· 센서 공학 (培風館) 등

宮城 幸一郎 (미야기 고이치로)

· 1949년 神奈川 출생
· 1979년 青山学院대학 대학원 이공학연구과 박사과정종료
· 현) Anritsu주식회사 기술통합본부 기획실장
　　연구소 광제어연구팀 수석연구원 공학박사

〈주요 저서〉
· 반도체 센서의 지능화 (ミマツ데이터시스템)
· 광파 센싱과 레이저 (코로나社)
· 센서공학 (培風館) 등

프로가 가르쳐 주는
센서란 무엇인가

2012. 1. 26. 초 판 1쇄 발행
2013. 3. 15. 초 판 2쇄 발행
2018. 1. 5. 초 판 3쇄 발행

<table>
<tr><td>검</td></tr>
<tr><td>인</td></tr>
</table>

지은이 | 都甲 潔 · 宮城 幸一郎
옮긴이 | 정재훈
그 림 | 松田 務 (마츠다 츠토무)
펴낸이 | 이종춘
펴낸곳 | BM 주식회사 성안당
주소 | 04032 서울시 마포구 양화로 127 첨단빌딩 5층(출판기획 R&D 센터)
　　　 10881 경기도 파주시 문발로 112 출판문화정보산업단지(제작 및 물류)
전화 | 02) 3142-0036
　　　 031) 950-6300
팩스 | 031) 955-0510
등록 | 1973. 2. 1. 제406-2005-000046호
출판사 홈페이지 | www.cyber.co.kr
ISBN | 978-89-315-2591-5 (13560)
정가 | 20,000원

이 책을 만든 사람들
책임 | 최옥현
진행 | 박경희
교정·교열 | 김혜린
전산편집 | 김인환
표지 디자인 | 박현정
홍보 | 박연주
국제부 | 이선민, 조혜란, 김해영
마케팅 | 구본철, 차정욱, 나진호, 이동후, 강호묵
제작 | 김유석